工程应用型院校计算机系列教材

安徽省高等学校“十三五”省级规划教材

胡学钢◎总主编

操作系统

CAOZUO XITONG

第2版

主　编　郑尚志　梁宝华

副主编　赵生慧　钟志水　贺爱香

编　委（按姓氏笔画排序）

王　刚　刘　波　汤柱亮

宋启祥　官能平　郑尚志

胡为成　贺爱香　赵生慧

钟志水　徐　旭　梁宝华

黄　效

北京师范大学出版集团

BEIJING NORMAL UNIVERSITY PUBLISHING GROUP

安徽大学出版社

内容简介

操作系统是现代计算机中最重要和最基本的系统软件，应用软件均需通过操作系统的统一管理才能够使用。本书共7章，主要包括操作系统概述、作业管理、进程与进程管理、进程同步与通信、存储器管理、文件管理和设备管理等内容。

本书是安徽省高等学校"十三五"省级规划教材，由安徽省高校的多位一线教师、专家共同编写而成，注重内容的基本性、实用性。本书可作为工程型、应用型院校计算机相关专业操作系统课程的教材，也可作为自学参考和考试复习用书。

图书在版编目(CIP)数据

操作系统/郑尚志，梁宝华主编．—2版．—合肥：安徽大学出版社，2018.8(2020.7重印)
工程应用型院校计算机系列教材/胡学钢总主编
ISBN 978-7-5664-1635-3

Ⅰ.①操… Ⅱ.①郑… ②梁… Ⅲ.①操作系统—高等学校—教材 Ⅳ.①TP316

中国版本图书馆CIP数据核字(2018)第192386号

操作系统(第2版)

胡学钢 总主编
郑尚志 梁宝华 主　编

出版发行：北京师范大学出版集团
安徽大学出版社
(安徽省合肥市肥西路3号 邮编230039)
www.bnupg.com.cn
www.ahupress.com.cn
印　　刷：安徽昶颉包装印务有限责任公司
经　　销：全国新华书店
开　　本：184mm×260mm
印　　张：15.25
字　　数：282千字
版　　次：2018年8月第2版
印　　次：2020年7月第2次印刷
定　　价：45.00元
ISBN 978-7-5664-1635-3

策划编辑：刘中飞　宋　夏
责任编辑：张明举　宋　夏
责任印制：赵明炎
装帧设计：李　军
美术编辑：李　军

第2版编写说明

计算机科学与技术的迅速发展,促进了许多相关学科领域以及应用分支的发展,同时也带动了各种技术和方法、系统与环境、产品以及思维方式等的发展,由此进一步激发了对各种不同类型人才的需求。按照教育部计算机科学与技术专业教学指导委员会的研究报告来分,可将学校培养的人才类型分为科学型、工程型和应用型三类,其中科学型人才重在基础理论、技术和方法等的创新;工程型人才以开发实现预定功能要求的系统为主要目标;应用型人才以系统集成为主要途径实现特定功能的需求。

虽然这些不同类型人才的培养在知识体系、能力构成与素质要求等方面有许多共同之处,但是由于不同类型人才的潜在就业岗位所需要的责任意识、专业知识能力与素质、人文素养、治学态度、国际化程度等方面存在一定的差异,因而在培养目标、培养模式等方面也存在不同。对大多数高校来说,很难兼顾各类人才的培养。因此,合理定位培养目标是确保培养目标和人才培养质量的关键。

由于当前社会领域从事工程开发和应用的岗位数量远远超过从事科学研究的岗位数量,结合当前绝大多数高校的办学现状,2012年,安徽省高等学校计算机教育研究会在和多所高校专业负责人以及来自企业的专家反复研究和论证的基础上,确定了以培养工程应用型人才为主的安徽省高等学校计算机类专业的培养目标,并组织研讨组共同探索相关问题,共同建设相关教学资源,共享研究和建设成果,为全面提高安徽省高等学校计算机教育教学水平做出积极的贡献。北京师范大学出版集团安徽大学出版社积极支持安徽省高等学校计算机教育研究会的工作,成立了编委会,组织策划并出版了全套工程应用型计算机系列教材。由于定位合理,本系列教材被评为安徽省高等学校“十二五”省级规划教材,并且其修订版于2018年4月被评为安徽省高等学校“十三五”省级规划教材。

为了做好教材的出版工作,编委会在许多方面都采取了积极的措施:

教材建设与时俱进:近年来,计算机专业领域发生了一些新的变化,例如,新工科工程教育专业认证、大数据、云计算等。这些变化意味着高等教育教材建设需要进行改革。编委会希望能将上述最新变化融入新版教材的建设中去,以体现其时代性。

编委会组成的多元化:编委会不仅有来自高校教育领域的资深教师和专家,还有从事工程开发、应用技术的资深专家,从而为教材内容的重组提供更为有力的支持。

教学资源建设的针对性：教材以及教学资源建设的目标是突出体现“学以致用”的原则，减少“学不好，用不上”的空泛内容，增加应用案例，尤其是增设涵盖更多知识点和提高学生应用能力的系统性、综合性的案例；同时，对于部分教材，将MOOC建设作为重要内容。双管齐下，激发学生的学习兴趣，进而培养其系统解决问题的能力。

建设过程的规范性：编委会对整体的框架建设、每种教材和资源的建设都采取汇报、交流和研讨的方式，以听取多方意见和建议；每种教材的编写组也都进行反复的讨论和修订，努力提高教材和教学资源的质量。

如果我们的工作能对安徽省高等学校计算机类专业人才的培养做出贡献，那将是我们的荣幸。真诚欢迎有共同志向的高校、企业专家提出宝贵的意见和建议，更期待你们参与我们的工作。

胡学钢

2018年8月14日于合肥

第1版编写说明

计算机科学与技术的迅速发展，促进了许多相关学科领域以及应用分支的发展，同时也带动了各种技术和方法、系统与环境、产品以及思维方式等的发展，由此进一步激发了对各种不同类型人才的需求。按照教育部计算机科学与技术专业教学指导委员会的研究报告来分，学校培养的人才类型可以分为科学型、工程型和应用型三类，其中科学型人才重在基础理论、技术和方法等的创新；工程型人才以开发实现预定功能要求的系统为主要目标；应用型人才以系统集成为主要途径实现特定功能的需求。

虽然这些不同类型人才的培养有许多共同之处，但是因不同类型人才的就业岗位所需要的责任意识、专业知识能力与素质、人文素养、治学态度、国际化程度等方面存在一定的差异，因而培养目标、培养模式等方面也存在不同。对大多数高校来说，很难兼顾各类人才的培养。因此，合理定位培养目标是确保教学目标和人才培养质量的关键。

由于当前社会领域从事工程开发和应用的岗位数量远远超过从事科学人才的数量，结合当前绝大多数高校的办学现状，安徽省高等学校计算机教育研究会在和多所高校专业负责人以及来自企业的专家反复研究和论证的基础上，确定了以培养工程应用型人才为主的安徽省高等学校计算机类专业的培养目标，并组织研讨组共同探索相关问题，共同建设相关教学资源，共享研究和建设成果，为全面推动安徽省高等学校计算机教育教学水平做出积极的贡献。北京师范大学出版集团安徽大学出版社积极支持安徽省高等学校计算机教育研究会的工作，成立了编委会，组织策划并出版了全套工程应用型计算机系列教材。

为了做好教材的出版工作，编委会在许多方面都采取了积极的措施：

编委会组成的多元化：编委会不仅有来自高校的教育领域的资深教师和专家，还有从事工程开发、应用技术的资深专家，从而为教材内容的重组提供更为有力的支持。

教学资源建设的针对性：教材以及教学资源建设的目标就是要突出体现“学以致用”的原则，减少“学不好，用不上”的空泛内容，增加其应用案例，尤其是增设涵盖更多知识点和应用能力的系统性、综合性的案例，以培养学生系统解决问题的能力，进而激发其学习兴趣。

建设过程的规范性：编委会对整体的框架建设、对每种教材和资源的建设都采取汇报、交流和研讨的方式，以听取多方意见和建议；每种教材的编写组也都进行反复的讨论和修订，努力提高教材和教学资源的质量。

如果我们的工作能对安徽省高等学校计算机类专业人才的培养做出贡献，那将是我们的荣幸。真诚欢迎有共同志向的高校、企业专家提出宝贵的意见和建议，更期待你们参与我们的工作。

胡学钢

2013年8月10日于合肥

编委会名单

前　言

操作系统是计算机类相关专业的必修课之一，在现实生活中，若用操作系统的原理解决问题，则会大大提高工作效率。例如，在日常生活中，使用并发的原理，可节省时间；在安排某大型任务时，若没有很好的策略，则可能使一项工程影响另一项工程，此时可利用安全性算法等。现有的多数《操作系统》教材让人感觉内容抽象、难以把握、注重理论。编者在多年的教学经验和科学研究的基础上编写了本书，本书全面介绍了操作系统的工作原理和应用技术。

本书的编者有二十多年的操作系统授课经历，对操作系统有非常深刻的认识，积累了非常丰富的操作系统教学经验。在内容上，为了突出其应用性，本书对理论性强的知识用大量通俗易懂的实例进行了说明，并在许多章节中插入了Linux系统作为案例，让学生了解操作系统如何管理各类资源。书中所用的实例是在众多教师多年来讲授操作系统课程中收集的学生的学习反馈意见的基础上，经过反复推敲、论证、锤炼而成的。

本书是安徽省高等学校“十三五”省级规划教材，主要内容包括：

第1章操作系统概述，描述了操作系统的作用、功能及特征，操作系统的发展动力和设计目标，操作系统的发展历程及各类操作系统之间的关系。

第2章作业管理，讲述了作业的基本概念，作业管理的过程及其状态转换。

第3章进程与进程管理，阐述了进程的概念、特征、状态转换及常用的进程调度算法，线程的概念及其与进程的关系，并讲解了Linux操作系统的进程与进程管理。

第4章进程同步与通信，重点介绍进程的同步与互斥，如何用其原理解决实际生活中遇到的问题，死锁的产生及解决办法，特别是银行家算法，同时讲解了Linux进程间的通信。

第5章存储器管理，讲述了连续、离散、覆盖、交换、虚拟等存储管理方式，对各类管理方式进行比较，并重点介绍分页时的页面置换策略，同时讲解了Linux存储管理。

第6章文件管理，描述了文件的结构和存储方式，介绍了目录管理的基本要求，及外存存储空间管理、磁盘移臂的常见调度策略等，同时讲解了Linux文件及文件系统的管理。

第7章设备管理，介绍了I/O系统构成及控制方式，为加快I/O速度，提高独占设备的利用率和系统的吞吐量，引入缓冲管理技术、SPOOLing技术。

本书不追求深奥的理论，而注重解决实际问题，突出实用性；不追求玄妙的抽象，而注重简洁明了；不追求内容的全面，而注重基础。作者希望把本书编写成一本结构清晰、重点突出、强化应用的适合工程型、应用型本科学生使用的操作系统实用教材。

全书共7章，总主编胡学钢提供总体设计思路和框架，主编郑尚志、梁宝华组织编委会进行编写。具体编写情况为，梁宝华编写了第1、3、4章，贺爱香编写了第2、6章，郑尚志、宋启祥、赵生慧、钟志水、刘波、汤柱亮、王刚编写了第5章，官能平、黄效、胡为成、徐旭编写了第7章，副主编赵生慧、钟志水、贺爱香协助主编郑尚志和梁宝华共同完成全书的统稿和定稿工作。

由于编者水平有限，书中难免存在不完善之处，敬请读者批评指正。

编者

2018年5月

目　录

第1章　操作系统概述

计算机系统由两部分组成:计算机硬件系统和计算机软件系统。计算机硬件系统通常由中央处理器(运算器、寄存器和控制器)、存储器、输入设备和输出设备等部件组成,是系统构成和用户作业的物质基础。只由硬件部件组成,未安装任何软件的计算机称为“裸机”。

由于裸机只能识别二进制语言,不便于用户使用,因此,为了方便用户使用,需要对硬件的性能加以扩充和完善,即需要在裸机内添加能实现各种功能的软件程序。在这些软件中,有一个很重要的软件称为操作系统(Operating System,OS)。它是配置在裸机上的第一层软件,负责管理系统中所有的软、硬件资源并组织控制整个计算机的工作流程。

1.1　操作系统简介

对于普通用户来说,在裸机上进行操作是一件很困难的事。为了方便广大用户使用计算机,人们研发了操作系统,以简化用户使用计算机的操作过程。

计算机系统中的资源很多(包括硬件资源与软件资源),操作系统的主要任务是使这些资源有条不紊地、高效地运行,从而最大限度地提高系统中各种资源的利用率,更加方便用户使用。为完成上述任务,操作系统应具备以下主要功能:处理器管理、存储器管理、设备管理和文件管理等。

1.1.1　操作系统的作用

操作系统的作用主要体现在以下三个方面。

(1)作为用户与计算机硬件系统之间的接口

操作系统作为用户与计算机硬件系统之间的接口是指,操作系统处于用户与计算机硬件系统之间,用户通过操作系统来使用计算机。或者说,用户在操作系统的帮助下能够方便、快捷、安全、可靠地操纵计算机硬件、运行软件。应当注意,操作系统是一个系统软件,因而这种接口是软件接口。用户可通过以下3种接口来使用计算机。

①命令接口。为了便于用户直接或间接控制自己的作业,操作系统向用户提供了命令接口。命令接口是用户利用操作系统命令组织和控制作业的执行或管理计算机系统。命令在命令输入界面上输入,由系统在后台执行,并将结果反馈

到前台界面或者特定的文件内。命令接口可以进一步分为联机用户接口和脱机用户接口。

②程序接口。程序接口由一组系统调用命令组成，这是操作系统提供给编程人员的接口。用户通过在程序中使用系统调用命令来请求操作系统提供服务。每一个系统调用都是一个能完成特定功能的子程序。如早期的 UNIX 系统版本和 MS-DOS 版本。

③图形用户接口。图形用户接口采用了图形化的操作界面，用容易识别的各种图标来将系统各项功能、各种应用程序和文件，直观、逼真地表示出来。用户可通过鼠标、菜单和对话框来完成对应用程序和文件的操作。图形用户接口元素包括窗口、图标、菜单和对话框，图形用户接口元素的基本操作包括菜单操作、窗口操作和对话框操作等。20 世纪 90 年代推出的主流操作系统都提供了图形用户接口。如微软推出的 Windows 系列产品。

(2)作为计算机系统的资源管理者

计算机系统通常都包含各种各样的硬件和软件资源。归纳起来，这些资源分为 4 类：CPU、存储器、I/O 设备以及信息（数据和程序）。相应地，操作系统的主要功能是对这 4 类资源进行有效的管理。事实上，当今世界广为流行的一个关于操作系统作用的观点正是，将操作系统视作计算机系统的资源管理者。

(3)使裸机成为扩充机器

对于一台完全无软件的计算机（裸机），即使其功能再强也必定难以被用户使用。如果在裸机上覆盖上一层 I/O 设备管理软件，用户便可利用它所提供的 I/O 命令来进行数据 I/O 操作。此时用户所看到的机器，将是一台比裸机功能更强、更方便使用的机器。通常把覆盖了软件的机器称为“扩充机器”或“虚机器”。如果再在第一层软件上覆盖上一层文件管理软件，用户就可利用该软件提供的文件存取命令来进行文件的存取。此时，用户看到的是一台功能更强的虚机器。如果在文件管理软件上覆盖上一层面向用户的窗口软件，用户就可在窗口环境下方便地使用计算机，此时便形成了一台功能极强的虚机器。由此可知，每当人们在计算机系统上覆盖上一层软件后，系统功能便增强一级。由于操作系统自身包含了若干层软件，因此当在裸机上覆盖上操作系统后，便可获得一台功能显著增强、使用更为方便的多层扩充机器或多层虚机器。

1.1.2 操作系统的功能

从资源管理的观点出发，操作系统的功能包括：处理器管理、存储器管理、设备管理、文件管理等。

(1)处理器管理功能

处理器管理的主要任务是对处理器进行分配,并对其运行进行有效的控制和管理。在传统的多道程序系统中,处理器的分配与运行以进程为基本单位,因而对处理器的管理可归结为对进程的管理。现代的操作系统以线程为调度单位,以进程为资源的分配单位,由处理器对进程(线程)进行协调,合理分配资源,实现各进程(线程)间的通信。

①进程控制。在多道程序环境下,要使作业运行,必须先为它创建一个或几个进程,并为之分配必要的资源。进程运行结束时,要立即撤销该进程,以便及时回收该进程所占用的各类资源。进程控制的主要任务便是为作业创建进程,撤销已结束的进程以及控制进程在运行过程中的状态转换。在现代操作系统中,进程控制还应具有创建或撤销线程的功能。

②进程调度。进程调度的任务是按照一定的算法从就绪队列中选择一个进程,把处理机分配给它,并为它设置运行现场,使进程投入运行。在多线程操作系统中,每次调度时,须从就绪线程队列中选择一个线程,将处理器分配给它。

③进程的互斥与同步。互斥和同步是并发进程间的两种制约关系。在多个并发进程之间,因竞争使用临界资源而互相排斥执行的间接制约关系,称为互斥。为使多个进程能有条不紊地运行,系统中必须设置进程同步机制。进程同步的主要任务是对诸进程的运行进行协调。

④进程通信。在多道程序环境下,可由系统为一个应用程序建立多个进程。这些进程相互合作共同完成一个任务,此时,它们之间往往需要交换信息。当相互合作的进程处于同一计算机系统时,通常采用直接通信的方式进行通信;当相互合作的进程处于不同的计算机系统时,通常采用间接通信的方式进行通信。

(2)存储器管理功能

存储器管理的主要任务是为多道程序的运行提供良好的环境,提高存储器的利用率,从逻辑上来扩充主存,以方便用户使用存储器。为此,存储器管理应具有以下主要功能:

①主存的分配与回收。

②主存的共享与保护。

③主存扩充。

物理主存是非常宝贵的硬件资源,由于操作系统对物理主存的支持受诸多因素限制,其实际容量往往有限。物理主存的有限性势必影响到系统的性能,从而难以满足用户的需要。存储器管理中的主存扩充并非是增加物理主存的容量,而是借助虚拟存储技术,从逻辑上去扩充主存容量,使用户感觉到主存容量比实际主存容量大得多,这样便可在不增加硬件投资的情况下,改善系统的性能,满足用户的需要。

(3)设备管理功能

设备管理的主要任务是完成用户提出的I/O请求，为用户分配I/O设备，提高CPU和I/O设备的利用率，提高I/O速度，方便用户使用I/O设备。为实现上述任务，设备管理应具有下面几个功能：

①设备的分配与去配。设备分配的基本任务是根据用户的I/O请求为其分配所需的设备。如果在I/O设备和CPU之间还存在着设备控制器和I/O通道，则还须为分配出去的设备分配相应的控制器和通道。在设备使用完后要及时回收，即去配。

②设备处理。设备处理程序又称为"设备驱动程序"。其基本任务通常是实现CPU和设备控制器之间的通信。即由CPU向设备控制器发出I/O指令，要求它完成指定的I/O操作，并能接收由设备控制器发来的中断请求，给予及时的响应和相应的处理。

③虚拟设备。这一功能可把每次仅允许一个进程使用的物理设备改造为能同时供多个进程共享的设备。或者说，它能把一个物理设备变换为多个对应的逻辑设备，以使一个物理设备能满足多个用户共享。这样，不仅提高了设备的利用率，而且加速了程序的运行，使每个用户都感觉到自己在独占该设备。

(4)文件管理功能

在现代计算机系统中，程序和数据通常以文件的形式存放在存储介质上，供用户使用。为此，在操作系统中必须配置文件管理机构。文件管理的主要目标是在保证文件安全性的基础上，对用户文件和系统文件进行管理，以方便用户使用。要实现以上目标，文件管理应具备以下主要功能：

①文件存储空间的管理。为了方便用户的使用，需要由文件系统对诸多文件及文件的存储空间实施统一的管理。其主要任务是为每个文件分配必要的辅存空间，提高辅存的利用率，并能有助于提高文件系统的工作速度。

②目录管理。目录管理的主要任务是为每个文件建立目录项，并对众多的目录项进行有效地组织，形成目录文件，实现按名存取。

③文件操作。为了正确地实现文件的存取，文件系统应提供一组文件操作功能供用户使用。

④文件的共享、保护和保密。文件的共享可以节省存储空间，提高辅存的空间利用率。为了防止系统的文件被非法窃取和破坏，必须在文件系统中采取不同级别的保护和保密措施。

1.1.3 操作系统的基本特征

虽然不同的操作系统有不同的特征，如批处理系统具有成批处理的特征，分时系统具有交互特征，实时系统具有实时特征，但它们也都具有以下4个基本特征。

(1)并发性

“并行性”和“并发性”是既相似又有区别的两个概念。并行性是指两个或多个事件在同一时刻发生；而并发性是指两个或多个事件在同一时间间隔内发生。在多道程序环境下，并发性是指宏观上在一段时间内多道程序同时运行。但在单处理器系统中，每一时刻仅能执行一道程序，故微观上这些程序是在交替执行的。

(2)共享性

所谓“共享性”是指系统中的资源可供主存中多个并发执行的进程共同使用。由于资源的属性不同，故多个进程对资源的共享方式也不同，可分为互斥共享和同时访问两种方式。

(3)虚拟性

所谓“虚拟性”是指，在操作系统中，通过某种技术把一个物理实体变成若干个逻辑上的对应物。物理实体是实的，即实际存在的；而其逻辑上的对应物是虚的，是用户感觉上的东西。例如，在多道分时系统中，虽然只有一个CPU，但每个终端用户却都认为有一个CPU在专门为他服务，亦即利用多道程序技术和分时技术可以把一台物理上的CPU虚拟为多台逻辑上的CPU，也称为“虚处理器”。类似地，也可以把一台物理I/O设备虚拟为多台逻辑上的I/O设备。

(4)异步性

进程的异步性，是操作系统的一个重要特征。在多道程序环境下，允许多个进程并发执行，但由于受资源等因素的限制，通常进程的执行并非“一气呵成”，而是“走走停停”。主存中的每个进程在何时执行、何时暂停，以怎样的速度向前推进，每道程序总共需多少时间才能完成，都是不可预知的。很可能是先进入主存的作业后完成，后进入主存的作业先完成。或者说，进程是以异步方式运行的。但是，只要操作系统中配置有完善的进程同步机制且运行环境相同，那么，无论作业经过多少次运行，都会获得完全相同的结果。因此，异步运行方式是允许的。

1.2　操作系统的发展动力和设计目标

随着计算机硬件的不断更新换代，操作系统要不断发展才能充分发挥其硬件的性能。另外，人们对计算机使用的需求也在不断地发生变化。为适应用户的需求，操作系统也需要发展。下面来讲述操作系统的发展动力和设计目标。

1.2.1　操作系统的发展动力

操作系统从出现到现在，无论是其规模还是适应性，无论是其方便性还是有效性，都发生了重大变化。推动操作系统发展的主要动力，可归结为以下 4 个方面：

(1)不断提高资源的利用率

在计算机发展初期，计算机系统特别昂贵，为了充分利用计算机的各类资源，就必须提高资源的利用率，这是推动操作系统发展的最初动力。为了提高资源的利用率，多道批处理系统应运而生，它有效地减少了 CPU 的等待时间。后来又产生了 SPOOLing(Simulatneous Peripheral Operation On-Line)系统及网络，使硬件及文件能很好地共享，资源的利用率得到进一步的提高。

(2)硬件不断更新

微电子技术的迅速发展，使得计算机的性能大幅提高，规模急剧扩大。操作系统要充分发挥硬件的性能，其自身要不断发展，处理数据的方式也要发生变化。例如，现在的处理器多为 64 位，若用以前的 Windows 2000、Windows XP 系统就无法发挥 64 位机器的最大作用。

(3)方便使用

在硬件发展较成熟，资源利用率不高问题基本得到解决后，提高用户使用计算机的便利性成为继续推动操作系统发展的主要因素。为了满足用户使用的方便性，操作系统从单用户系统发展到多用户系统，从自动式发展到交互式，从记忆的命令式发展到图形用户界面式，极大地满足了用户的便利性需求。

(4)计算机体系结构的发展

早期的操作系统是单核的，一个任务来了便自然是由此处理器处理。但现在大多计算机由单核变为多核，即多个处理器，要想一个任务被多个处理器共同合作完成，操作系统就必须考虑协调问题。所以操作系统也要随着体系结构的发展而发展。

1.2.2 操作系统的设计目标

目前，操作系统存在着多种类型，不同类型的操作系统，其发展目标各有侧重。通常在计算机硬件配置的操作系统有以下 4 点设计目标：

(1)有效性

计算机产生初期，硬件消耗巨大，价格昂贵。一旦运行起来，人们就希望计算机能够带来极大的效益。所以，当时操作系统的设计目标是提高计算机的有效性，具体表现为两个方面：

①提高系统的资源利用率。在未配置操作系统的计算机系统中，由于 CPU、I/O 设备等不能并行工作，导致资源得不到充分利用；由于存储方法的不当，导致存储空间的浪费等。所以提高系统的资源利用率是提高计算机效能的表现之一。

②提高系统的吞吐量。操作系统可以通过合理地组织计算机的工作流程，进一步改善资源的利用率，加速程序运行，提高系统在单位时间内完成的工作总量（即吞吐量）。

(2)方便性

因为计算机硬件只能识别二进制语言，所以没有操作系统的计算机是极难使用的。若计算机上配置了操作系统，则用户可在计算机上方便地编译、运行自己的程序，从而使计算机变得易学易用。

有效性和方便性是设计操作系统时最重要的两个目标。

(3)可扩充性

随着计算机硬件和体系结构的迅速发展，相应地对操作系统提出了更高的功能和性能要求。此外，多处理机系统、计算机网络的发展，又对操作系统提出了一系列更新的要求。操作系统只有具有更好的可扩充性，才能适应计算机硬件、体系结构以及应用发展的要求。

(4)开放性

开放性是指操作系统能遵循世界标准规范，特别是遵循开放系统互连（Open System Interconnection，OSI）国际标准。凡遵循 OSI 国际标准所开发的硬件和软件，均能彼此兼容，可实现方便的互联。为使来自不同厂家的计算机及其辅助设备能通过网络加以集成化，并能正确、有效地协同工作，实现应用的可移植性和互操作性，这就要求操作系统要具有很好的开放性。

1.3 操作系统的发展历程

计算机元件工艺的发展经历了电子管时代、晶体管时代、集成电路时代、大规模集成电路时代四个阶段。随着元器件的不断更新换代，操作系统经历了如下发展历程：批处理操作系统、分时操作系统、实时操作系统、网络操作系统、分布式操作系统、微机操作系统、嵌入式操作系统等。

1.3.1 无操作系统的计算机系统

1. 人工操作方式

从第一台计算机诞生（1945 年）到 50 年代中期的计算机，属于第一代，这时还未出现操作系统。这时的计算机操作是由用户（程序员）采用人工操作方式直接使用计算机硬件系统，即由程序员将事先已穿孔（对应于程序和数据）的纸带（或卡片）装入纸带输入机（或卡片输入机），再启动它们，将程序和数据输入计算机，然后启动计算机运行。当程序运行完毕并取走计算结果后，才让下一个用户上机。

2. 脱机输入/输出(Off-Line I/O)方式

脱机输入/输出方式的主要优点是减少了 CPU 的空闲时间，提高了 I/O 的速度。

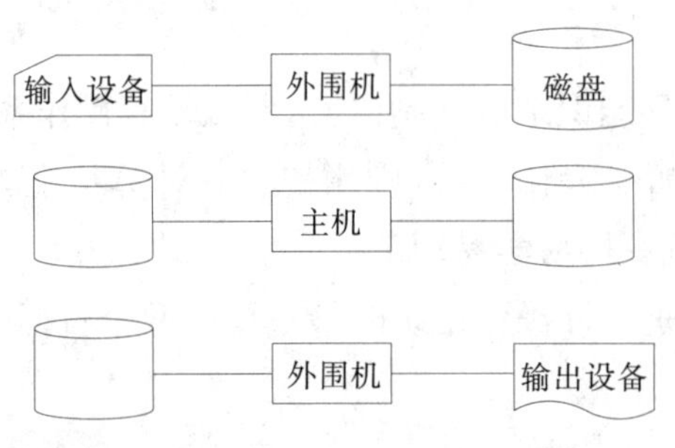

图 1-1 脱机输入/输出方式示意图

无操作系统的计算机系统存在以下两个缺点：

①用户独占全机。计算机及相关全部资源只能由当前用户独占，其他用户无法使用。

②CPU 与 I/O 操作相互等待。当进行人工 I/O 操作时，CPU 处于空闲状态。同样，当 CPU 处于执行状态时，I/O 操作系统处于停止状态。

为了缓解人机矛盾，提高 I/O 速度，只有摆脱人工干预，实现作业的自动过渡，这就出现了批处理操作系统。

1.3.2 批处理操作系统

1. 单道批处理操作系统

批处理操作系统强调的是自动处理过程，即提前将作业内容输入到磁带上，由监督程序将作业调入内存自动处理，对所有作业逐个进行处理。由于系统对作业的处理都是成批执行的，且在内存中始终只保留一道作业，故称此系统为“单道批处理操作系统”，其工作原理如图 1-2 所示。

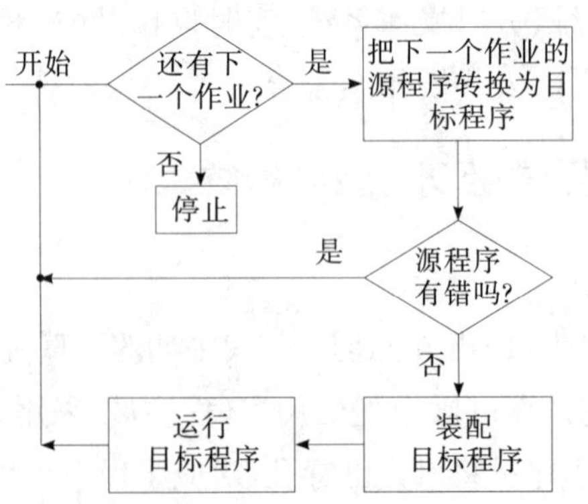

图 1-2 单道批处理操作系统工作原理

单道批处理操作系统是最早出现的一种操作系统，该系统表现的主要特征如下：

①自动性。在无异常情况下，磁带上的一批作业无需人工干预，逐个运行。

②顺序性。磁带上的各作业按进入内存的时间先后依次执行。

③单道性。内存中仅有一道程序运行，每次也只调入一道程序进入内存。仅当该程序完成或发生异常情况时，才调入其后继程序进入内存运行。

单道批处理操作系统在一定程度上解决了人机矛盾以及 CPU 与 I/O 设备速度不匹配的矛盾，但该系统还不能充分利用系统的资源。在当前程序需进行 I/O 操作时，由于内存中只能有一道程序存在，故 CPU 无法运行其他程序，导致 CPU 空闲。例如，在图 1-3(a)中，用户程序占用 CPU 的时间为 $t_1+(t_5-t_4)$，而在(t_4-t_3)及(t_7-t_6)时间段 CPU 处于空闲状态，没有被充分利用。

为了提高资源利用率和系统吞吐量，在 20 世纪 60 年代中期又引入了多道程序设计技术，由此形成了多道批处理操作系统。

2. 多道批处理操作系统

如图 1-3(b)所示，多道程序运行原理可使多道程序轮流、交替使用各类资源。图示中有 A、B、C、D 四道程序，当程序 A 运行 t_1 时间后由于请求输入，故让出 CPU 给程序 B，程序 B 从 t_2 开始执行。同理，程序 C 从 t_3 开始执行，程序 D 从 t_5 开始执行，就这样，四个程序依次轮流使用 CPU。在整个时间段中，除操作系统中的调度程序占用少量 CPU 时间外，CPU 的大部分时间均由程序使用，CPU 得以充分利用，系统效率大为提高。

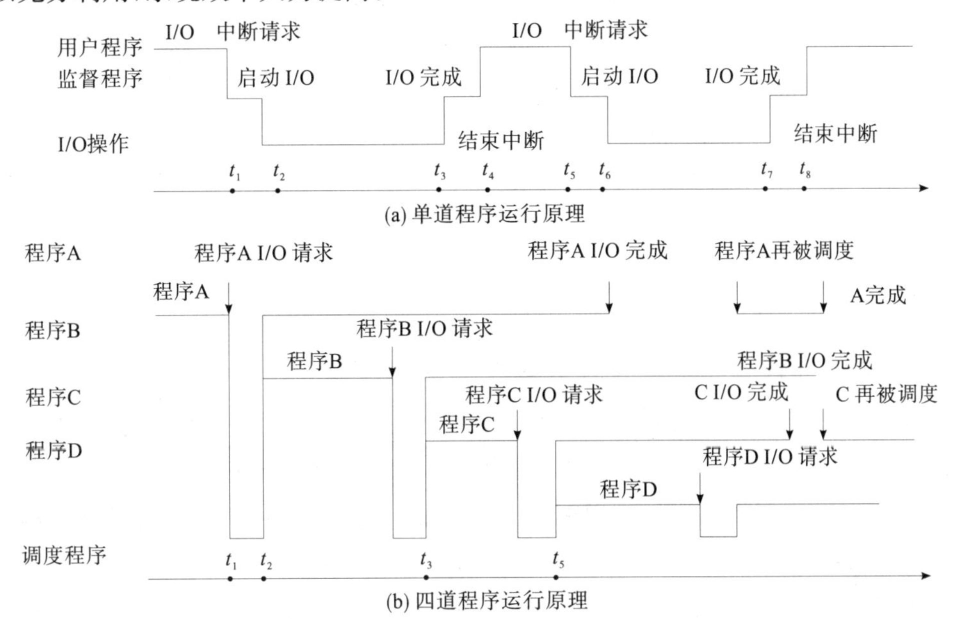

图 1-3　批处理操作系统工作示例

(1)多道批处理操作系统的特性

多道批处理操作系统在执行程序时，一个程序不一定是一次执行完成，为了提高CPU及I/O设备的利用率，出现了某程序执行时"走走停停"的现象，具体特征如下：

①无序性。程序不一定是按照进入内存的时间先后顺序进行调度。

②多道性。内存中可允许多道作业驻留。

③调度性。由于内存中有多道作业，当一个作业完成后，需调度新的作业执行，这时考虑到作业到达内存的时间、所需的资源等因素，调度不同作业的效率不同。

多道批处理操作系统在调度作业时，为了使各作业能够协调运行，提高资源的利用率，需解决一系列问题，如处理机管理、内存管理、I/O设备管理、文件管理及作业管理等。

(2)多道批处理操作系统的优点

①提高了CPU的利用率。当一个程序处理I/O操作时，可将CPU让给其他程序。

②提高了内存和I/O设备的利用率。多道程序可共享内存和I/O设备。

③提高了系统的吞吐量。在CPU与I/O设备可并发执行的情况下，使系统在单位时间内完成的工作量大幅提高。

(3)多道批处理操作系统的缺点

①平均周转时间长。作业的周转时间指作业从进入系统到完成的时间差。多道批处理系统中，由于有多个作业排队，依次执行，因而作业的周转时间较长。

②无交互能力。作业一旦提交给系统后，在执行过程中，用户不可与作业进行交互操作，给程序调试带来不便。

由于批处理系统无交互能力，不方便用户使用，因此推动了分时操作系统的产生。

1.3.3 分时操作系统

1. 分时操作系统的产生及要解决的关键问题

随着主机速度的不断提高，为使多个终端用户可同时使用主机，引入了一种分时技术，使得每个用户可以通过自己的终端设备联机使用主机。

所谓"分时技术"，就是把CPU的时间分成很短的时间片(如几百毫秒)，这些时间片轮流地分配给各联机作业使用。如果某个作业在分配给它的时间片用完之后计算还未完成，该作业就暂时中断，等待下一时间片继续计算，此时处理器被让给另一个作业使用。这样，每个用户的各种要求都能得到快速响应，每个用户都认为自己独占主机。引入分时技术的系统称为“分时操作系统”。如果说“提高资源利用率”是推动批处理操作系统产生的动力，那么，“方便用户”便是推动分时操作系统产生的主要因素。

分时操作系统在实现时，需解决的关键问题是如何使用户能与自己的作业进行交互操作，即当用户在自己的终端上输入命令时，能够在有限的时间内接收并处理该命令，并将结果快速反馈给用户。这可由两个动作完成，即及时接收与及时处理。

①及时接收。为了及时接收多个用户的命令请求和数据，需为每个用户设置一个具有缓冲区的多路卡，使主机可同时接收多方输入的数据。

②及时处理。当用户从终端键入命令后，系统要在很短的时间内(一般少于3秒)做出响应，以便用户能够及时控制自己的作业，这也是实现人机交互的关键。

2. 分时操作系统的特征

分时操作系统与多道批处理系统相比，具有截然不同的特征，可以归纳成以下4点：

①同时性。允许在一台主机上同时连接多台联机终端，系统按分时原则为每个用户服务。从宏观上看，多个用户同时工作，共享系统资源；而从微观上看，每个用户作业轮流运行一个时间片。分时操作系统提高了资源利用率，促进了计算机的广泛应用。

②独立性。每个用户各占一个终端，彼此独立操作，互不干扰。因此，用户会感觉自己在独占主机。

③及时性。用户的请求能在很短时间内获得响应，此时间间隔是以人们所能接受的等待时间来确定的，通常为1～3秒。

④交互性。用户可通过终端与系统进行广泛的人机对话。其广泛性表现在：用户可以请求系统提供多方面的服务，如文件编辑、数据处理和资源共享等。

分时操作系统处理的时间单位以秒来计，但在现实应用中，秒量级的时间往往不能满足用户的需求。如爆破工程、导弹的制导系统等需以毫秒甚至是微秒来计量时间，此时分时系统无法实现，这就促使了实时操作系统的产生。

1.3.4　实时操作系统

所谓“实时”，是表示“及时”，而实时操作系统是指系统能及时(或即时)响应外部事件的请求，在规定的时间内完成对该事件的处理，并控制所有实时任务协调一致地运行。

1. 实时操作系统的应用需求

随着计算机的发展，实时操作系统已得到广泛应用。主要体现在以下两个方面：

①实时控制。实时操作系统在实时控制方面的应用主要为军事、冶炼、发电、化工、机械等自动控制领域。

②实时信息处理。实时操作系统在实时信息处理方面的应用主要为情报检索、机票预订、银行业务、电话交换等服务请求的处理。

针对实时处理的实时操作系统是以在允许的时间范围之内做出响应为特征的。它要求计算机对于外来信息能以足够快的速度进行处理，并在被控对象允许的时间范围内做出快速响应，其响应时间要求在秒级、毫秒级甚至微秒级或更小，此类系统的最大特点就是快速响应。

2. 实时任务的分类

（1）按任务执行时是否呈现周期性来划分

按任务执行时是否呈现周期性来划分，可将实时任务分为：周期性实时任务；非周期性实时任务。

（2）根据对截止时间的要求来划分

外部设备所发出的激励信号虽并无明显的周期性，但都必须联系着一个截止时间（Deadline）。截止时间又可分为：① 开始截止时间——任务在某时间以前必须开始执行；② 完成截止时间——任务在某时间以前必须完成。

根据对截止时间的要求划分，可将实时任务分为硬实时任务和软实时任务。

①硬实时任务（Hard real-time task）。在硬实时任务中，系统必须满足任务对截止时间的要求，否则可能出现难以预测的结果。

②软实时任务（Soft real-time task）。它也联系着一个截止时间，但并不严格，若偶尔错过了任务的截止时间，对系统产生的影响也不会太大。

3. 实时操作系统与分时操作系统的区别

实时操作系统强调的是实时处理，与分时操作系统有着不完全相同的特征。

①及时性。分时操作系统中的快速响应只要保证用户满意就行，即使超过一些时间也只是影响用户的满意程度。而实时操作系统中的时间要求是强制性的，一般时间响应为毫秒级甚至微秒级。仅当在限定时间内返回一个正确结果时才能认为系统的功能是正确的。

②独立性。实时信息处理系统中的每个终端用户在向实时系统提出服务请求时，是彼此独立地操作，互不干扰；而在实时控制系统中，对信息的采集和对对象的控制也都彼此互不干扰。

③交互性。实时操作系统是较少有人为干预的监督和控制系统，仅当计算机系统识别到了违反系统规定的限制或本身发生故障时，才需要人为干预。而分时操作系统可以有频繁的交互，以方便用户使用。

④可靠性。分时操作系统虽然也要求系统可靠，但相比之下，实时操作系统要求有更高的可靠性和安全性，而不强求系统资源的利用率。这是因为实时操作系统的任何差错都可能带来巨大的损失，甚至是灾难性的后果，如导弹防御系统、卫星发射系统、股票系统等。

1.3.5 网络操作系统

计算机网络是通过通信设施将物理上分散的、具有自治功能的多个计算机系统互连起来，实现信息交换、资源共享、互操作和协作处理的系统。

在计算机网络中，每个主机都有为用户程序运行提供服务的操作系统。当某一主机联网使用时，该系统就要同网络中更多的系统和用户交往，这时操作系统的功能就要扩充，以适应网络环境的需要。网络环境下的操作系统既要为本机用户使用网络资源提供简便、有效的手段，又要为网络用户使用本机资源提供服务。为此，网络操作系统除了具备一般操作系统应具有的功能模块之外，还要增加网络功能模块，具体如下：

①网络通信。网络通信是网络最基本的功能，其任务是在源主机和目标主机之间实现无差错的数据传输。

②资源管理。对网络中的共享资源（硬件与软件）实施有效的管理，协调各用户对共享资源的使用，保证数据的安全性和一致性。

③网络服务。这是在前两个功能的基础上，为了方便用户而直接向用户提供的多种有效服务。例如，电子邮件服务、共享打印服务、共享硬盘服务等。

④网络管理。网络管理最基本的任务是安全管理。例如，通过“存取控制”来确保存取数据的安全性；通过“容错技术”来保证系统发生故障时数据的安全性。此外，网络管理还应能对网络性能进行监视，对使用情况进行统计，以便为提高网络性能、进行网络维护和记账等提供必要的信息。

⑤互操作能力。在 20 世纪 90 年代后推出的网络操作系统，提供了一定的互操作能力。所谓“互操作”，在客户/服务器模式的局域网环境下，是指连接在服务器上的多种客户机和主机，不仅能与服务器通信，而且还能以透明的方式访问服务器上的文件系统；而在互联网络环境下，是指不同网络间的客户机不仅能通信，而且能以透明的方式访问其他网络中的文件服务器。

1.3.6 分布式操作系统

在以往的计算机系统中，其处理和控制功能都高度集中在一台主机上，所有的任务都由主机处理,这样的系统称为"集中式处理系统"。而在大量的实际应用中,用户需要具有分布处理能力的、完整的一体化系统。如在分布事务处理、分布数据处理、办公自动化系统等实际应用中,用户希望以统一的界面、标准的接口去使用系统的各种资源,去实现所需要的各种操作。这就导致了分布式系统的出现。

一个分布式系统就是若干计算机的集合。这些计算机都有自己的局部存储器和外部设备。它们既可以独立工作(自治性),又可以合作工作。在这个系统中,各计算机可以并行操作且有多个控制中心,即具有并行处理和分布控制的功能。分布式系统是一个一体化的系统,在整个系统中有一个全局的操作系统称为分布式操作系统,它负责全系统的资源分配和调度、任务划分、信息传输、控制协调等工作,并为用户提供一个统一的界面、标准的接口。用户通过这一界面使用系统资源,实现所需的操作。至于操作在哪一台计算机上执行,使用哪台计算机的资源,则是系统的事,用户是不用知道的,也就是说,系统对用户是透明的。

分布式操作系统的基础是计算机网络,因为计算机之间的通信是由网络来完成的。它和常规网络一样具有模块性、并行性、自治性和通信性等特点。但是,它在常规网络的基础上又有进一步的发展。例如,常规网络中的并行性仅仅意味着独立性,而分布式操作系统中的并行性还意味着合作。因为分布式操作系统不仅是一个物理上的松散耦合系统,还是一个逻辑上的紧密耦合系统。

分布式操作系统和计算机网络的区别在于前者具有多机合作和健壮性。多机合作是自动的任务分配和协调。而健壮性表现在,当系统中有一台甚至几台计算机或通路发生故障时,其余部分可自动重构成一个新的系统,该系统可以工作,甚至可以继续其失效部分的部分或全部工作,这叫作"优美降级"。当故障排除后,系统自动恢复到重构前的状态。这种优美降级和自动恢复就是系统的健壮性。人们研制分布式操作系统的根本出发点和原因就是它具有多机合作和健壮性。正是由于多机合作,系统才能取得短的响应时间、高的吞吐量;正是由于健壮性,系统才获得了高可用性和高可靠性。

分布式操作系统是具有强大生命力的新生事物,许多学者及科学工作者目前正在进行深入研究,还没开发出真正实用的系统。

1.3.7 微机操作系统

随着超大规模集成电路的发展产生了微机,配置在微机上的操作系统称为"微机操作系统"。按微机的字长可将其分成8位、16位、32位和64位微机操作系统。但也可把微机操作系统分为单用户单任务操作系统、单用户多任务操作系统和多用户多任务操作系统。

单用户单任务操作系统的含义是：只允许一个用户上机，且只允许用户程序作为一个任务运行。最具代表性的有 CP/M 和 MS-DOS。单用户多任务操作系统的含义是：只允许一个用户上机，但允许将一个用户程序分为若干个任务，使它们并发执行，从而有效地改善系统的性能。较典型的此类系统有微软操作系统系列，如 Windows 95，Windows 98，Windows XP 等。多用户多任务操作系统的含义是：允许多个用户通过各自的终端使用同一台主机，共享主机系统中的各类资源，而每个用户程序又可进一步分为几个任务，并发执行，可进一步提高资源的利用率和系统的吞吐量。在大、中、小型机中所配置的都是多用户多任务操作系统；在 32 位和 64 位微机上，也有不少配置了多用户多任务操作系统，其中，最有代表性的是 UNIX OS 及 UNIX 的变形产物 Solaris OS 和 Linux OS。

1.3.8 嵌入式操作系统

事实上，在很早以前，“嵌入式”这个概念就已经存在了。在通信方面，嵌入式系统在 20 世纪 60 年代就用于控制电子机械电话交换，当时被称为“存储式程序控制系统”(Stored Program Control System)。嵌入式计算机的真正发展是在微处理器问世之后。

嵌入式操作系统(Embedded Operating System，EOS)是指用于嵌入式系统的操作系统。EOS 是一种用途广泛的系统软件，通常包括与硬件相关的底层驱动软件、系统内核、设备驱动接口、通信协议、图形界面、标准化浏览器等。EOS 是相对于一般操作系统而言的，它除了具有一般操作系统的基本功能，如任务调度、同步机制、中断处理、文件处理等外，还有以下嵌入式操作系统的特点：

①可裁剪性。支持开放性和可伸缩性的体系结构。

②强实时性。EOS 实时性一般较强，可用于各种设备控制中。

③统一的接口。提供设备统一的驱动接口。

④操作方便、简单。提供友好的图形用户界面，易学易用。

⑤强稳定性，弱交互性。嵌入式系统一旦开始运行就不需要用户过多的干预，这就需要负责系统管理的 EOS 具有较强的稳定性。EOS 的用户接口通过系统的调用命令向用户程序提供服务，一般不提供操作命令。

⑥固化代码。在嵌入式系统中，EOS 和应用软件被固化在嵌入式系统计算机的 ROM 中。

⑦具有良好的硬件适应性，即良好的移植性。

EOS 负责嵌入式系统的全部软、硬件资源的分配、任务调度，控制、协调并发活动。它必须体现其所在系统的特征，能够通过装卸某些模块来达到系统所要求的功能。目前，在嵌入式领域广泛使用的操作系统有：嵌入式 Linux、Windows

Embedded、VxWorks 等，以及应用在智能手机和平板电脑中的 Android、iOS 等。

习题 1

一、单项选择

1. 一般用户更喜欢使用的系统是（　　）。

A. 手工操作　　B. 单道批处理系统

C. 多道批处理系统　　D. 多用户分时系统

2. 与计算机硬件关系最密切的软件是（　　）。

A. 编译程序　　B. 数据库管理系统

C. 游戏程序　　D. 操作系统

3. 现代操作系统具有并发性和共享性，是（　　）的引入导致的。

A. 单道程序　　B. 磁盘　　C. 对象　　D. 多道程序

4. 早期的操作系统主要追求的是（　　）。

A. 系统的效率　　B. 用户的方便性

C. 可移植性　　D. 可扩充性

5.（　　）不是多道程序系统。

A. 单用户单任务　　B. 多道批处理系统

C. 单用户多任务　　D. 多用户分时系统

6. 操作系统的主要功能有（　　）。

A. 进程管理、存储器管理、设备管理、处理机管理

B. 虚拟存储管理、处理机管理、进程调度、文件系统

C. 处理机管理、存储器管理、设备管理、文件系统

D. 进程管理、中断管理、设备管理、文件系统

7.（　　）功能不是操作系统直接完成的功能。

A. 管理计算机硬盘　　B. 对程序进行编译

C. 实现虚拟存储器　　D. 删除文件

8. 要求在规定的时间内对外界的请求必须给予及时响应的操作系统是（　　）。

A. 多用户分时系统　　B. 实时操作系统

C. 批处理操作系统　　D. 网络操作系统

9. 操作系统是对（　　）进行管理的软件。

A. 硬件　　B. 软件　　C. 计算机资源　　D. 应用程序

10.（　　）对多用户分时系统最重要。

A. 实时性　　B. 交互性　　C. 共享性　　D. 运行效率

11.(　　)对多道批处理系统最重要。

A. 实时性　　B. 交互性　　C. 共享性　　D. 运行效率

12.(　　)对实时系统最重要。

A. 及时性　　B. 交互性　　C. 共享性　　D. 运行效率

13. 分布式系统与网络系统的主要区别是(　　)。

A. 并行性　　B. 透明性　　C. 共享性　　D. 复杂性

14. 如果分时操作系统的时间片一定,那么(　　),则响应时间越长。

A. 用户数越少　　B. 用户数越多　　C. 内存越小　　D. 内存越大

15. 下面 6 个系统中,必须是实时操作系统的有(　　)个。

①航空订票系统;②过程控制系统;③机器口语翻译系统;④计算机辅助系统;⑤办公自动化系统;⑥计算机激光照排系统

A. 1　　B. 2　　C. 3　　D. 4

16. 下面对操作系统的描述不正确的是(　　)。

A. 操作系统是系统资源管理程序

B. 操作系统是为用户提供服务的程序

C. 操作系统是其他软件的支撑软件

D. 操作系统是系统态程序的集合

17. 操作系统的不确定性是指(　　)。

A. 程序的运行结果不确定　　B. 程序的运行次序不确定

C. 程序多次运行的时间不确定　　D. A、B 和 C

18. 下面哪一个不是程序在并发系统内执行的特点(　　)。

A. 程序执行的间断性　　B. 相互通信的可能性

C. 产生死锁的必然性　　D. 资源分配的动态性

19. 在下面关于并发性的叙述中,正确的是(　　)。

A. 并发性是指若干事件在同一时刻发生

B. 并发性是指若干事件在不同时刻发生

C. 并发性是指若干事件在同一时间间隔内发生

D. 并发性是指若干事件在不同时间间隔内发生

20. 一般来说,为了实现多道程序设计,计算机最需要(　　)。

A. 更大的内存　　B. 更多的外设

C. 更快的 CPU　　D. 更先进的终端

二、多项选择

1. 在单处理机计算机系统中,多道程序的执行具有(　　)的特点。

A. 程序执行宏观上并行　　B. 程序执行微观上串行

C. 设备和处理机可以并行　　D. 设备和处理机只能串行

2. 应用程序在（　　）系统上，相同数据的条件下多次执行，所需要的时间可能是不同的。

A. 多用户分时　　B. 多道批处理

C. 单道批处理　　D. 单用户单任务

3. 能同时执行多个程序的操作系统是（　　）。

A. 多道批处理　　B. 单道批处理

C. 分时系统　　D. 实时系统

4.（　　）系统要求在一定的时间内对用户的请求给予及时响应。

A. 多道批处理　　B. 单道批处理

C. 分时系统　　D. 实时系统

5. 在单处理机系统中，相同的硬件条件下，要执行 10 个程序，每个程序单独执行需要 6 分钟。现在 10 个程序同时在多道程序系统执行，一般情况下，每个程序执行完毕需要的时间（　　），全部执行完毕总共需要的时间（　　）。

A. 小于 6 分钟　　B. 大于 6 分钟

C. 小于等于 60 分钟　　D. 大于 60 分钟

三、判断正误

1. 操作系统属于最重要的、最不可缺少的应用软件。（　　）

2. 操作系统完成的主要功能是与硬件相关的。（　　）

3. 多道程序系统在单处理机的环境下，程序的执行是并发不是并行的，程序的执行与I/O操作也只能并发不能并行。（　　）

4. 当计算机系统没有用户程序执行时，处理机完全处于空闲状态。（　　）

5. 系统的资源利用率越高，用户越满意。（　　）

6. 多道程序的执行一定不具备再现性。（　　）

7. 分时系统不需要多道程序技术的支持。（　　）

8. 分时系统的用户具有独占性，因此一个用户可以独占计算机系统的资源。（　　）

9. 批处理系统不允许用户随时干涉自己程序的运行。（　　）

四、简答题

1. 设计操作系统的主要目的是什么？

2. 操作系统的作用可体现在哪几个方面？

3. 分时操作系统的特征是什么？

4. 何谓“多道程序设计”？叙述它的主要特征和优点。

5. 实现多道程序应解决哪些问题？

6. 试比较单道与多道批处理系统的特点及优缺点。

7. 为什么要引入实时操作系统?

8. 操作系统具有哪几大特征?

9. 操作系统有哪些主要功能? 其主要任务是什么?

10. 试在交互性、及时性和可靠性方面对分时系统与实时系统进行比较。

11. 操作系统具有异步性特征的原因是什么?

第2章　作业管理

没有覆盖操作系统的裸机是很难使用的，为了加大计算机应用的推广，增强计算机使用的方便性，计算机的专业人员开发了操作系统。目前操作系统可以向用户提供命令、系统调用、图形等形式的接口，完成用户提交的各类任务。当内存中有多个任务（作业）时，操作系统为了提高各类资源的利用率，就要考虑调度策略。

2.1　作业管理相关概念

2.1.1　作业

“作业”是操作系统中一个常见的概念，可以从用户及系统两个方面进行解释。

从用户的角度，可以从逻辑上抽象地（并非精确地）描述作业的定义。在一次应用业务处理过程中，从输入开始到输出结束，用户要求计算机所做的有关该次业务处理的全部工作称为“一个作业”。作业由不同的作业步按顺序组成。作业步是在一个作业的处理过程中，计算机所做的相对独立的工作。一般来说，每一个作业步产生下一个作业步的输入文件。

从系统的角度，则可以定义出作业的组织形式。从系统的角度看，“作业”是一个比“程序”更广的概念，它由程序、数据和作业说明书组成。系统通过作业说明书控制文件形式的程序和数据，使之执行操作。在批处理系统中，作业是抢占内存的基本单位。也就是说，批处理系统以作业为单位把程序和数据调入内存以便执行。需要说明的是，“作业”的概念一般用于早期批处理系统和现在的大型机、巨型机系统中。广为流行的微机和工作站系统，一般没有“作业”的概念。

2.1.2　作业控制块

作业控制块（Job Control Block，JCB）是批处理作业存在的标志，其中存有系统对作业进行管理所需要的全部信息（保存在辅助存储器存储区域中）。作业控制块中所包含的信息数量及内容因系统而异，但一般应包含：作业名、作业状态、作业类别、作业优先级、作业控制方式、资源需求量、进入系统时间、开始运行时间、运行时间、作业完成时间、所需主存地址及外设种类和台数等。

(1)作业控制块的建立

当作业开始由输入设备输入到辅存的输入井时,系统输入程序即为其建立一个作业控制块,并对其进行初始化。初始化的大部分信息取自作业控制说明书,其他的部分信息,如作业进入系统时间和作业开始运行时间等,则由资源管理器给出。

(2)作业控制块的使用

需要访问作业控制块的程序主要有系统输入程序、作业调度程序、作业控制程序和系统输出程序等。

(3)作业控制块的撤销

当作业完成后,其作业控制块由系统输出程序撤销,作业控制块被撤销后其作业也不复存在。

2.1.3 作业表

每个作业都有一个作业控制块,所有作业的作业控制块构成一个作业表。系统输入程序、作业调度程序、系统输出程序都需要访问作业表,因而存在互斥问题。

2.2 作业管理过程

作业从提交开始到最后完成的整个过程,包括作业控制、作业调度、资源共享等,这些都属于作业管理范畴。"作业"的概念多数是针对批处理系统而言的。在批处理系统中,用户使用操作系统提供的"作业控制语言"(Job Control Language,JCL)为作业的执行写一份"作业控制说明书"。操作系统根据此说明书来控制作业的执行。批处理作业的用户与操作系统的接口就是JCL。

2.2.1 作业的建立

作业建立的前提条件是要向系统申请获得一个空的作业表项和足够的输入井空间。建立时,必须将作业所包括的全部程序和数据输入到辅存中保存起来,并建立与该作业对应的作业控制块。因此,作业的建立过程包括两个阶段:作业控制块的建立阶段和作业的输入阶段。

(1)作业控制块的建立

建立作业控制块的过程就是申请和填写一张包含空白表项的作业表的过程。由于操作系统所允许的作业表的长度是固定的,即作业表中存放的作业控制块个数是确定的,因此当作业表中无空白表项时,系统将无法为用户建立作业,作业建立将会失败。

(2)作业的输入

批处理作业的输入是将作业的源程序、初始数据和作业控制说明书通过输入设备输入到辅存并完成初始化的过程。常用的输入方式有3种:脱机输入方式、SPOOLing系统输入方式和直接耦合方式。

①脱机输入方式。用户将要输入的内容借助外围处理机输入到存储器中,再将存储器与高速外围设备及主机相连,在较短的时间内完成作业输入工作。此方法解决了快速I/O问题,提高了主机的资源利用率。

②SPOOLing系统输入方式。作业输入时,操作系统通过预输入命令启动SPOOLing系统中的预输入程序工作,就可把作业信息存放到输入井中。预输入程序根据作业控制说明书中的作业标识语句区分各个作业,把作业登记到作业表中,并把作业中的各个文件存到输入井中。这样,就完成了作业的输入工作,被输入的作业处于后备状态,并在输入井中等待处理。采用SPOOLing系统输入方式时,由于辅存中的输入井空间是有限的,因此若输入井无足够大的空间存放该作业,则作业建立仍然会失败。

③直接耦合方式。将主机和外围机通过一个公用的大容量外存直接耦合起来。这种方式既保留了脱机输入速度快的优点,又无脱机输入方式人工干预的缺点,且具有较强的灵活性。

2.2.2 批处理作业的调度

由于内存容量有限,将系统中等待的作业全部装入内存是不可能的,到底选择哪些作业才能充分利用系统的各类资源呢?这要考虑到调度的策略、作业所需资源的多少、系统平衡、用户满意程度等诸多因素。

1.作业调度程序

当外存中有多道作业时,要调度一新的作业,操作系统不仅要按某种调度策略(即调度算法)从后备作业队列中选择作业装入内存,还要为选中的作业分配所需资源,为作业进入CPU运行做好准备。完成作业调度功能的控制程序称为“作业调度程序”。通常作业调度程序要完成下述工作:

①按照某种调度算法从后备作业队列中选取作业。

②为被选中的作业分配内存和外设资源。因此,作业调度程序在挑选作业过程中要调用存储管理程序和设备管理程序中的某些功能。

③为选中的作业开始运行做好一切准备工作,包括:修改作业状态为运行态,为运行作业创建进程,构造和填写作业运行时所需要的有关表格(如作业表)等。

④在作业运行完成或由于某种原因需要撤离系统时,作业调度程序还要完成

作业的善后处理工作，包括回收分给它的全部资源、为输出必要信息编制输出文件、撤销该作业的全部进程和作业控制块等，最终将其从现行作业队列中删除。

作业调度的效率与调度算法的选择息息相关，但没有一种调度算法是绝对最优的。不同算法考虑的因素不同，有些甚至是相互冲突的。每个用户都希望自己的作业尽快执行，但就计算机系统而言，既要考虑用户的需求又要有利于整个系统效率的提高，因此，作业调度中应该综合考虑多方面的因素。切实可靠的调度算法是选择一种折中的办法，算法选择时通常考虑以下因素：

①公平性。公平对待每个用户，让用户满意，不能无故或无限制地拖延某一用户作业的执行。

②均衡使用资源。每个用户作业所需资源差异很大，因此需注意系统中各资源的均衡使用，使同时装入内存的作业在执行时尽可能利用系统中的各种不同资源，从而极大地提高资源的使用率。例如，进行科学计算的作业要求较多的 CPU 时间，但 I/O 操作要求较少；而事务处理作业则要求较少的 CPU 时间、较多的 I/O 操作。因此应将这两种作业合理搭配，使得系统各种资源发挥最佳效益。

③提高系统的吞吐量。通过缩短每个作业的周转时间，在单位时间内尽可能为更多的作业服务，从而提高计算机系统的吞吐能力。

④平衡系统和用户需求。用户满意程度与系统效率可能是一对相互矛盾的因素，每个用户都希望自己的作业立即投入运行并很快获得运行结果，但系统必须考虑整体性能的提高，有时难以满足用户需求。

上述这些因素可能无法兼顾，应根据系统的设计目标来决定优先考虑的调度因素。

2. 调度算法性能衡量指标

不同作业调度算法有不同的性能，效率的高低影响用户的选择。一般在进行衡量调度性能时，从以下几个指标考虑：

①CPU 利用率。CPU 利用率是指 CPU 的有效运行时间与总的运行时间之比。比值越大，其 CPU 利用率越高。

②吞吐量。吞吐量是指单位时间内完成作业的总量。完成的总量越多，其吞吐能力越强。

③周转时间。周转时间是指从作业被提交进入输入井开始，到作业执行完成的这段时间间隔。

④平均周转时间。平均周转时间是指所有作业的周转时间的平均值。若有 n 个作业，作业 i 的周转时间定义为 T_i，则作业的平均周转时间定义为：

$$T=\frac{1}{n}\sum_{i=1}^{n}T_i$$

长作业对 T 值的影响大，而短作业对 T 值的影响小。很显然，对系统来说，总是希望进入系统的作业平均周转时间越短越好。

⑤平均加权周转时间。由于系统中的短作业所占比例更大，为了增加短作业对 T 值的影响，引入平均加权周转时间的概念。若作业 i 的加权周转时间定义为作业的周转时间与 CPU 对作业的服务时间之比，即

$$W_i = \frac{T_i}{T_{si}}$$

其中，T_{si} 为作业 i 占据 CPU 的运行时间，则作业平均加权周转时间定义为：

$$W = \frac{1}{n}\sum_{i=1}^{n} W_i$$

批处理系统设计的目标是设法减少作业的平均周转时间及平均加权周转时间，设法提高系统的吞吐量，并兼顾用户的容忍程度，从而使系统运行效率尽可能提高。一般认为 T 和 W 越小，系统对作业的吞吐量越大，系统的性能越高。

作业调度算法与进程调度算法类似，具体内容将在第 3 章介绍。

2.2.3 作业的执行

一个批处理作业被调度后，操作系统按用户提交的作业控制说明书控制作业的执行。一般来说，总是按照作业步的顺序控制作业的执行，一个作业步执行结束后，就顺序取下一个作业步继续执行，直到最后一个作业步完成。整个作业执行结束后，系统收回作业所占资源并撤销该作业。当作业被选中转为运行态时，作业调度程序为其建立一个作业控制进程，由该进程具体控制作业运行。作业控制进程主要负责控制作业的运行，具体解释执行作业控制说明书中的每一个作业步，并创建子进程来完成该步骤。一个作业步的处理过程又可细分为以下几个阶段：

①建立子进程。

②为该子进程申请系统资源和外设资源等。

③访问该作业的作业控制块。

④子进程执行结束并释放其占有的全部资源。

⑤撤销子进程等。

怎样才能完成作业步的执行呢？不同的作业步要完成不同的工作，都要由不同的程序去解释、执行。一般来说，根据作业控制说明书中的作业步控制语句中参数指定的程序，把相应的程序装到内存，然后创建一个相应的作业步进程，把它的状态设置为就绪。当被进程调度程序选中运行时，该进程就执行相应的程序，完成该作业步功能。当一个作业步的进程执行结束后，需要向操作系统报告执行结束的信息，然后撤销该进程，再继续取下一个作业步的控制语句，控制作业继续

执行。当取到一个表示作业结束的控制语句时，操作系统收回该作业占有的全部内存和外围设备等资源，然后让作业调度再选取下一个可执行的作业。

如果作业执行到某个作业步时发生错误，则要分析错误的性质。如果是某些用户能估计到的错误，且用户已在作业控制说明书中给出了处理办法，系统就应按用户的说明转向指定的作业步继续顺序执行，直至作业执行结束为止。

2.2.4 作业的终止与撤销

当一个批处理作业顺利执行完作业控制说明书中的所有作业步时，作业正常终止；若执行中遇到诸如非法指令、运算溢出和主存地址越界等无法继续执行的错误，则作业将异常终止。作业正常终止时会向系统发出正常终止的信息，然后等待被系统撤销；异常终止时会向系统发出异常终止的信息，然后等待被系统撤销。具体作业执行流程如图 2-1 所示。

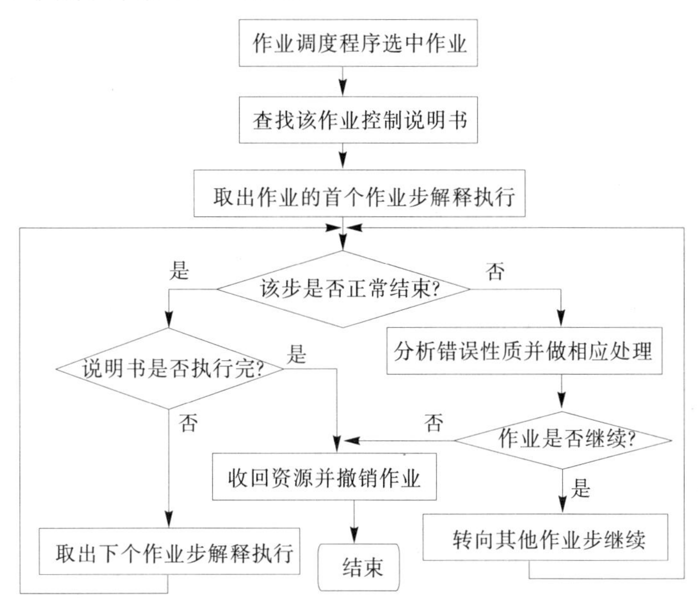

图 2-1 作业执行流程图

系统撤销一个作业的主要过程如下：

①报告用户作业是正常终止还是异常终止，若是正常终止，则输出结果。

②回收作业占据的全部资源，包括内存空间、外围设备及打开的数据文件等。

③释放该作业的作业控制块。

④注销该作业。

每当一个作业运行终止而被撤销后，系统又会再进行下一次作业调度，然后重复上述过程，直至全部作业调度完成。

2.2.5 作业的状态

作业从提交到系统直到它完成后离开系统前的整个活动可划分为若干阶段。作业在每个阶段所处的状态称为作业的状态。通常作业的状态分为以下 4 种：

①提交状态。从用户手中经输入设备进入输入井，由系统为其建立作业控制块的作业处于提交状态。

②后备状态。对于已经进入输入井的作业，系统将它插入到输入井后备队列中，等待作业调度程序的调度运行，这时的作业处于后备状态。

③运行状态。一个处于后备状态的作业，一旦被作业调度程序选中进入内存，系统就为它分配必要的资源，建立相应的进程，这时的作业就处于运行状态。

④完成状态。作业完成其全部运行并释放其所占全部资源而正常结束或异常终止后，处于完成状态。此时作业调度程序对该作业进行一系列善后处理，并退出系统。

作业状态的转换是其生命周期中的连续过程，对应的状态转换如图 2-2 所示。

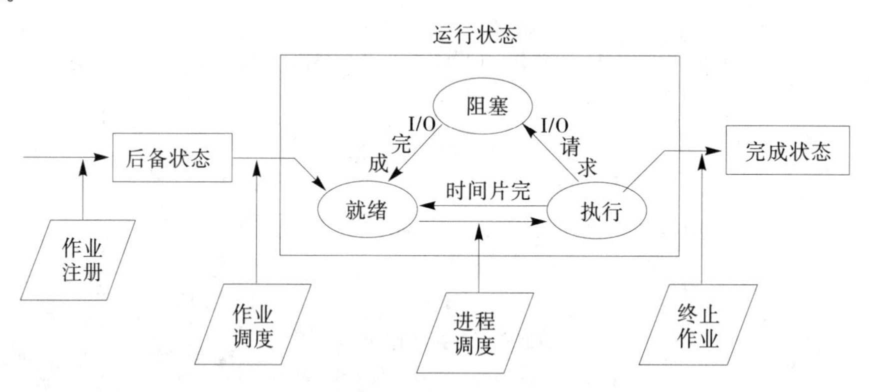

图 2-2 作业状态转换图

习题 2

1. 解释作业和作业步。
2. 试说明作业的状态转换图，并说明引起状态转换的典型原因。
3. 作业控制块的组成及作用是什么？
4. 作业调度算法选择应考虑的因素有哪些？
5. 衡量调度算法性能的指标有哪些？

第 3 章　进程与进程管理

程序是一系列指令的有序集合，必须严格按规定的顺序依次执行。在多道程序批处理系统及分时系统中，程序并不能独立运行，但是程序一旦并发执行可能会带来很多负面影响。为此，引入一新的概念“进程”，现代操作系统中就是以进程为资源分配和调度的基本单位，且操作系统的四大基本特征也都是基于进程而形成的。

3.1　进程的引入

3.1.1　前趋图的定义

前趋图是一个有向无环图(Directed Acyclic Graph，DAG)。它由结点和有向边组成，其中结点表示一条语句、一个程序段或进程；结点间的有向边则表示相连的两个结点间存在的关系“→”。→={(P_i，P_j)|P_i必须在 P_j开始前完成}，此关系又称前趋关系。如果有 P_i→P_j，则称 P_i是 P_j的前趋，而 P_j是 P_i的直接后继。在前趋图中，没有前趋的结点称为初始结点，没有后继的结点称为终止结点。需要注意的是，前趋图中必须无环路现象。

如图 3-1 所示，图 3-1(a)(b)具备前趋图的特征，但图 3-1(c)因有环路，故不具备前趋图的特征。通过图 3-1(a)可知，前趋图可以清晰地看出哪些语句之间有调用与被调用的关系。对于没有直接或间接前趋关系的语句可以并发执行。例如，图 3-1(a)中的语句 3 或 4 与语句 5 均可并发执行，这样可加快整个程序运行的速度。

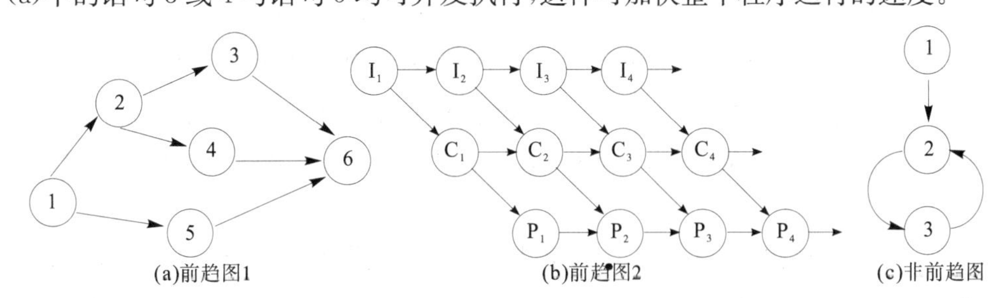

图 3-1　前趋图示例

3.1.2　程序的顺序执行

程序的运行一般是按正常逻辑思维，自上而下每条语句依次执行，如图 3-2

所示的一段程序执行流程。

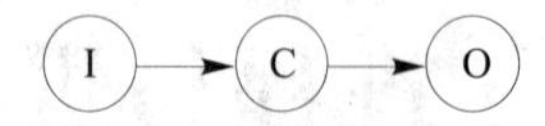

图 3-2　程序的顺序执行

I 为输入，C 为计算，O 为输出，要得到结果只能从输入 I 开始，经过计算机处理 C，最后将结果反馈进行 O 操作，且上面各步骤不可颠倒。

程序的顺序执行具有如下特点：

①顺序性。CPU 的操作严格按照程序规定的顺序执行，只有前一操作结束后，才能执行后继操作。

②封闭性。程序是在封闭的环境下运行的。即程序在运行时，它独占全机资源，程序内各资源的状态(除初始状态外)只有本程序才能改变。程序一旦开始运行，其执行结果不受外界因素的影响。

③可再现性。只要程序的输入条件相同，那么程序重复执行就一定会得到相同的结果。

程序顺序执行的特性为程序员检测和校正程序的错误带来极大的方便。

3.1.3　程序的并发执行

由图 3-1(b)可知，程序中的语句 I_2、C_1 可并发执行，语句 I_4、C_3、P_2 可以并发执行。程序的并发执行可以提高系统的吞吐量，但是并不是所有程序都可并发执行，因为并发执行可能会有一些意料之外的结果。例如，现有 A、B 两个程序，它们共享变量 N，设 N 的初值为 n，过程如下：

程序 A：	程序 B：
N=N+1；	printf(N)；
	N=0；

由于 A、B 可以并发执行，以不同速度运行，可能出现下面 3 种运行情况：

①设 A 先运行，B 再运行且执行完成，此时输出结果为 n+1，N 为 0。

②设 B 先运行且执行完成，再执行 A，此时输出结果为 n，N 为 1。

③设 B 运行第一条语句，再运行 A，最后执行 B 的第二条语句，此时输出结果为 n，N 为 0。

由上面 3 种情况分析可知，在条件相同的情况下，因程序 A、B 并发执行且共享变量 N，使程序失去了封闭性，而导致结果不一致，并表现出以下新的特征：

①间断性。程序在并发执行时，由于它们共享资源或为完成同一项任务而相互合作，致使在并发程序之间形成了相互制约的关系，导致并发程序具有“执行—暂停—执行”这种间断性的活动规律，如上述第③种情况。

②失去封闭性。程序在并发执行时，由于多个程序共享系统中的各种资源，

因此这些资源的状态将由多个程序来改变，这使得程序的运行失去封闭性。

③不可再现性。程序在并发执行时，由于失去封闭性，也将失去其可再现性。上述程序 A、B 的情况说明，由于程序在并发执行时失去封闭性，而其计算结果与并发程序的执行顺序有关，因此使程序失去可再现性，亦即程序经过多次执行后，虽然其执行时的环境和初始条件都相同，但得到的结果却可能各不相同。

为了寻找程序并发执行的规律，1966 年学者 Bernstein 给出并发执行条件。假设有程序 P(i)针对共享变量的读集 R(i)和写集 W(i)，对于任意两个程序 P(i)和 P(j)，有：

①$R(i) \cap W(j) = \varnothing$

②$W(i) \cap R(j) = \varnothing$

③$W(i) \cap W(j) = \varnothing$

前两个条件保证程序的两次读之间数据一致，最后一个条件保证不发生丢失修改现象。例如，以下语句：

$$S_1: a=x+y; R(S_1)=\{x,y\}, W(S_1)=\{a\}$$
$$S_2: b=z+1; R(S_2)=\{z\}, W(S_2)=\{b\}$$
$$S_3: c=a-b; R(S_3)=\{a,b\}, W(S_3)=\{c\}$$
$$S_4: d=c+1; R(S_4)=\{c\}, W(S_4)=\{d\}$$

语句 S_1、S_3 不可以并发，因为 $W(S_1) \cap R(S_3)=\{a\} \neq \varnothing$；语句 S_2、S_3 不可以并发，因为 $W(S_2) \cap R(S_3)=\{b\} \neq \varnothing$；语句 S_3、S_4 不可以并发，因为 $W(S_3) \cap R(S_4)=\{c\} \neq \varnothing$；语句 S_1 与 S_2 及 S_2 与 S_4 可以并发，因为彼此读写数据无交集。

3.2 进程

程序一般在相当多的约束条件下，才能进行并发执行。为了能更好地控制程序的运行，操作系统引入进程的概念。

3.2.1 进程简介

(1)进程的定义

20 世纪 60 年代初期，美国麻省理工学院的 MULTICS 系统和 IBM 公司的 CTSS/360 首次引入“进程”这一术语。进程是操作系统中的一个最基本也是最重要的概念，对这个概念的掌握有利于操作系统的设计。但是迄今为止，进程的概念仍未有一个非常确切的、统一的定义。不同的学者考虑问题的角度不同，对进程的定义也不同。下面是几个操作系统的权威人士对进程所下的定义：

①进程是一个程序及其数据在处理机上顺序执行时所发生的活动。

②一个进程是一系列逐一执行的操作，而操作的确切含义则有赖于人们以何种详尽程度来描述进程。

③进程是一个独立的、可以调度的活动。

④进程是程序在一个数据集上的运行过程，是系统进行资源分配和调度的独立单位。

以上进程的定义，尽管各有侧重，但它们在本质上是相同的，即进程是一个动态的执行过程。据此，可以把进程定义为：**可并发执行的程序在一个数据集上的一次执行过程，是系统进行资源分配的基本单位。**

(2)进程的基本特征

进程和程序是两个截然不同的概念。进程具有以下5个基本特征：

①动态性。由于进程是进程实体的执行过程，因此，动态性是进程最基本的特性。进程的动态性还表现为：它由创建而产生，由调度而执行，因得不到资源而暂停执行，以及由撤销而消亡。可见，进程有一定的生命期。

②并发性。并发性是指多个进程实体同存于主存中，能在一段时间内同时运行。并发性是进程的重要特征，同时也是操作系统的重要特征。

③独立性。独立性是指进程实体是一个能独立运行的基本单位，同时也是系统中独立获得资源和独立调度的基本单位。除了必要的进程通信，进程之间互不干扰。

④异步性。异步性是指进程按各自独立的、不可预知的速度向前推进，或者说，是指进程“走走停停”的现象。正是这一特征导致程序执行的不可再现性。

⑤结构特征。从结构上看，进程实体是由程序段、数据段及进程控制块(Process Control Block，PCB)三部分组成的。其中程序段描述进程的静态部分，而PCB描述进程的动态操作部分。PCB随进程的创建而创建，随进程的消亡而撤销。

(3)进程与程序的关系

进程与程序既有区别又有联系，具体表现在以下几个方面：

①进程是动态的，而程序是静态的。此特征也是进程与程序之间最本质的区别。

②进程的存在是暂时的，而程序可永久保存。

③进程可并发执行，而程序一般不可并发执行(除非满足程序并发条件)。

④程序是进程的组成部分，一个进程可包含一个或一个以上的程序，一个程序也可包含一个或多个进程。

⑤程序是进程存在的物理实体，即进程所执行的指令都是依赖程序的代码而存在的。

3.2.2 进程的基本状态及其转换

(1)进程的基本状态

进程是有生命周期的,有产生也有消亡。进程执行时呈现异步性,这决定了进程可能具有多种状态。事实上进程在执行过程中有以下 3 种基本状态:

①就绪状态(Ready)。当进程已分配到除 CPU 以外的所有必要的资源后,只要能再获得 CPU,便可立即执行。这时的进程状态称为就绪状态,是进程创建成功后的第一个状态。在一个系统中,允许有多个进程同时处于就绪状态,通常把这些进程排成一个或多个队列,称这些队列为就绪队列。

②执行状态(Run)。执行状态指进程已获得 CPU,其程序正在执行时的状态。在单 CPU 系统中,只能有一个进程处于执行状态。在多 CPU 系统中,则可能有多个进程处于执行状态。

③等待状态(或称阻塞状态)。进程因发生某事件(如请求 I/O、申请缓冲空间等)而暂停执行时的状态称为等待状态。通常将处于等待状态的进程排成一个队列,称为等待队列。在有的系统中,按等待原因的不同将处于等待状态的进程排成多个队列。

(2)进程的基本状态转换

进程的状态反映进程执行过程的变化。这些状态随着进程的执行和外界条件的变化而转换。进程在执行期间,可以在 3 个基本状态之间进行多次转换,如图 3-3 所示。

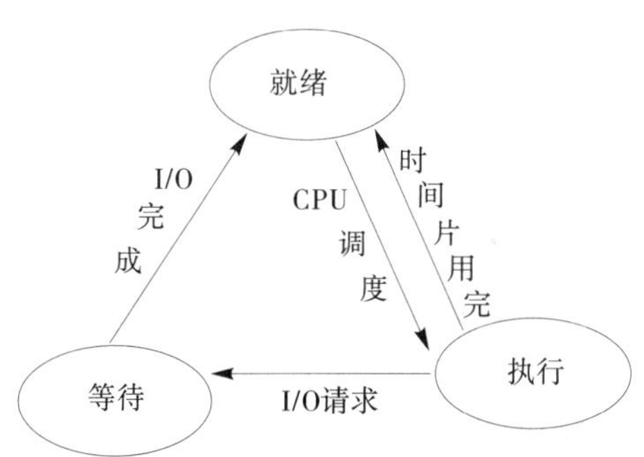

图 3-3　进程状态转换图

当创建进程的相关事件发生后,操作系统首先创建该进程的 PCB,将所有需要的资源(除 CPU 外)准备好后,进程进入就绪状态。由于处于就绪状态的进程可能有多个,所以新创建的进程插入就绪队列尾部。当 CPU 处于空闲状态时,便从就绪队列中调入一进程,并将 CPU 分配给该进程,使之处于运行状态。正在执行的进程称为当前进程。在分时系统中,若分配给当前进程的时间片用完而自身还未完成,则此时进程回到就绪状态;处于执行状态的进程,若因发生某事件(如

I/O请求）而使进程的执行过程受阻，则此时进程进入等待状态；处于等待状态的进程，由于I/O完成，满足了进程的部分请求，此时进程进入就绪状态。

3.2.3 进程控制块

进程是由程序段、数据段、进程控制块组成的，其中程序段描述进程的静态信息，而进程控制块记录动态部分信息。每一个进程都有一个进程控制块且只有一个。进程控制块（PCB）是操作系统用于记录和刻画进程状态及有关信息的数据结构，也是操作系统控制和管理进程的主要依据。进程控制块包括了进程执行时的情况以及进程让出CPU后所处的状态、断点等信息。进程控制块的作用是使一个在多道程序环境下不能独立运行的程序（含数据）成为一个能独立运行的基本单位，一个能与其他进程并发执行的进程。或者说，操作系统是根据PCB来对并发执行的进程进行控制和管理的。

例如，当操作系统要调度某进程执行时，要从该进程的PCB中查出其现行状态及优先级；在调度到某进程后，要根据PCB中所保存的CPU状态信息去设置该进程恢复运行的现场，并根据PCB中的程序和数据的主存始址找到其程序和数据；进程在执行过程中，当需要和与之合作的进程实现同步、通信或访问文件时，也都需要访问PCB；当进程因某种原因而暂停执行时，又必须将其断点的CPU环境保存在PCB中。可见，在进程的整个生命周期中，系统总是通过其PCB对进程进行控制，亦即系统是根据进程的PCB而感知到该进程的存在的。所以说，PCB是进程存在的唯一标志。

当系统创建一个新进程时，就为它建立一个PCB；进程结束时又回收其PCB，进程于是也随之消亡。PCB可以被操作系统中的多个模块读或修改，如被调度程序、资源分配程序、中断处理程序以及监督和分析程序等读或修改。因为PCB经常被系统访问，尤其是被运行频率很高的进程调度程序访问，所以PCB应常驻内存。系统将所有的PCB组织成若干个链表（或队列），存放在操作系统中专门开辟的PCB区内。

(1)PCB中的信息种类

对于不同的操作系统来说，PCB记录信息的内容与数量是不相同的。操作系统的功能越强，PCB中的信息也就越多。在一般情况下，PCB应包含4类信息：

①标识符信息。每个进程都要有一个唯一的标识符，用以标识进程的存在和区分各个进程。标识符可以用字符或编号表示，一个进程通常有两种标识符：内部标识符和外部标识符。内部标识符是为方便系统使用而采用的一个唯一的数字标识符。外部标识符是由字母、数字组成的，描述了进程间的家族关系，便于进程间调度和撤销。

②说明信息。说明信息用于说明本进程的情况，其中“进程状态”是指进程的当前状态，“进程程序存放位置”指出该进程所对应的程序存放在哪里；“进程数据存放位置”是指进程执行时的工作区，用来存放被处理的数据集和处理结果。

③现场信息。当进程由于某种原因让出 CPU 时，把与 CPU 有关的各种现场信息保留下来，以便该进程在重新获得 CPU 后能把保留的现场信息重新置入 CPU 的相关寄存器中继续执行。通常被保留的现场信息有通用寄存器内容、控制寄存器内容以及程序状态字寄存器内容等。

④管理信息。管理信息是指对进程进行管理和调度的信息。例如，通常用“进程优先数”指出进程可以占用 CPU 的优先次序；用“队列指针”指出处于同一状态的另一个进程的 PCB 地址，把具有相同状态的进程链接起来；用资源清单记录进程运行需要分配的所有资源情况。

(2)PCB 的管理方式

在一个系统中，通常可拥有数百个、数千个甚至数万个 PCB，如何管理这些 PCB 呢？目前有两种方式：

①链接方式。系统将具有同一状态的 PCB，链接成一个队列。优先级高的在队头，刚到的插入队列的尾部。这种方式的优点是插入、删除方便，但不利于 PCB 的查找。

②索引方式。系统根据所有进程的状态建立几张索引表，如就绪索引表、阻塞索引表等。在每个索引表的表目中，记录具有相应状态的某个 PCB 的地址。此方式的优点是查找速度快，但建立索引表需消耗大量的时间和空间。

3.2.4　进程控制

进程是有生命周期的，有产生也有消亡的过程，这说明进程的状态是变化的，这一任务是由 CPU 对进程进行进程控制完成的。所谓进程控制，就是系统使用一些具有特定功能的程序段来创建、撤销进程以及完成进程各状态之间的转换，从而达到多进程、高效率的并发执行和协调，实现资源共享的目的。进程控制一般是由操作系统的内核中的原语来实现的。

原语是由用于完成一定功能的若干条指令组成的，所有动作是要么全做，要么全不做的不可分割的操作(即原子操作)。

为了防止操作系统及关键数据受到用户程序有意或无意的破坏，通常将 CPU 的执行状态分成系统态和用户态两种。

①系统态，又称为核心态或管态。它具有较高的特权，能执行一切指令，访问所有寄存器和存储区。原子操作在管态下执行，常驻内存。

②用户态，又称目态。这是具有较低特权的执行状态，它只能执行规定的指

令，访问指定的寄存器和存储区。

原语的执行是顺序的而不是并发的，系统对进程的控制使用原语来实现。一般用于进程控制的原语有：进程创建、进程撤销、进程阻塞、进程唤醒等。

(1)进程创建

当系统接受新任务时，系统会创建新的进程。引起进程创建的事件可概括为以下 4 类：

①用户登录。在分时系统中，合法用户若在终端输入登录命令，系统将为其创建一个新进程并将它插入就绪队列尾部。

②作业调度。在批处理系统中，当作业调度程序按一定的算法调度到某个作业时，便将该作业装入内存，并为之分配必要的资源且为它创建进程，再插入就绪队列。

③提供服务。当处于运行状态的用户程序提出某请求后，系统将专门创建一个进程来提供用户所需的服务。例如，若用户程序请求文件打印，操作系统将为之创建一个打印进程。

④应用请求。基于应用进程的需要，由应用进程自己创建一个新进程，以便使新进程以并发执行的方式完成特定任务。

当操作系统中有创建进程事件发生后，便调用进程创建原语 create()，按图 3-4 所示流程创建新进程。

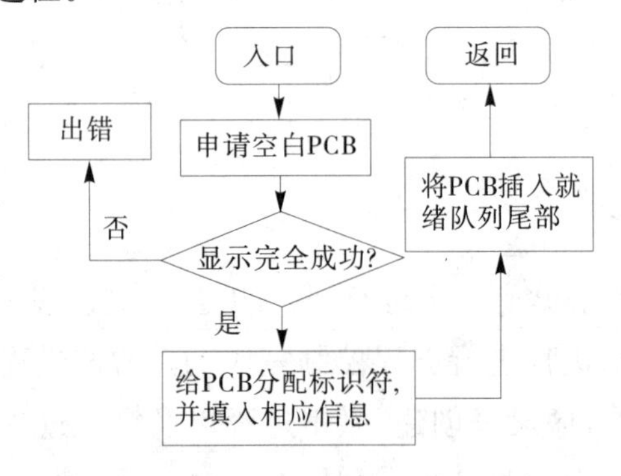

图 3-4 创建进程过程

(2)进程撤销

操作系统通常提供各种撤销(或称终止)进程的方法。一个进程可能因为它完成了所指派的工作而正常终止，或由于一个错误而非正常终止，它也可能由于其祖先进程的要求被终止。

具体可有以下几类事件：

①正常结束。在任何计算机系统中，都应有一个用于表示进程已经运行完成的指示。

②异常结束。在进程运行期间，由于出现某些错误和故障而迫使进程终止，

如越界错误、保护错误、访问特权指令错误、算法运算错误等。

③外界干预。当进程在运行中出现了异常事件，则进程应外界的请求而终止运行，如操作员或操作系统干预、父进程请求、父进程终止等。

一旦系统发生上述要求终止进程的事件，操作系统就调用进程终止原语destroy()，具体按图3-5进程终止流程图执行。

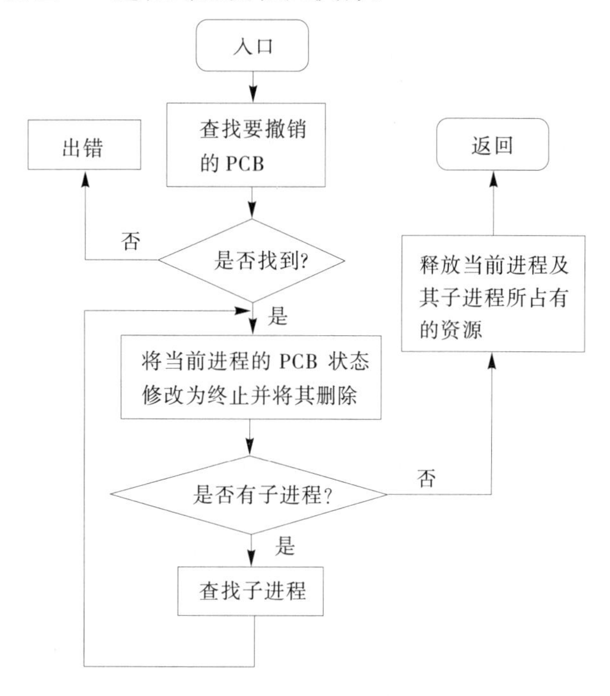

图3-5　进程终止流程图

(3)进程阻塞与唤醒

有了创建原语和撤销原语，虽然进程可以从无到有、从存在到消亡，但还不能完成进程各种状态之间的转换。例如，由“执行”转换为“等待”，由“等待”转换为“就绪”，就需要通过进程之间的同步或通信机构来实现，但也可直接使用阻塞原语和唤醒原语来实现。

①进程阻塞。当一个进程出现等待事件时，该进程调用阻塞原语将自己阻塞。由于进程正处于执行状态，故应中断CPU，把CPU现场送至该进程的现场保护区，置该进程的状态为等待，并插入到相应的等待队列中，然后转进程调度程序，另选一个进程投入运行。阻塞原语的实现过程如图3-6所示。

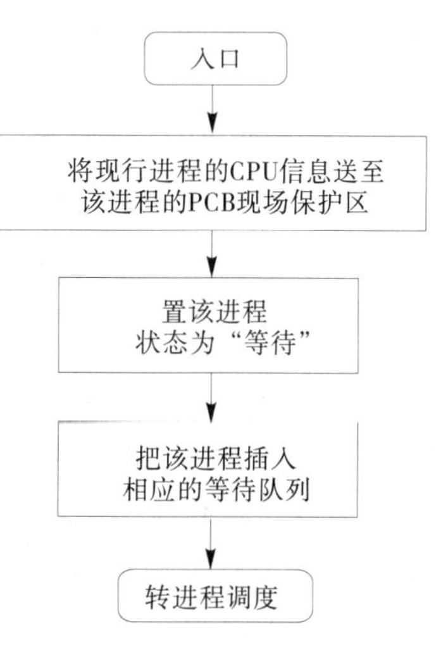

图3-6　进程阻塞过程

②进程唤醒。进程由执行转换为等待状态是

进程发生等待事件所引起的，所以处于等待状态的进程是绝对不可能唤醒自己的。例如，某进程正在等待 I/O 操作完成或等待别的进程发消息给它，只有当该进程所期待的事件发生时，才由“发现者”进程用唤醒原语叫醒它。一般说来，发现者进程和被唤醒进程是合作的并发进程。唤醒原语的功能是唤醒处于某一等待队列中的进程，入口信息为唤醒进程名，其实现过程如图 3-7 所示。

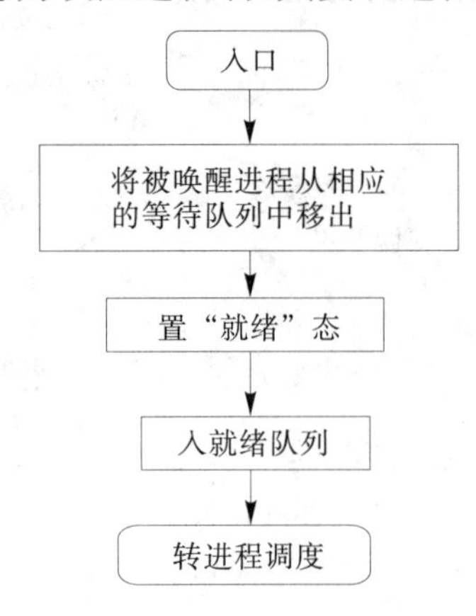

图 3-7　进程唤醒过程

3.3　进程调度

进程调度即处理机调度。在多道程序环境下，进程数目往往多于处理机数，这涉及多个进程如何竞争处理机的问题？由于处理机的利用率、系统的吞吐量等性能的好坏，在很大程度上取决于进程调度，因此进程调度成为操作系统设计的重要问题。

3.3.1　调度的基本概念

(1)作业的三级调度

一个作业从提交开始到最后完成，往往要经历下述三级调度：

①高级调度。高级调度又称作业调度(或宏观调度、长程调度)，它决定将哪些存放在外存上的后备状态作业调入内存，所以有时也称接纳调度。在批处理系统中，大多配有高级调度，但在分时系统中，往往无高级调度。

②低级调度。低级调度又称进程调度(或微观调度、短程调度)，它决定就绪队列中哪个进程获得处理机并执行。进程调度是操作系统中最基本的调度，无论哪种类型的操作系统都有进程调度。

③中级调度。由于系统的资源有限，有的系统将部分级别较低的进程移出内存，存储在外存对换区中，以腾出内存空间，解决内存紧张问题。此种调度方式称

为中级调度。

(2)进程的调度方式

进程在调度时,有以下两种常用的调度方式:

①剥夺方式。当一进程正处于运行状态时,系统依据某原则,强行剥夺该进程使用 CPU 的机会,分配给其他进程。通常剥夺的原则有:高优先权法,优先权高的进程可以剥夺优先权低的进程资源而运行;短进程优先法,短进程到达后可剥夺长进程的运行机会;时间片原则,一个时间片用完后要更新调度,将处理机让给其他进程。剥夺方式是一种被动放弃 CPU 机会的方式。

②非剥夺方式。一个进程一旦获得处理机后,它便一直运行下去,直到该进程完成或发生某事件(如有 I/O 请求)时,才主动放弃 CPU。此方式的优点是管理简单,但不能及时反应进程的紧迫程度。

3.3.2 进程调度算法

进程调度时,因系统设计目标不同,通常采用的调度算法也不同。因为各种调度算法都有它自己的特性,所以很难评价哪种算法是最好的。一般来说,选择算法时可考虑如下一些准则:

①CPU 利用率。应尽可能地使 CPU 处于忙碌状态,提高它的使用效率。

②吞吐量。在单位时间内让更多的进程能完成工作,提高单位时间的处理能力。

③等待时间。指一段时间内进程在就绪队列中等待的总时间。应尽量减少进程在就绪队列中的等待时间。

④响应时间。在交互式系统中对用户的请求应尽快地给出应答。

在选择算法时,应考虑好采用的准则。当确定准则后,通过对各种算法的评估,从中选出合适的算法。例如,设计系统时,若希望能充分利用 CPU,有较大的吞吐量,那么,选用优先数调度算法是合适的。在确定优先数时,可让计算时间短的进程优先数大一些。这样,可减少进程在就绪队列中的平均等待时间,以达到提高吞吐量的目的。利用动态改变优先数的方法使 CPU 与外围设备以及外围设备之间尽可能并行工作,这样资源可以充分利用,既提高了 CPU 的效率,也提高了吞吐量。在设计交互式系统时,若希望能对用户的请求尽快做出应答,则选用时间片轮转调度算法是合适的。

常见的调度算法有以下几种:

(1)先来先服务算法

先来先服务算法(First Come First Serve,FCFS),是一种最简单的调度算法,即按照进程进入系统的先后次序来挑选,先进入系统的进程先被调度,为之分配处理机，使之投入运行。该进程一直运行到完成或发生某事件而阻塞后才放弃处理机。

例如，有4个进程，它们进入后备队列的时间、运行时间、开始执行时间和结束运行时间见表3-1，计算出它们各自的周转时间和加权周转时间。

表3-1　FCFS算法示例

作业名	进入时间	运行时间	开始时间	结束时间	周转时间	加权周转时间
P_1	8：00	60	8：00	9：00	60	1
P_2	8：30	120	9：00	11：00	150	1.5
P_3	9：00	30	11：00	11：30	150	5
P_4	9：30	10	11：30	11：40	130	13
平均周转时间 T=122.5，平均加权周转时间 W=5.125					490	20.5

注意：其中周转时间和平均周转时间以分钟为单位。

从表3-1可看出，进程 P_3、P_4 的服务时间较短但加权周转时间较长，相反进程 P_2 运行时间较长但加权周转时间则较短。

由此可见，FCFS方法较适合长进程而不利于短进程。由于长进程占用的CPU时间较长，所以此算法还适合于CPU繁忙型进程，不利于I/O繁忙型进程。而大多数进程是I/O繁忙的短进程，这时可以采用短作业（或进程）优先算法。

(2)短作业(或进程)优先算法

短作业（或进程）优先算法（Shortest Job（Process） First，SJ（P）F），即操作系统在进行作业调度时以进程运行时间长短作为优先级进行调度，总是从后备进程队列中选取运行时间最短的进程调入内存运行。针对表3-1的4个进程，若采用SJF方法，计算各进程的周转时间及加权周转时间如表3-2所示。

表3-2　SJF算法示例

进程名	进入时间	运行时间	开始时间	结束时间	周转时间	加权周转时间
P_1	8：00	60	8：00	9：00	60	1
P_2	8：30	120	9：40	11：40	190	1.58
P_3	9：00	30	9：00	9：30	30	1
P_4	9：30	10	9：30	9：40	10	1
平均周转时间 T=72.5，平均加权周转时间 W=1.14					290	4.58

注意：其中周转时间和平均周转时间以分钟为单位。

从表3-2中可以看出，该调度算法的性能较好，它强调了资源的充分利用，有效地降低了进程的平均等待时间，使得单位时间内处理进程的个数最多，提高了进程的吞吐量。但该算法也应注意以下几个不容忽视的问题：

①由于该算法是以用户估计的运行时间为标准，通常估计不一定准确，致使

该算法不一定能真正做到短进程优先调度。

②该算法完全未考虑进程的紧迫程度，因而不能保证部分紧迫程度特别强的进程及时得到运行。

③由于系统可能不断接受新的短进程进入后备状态，部分长进程可能出现“饥饿现象”（长时间得不到调度），这对长进程不利。

(3)最高响应比优先调度算法

FCFS方法不利于短进程，SJF方法不利于长进程。为了兼顾这两种算法的优点，克服它们各自的缺点，引入了最高响应比优先调度算法。

最高响应比优先调度算法（Highest Response Ratio Next，HRRN），即对进程进行调度时，必须计算出就绪队列的所有进程的响应比，从资源能得到满足的进程中选择响应比最高的进程优先装入内存运行。响应比的定义为：

$$R_P=\frac{\text{等待时间}+\text{运行时间}}{\text{运行时间}}=\frac{\text{响应时间}}{\text{运行时间}}$$

由于进程从进入输入井到执行完成就是该进程的响应过程，因此进程的响应时间就是进程的等待时间与运行时间之和。从响应比公式可以看出：

①若进程的等待时间相同，则运行时间越短，其响应比越高。因而该算法有利于短进程。

②若进程的运行时间相同，则进程的等待时间越长，其响应比越高。因而该算法实现的是先来先服务原则。

③对于长进程，进程的响应比随等待时间的增加而提高，当其等待时间足够长时，其响应比便有很大提高，减少了“饥饿现象”的发生。

对表3-1的例子，用HRRN方法进行调度，其周转时间及加权周转时间如表3-3所示。

表3-3　HRRN算法示例

进程名	进入时间	运行时间	开始时间	结束时间	周转时间	加权周转时间
P_1	8∶00	60	8∶00	9∶00	60	1
P_2	8∶30	120	9∶00	11∶00	150	1.25
P_3	9∶00	30	11∶10	11∶40	160	5.3
P_4	9∶30	10	11∶00	11∶10	100	10
平均周转时间 $T=117.5$，平均加权周转时间 $W=4.39$					470	17.55

注意：其中周转时间和平均周转时间以分钟为单位。

当 P_1 运行结束时，时间为9∶00，此时系统中有 P_2、P_3 作业。由于 P_3 的等待时间为0，所以响应比为1，而 P_2 的响应比为(30+120)/120=1.25。此时应调度响应比高者 P_2。P_2 运行结束时时间为11∶00，此时后备队列又剩下 P_3、P_4，同样

P_3 的响应比＝(130＋30)/30＝5.3，P_4 的响应比＝(90＋10)/10＝10，很明显 P_4 的响应比大于 P_3 的响应比。所以先调度 P_4，最后再调度 P_3，调度结束。

该调度算法结合了先来先服务算法与最短进程优先算法的特点，兼顾了进程运行和等候时间的长短，是 FCFS 与 SJF 方法的折中。但该算法较复杂，调度前要先计算出各个进程的响应比，并选择响应比最高的进程投入运行，增加了系统开销。

(4)高优先级算法

为了考虑进程的紧迫程度，使越紧迫的进程越优先被处理。该算法为每个进程确定一个优先级，根据优先级的不同把进程排成多个队列，调度时从后备队列中优先选取资源满足优先级最高的进程装入内存运行。当几个进程的优先级相同时，对这些具有相同优先数的进程再按照先来先服务原则进行调度。

进程优先级有静态优先级和动态优先级之分。

静态优先级指进程在创建时，系统根据相关参数给定进程一优先级，且在运行过程中不发生变化。一般用某一范围内的整数表示，例如，0～7，0～255。

进程优先级的确定可参照下列原则：

①对于某些时间要求紧迫的进程赋予较高的优先级。

②为了充分利用系统资源，对于 I/O 量大的进程给予较高的优先级，对于占用 CPU 时间长的进程给予较低的优先级。

③对于付费高的进程考虑赋予较高的优先级。

④与进程的类型有关，系统进程一般高于用户进程的优先级。

进程优先级的确定方法有多种，既可由用户来提出自己进程的优先级，又可由操作系统根据进程的缓急程度、进程估计的运行时间、进程的类型、进程资源申请情况等因素综合考虑，分析这些因素在实现系统设计目标中的影响，决定各因素的比例，综合得出进程的优先级。有的系统还可以根据进程在输入井中的等待时间动态地改变其优先级。通过提高等待时间长的进程优先级来缩短进程的周转时间和平均周转时间。

动态优先级指优先级随进程的推进或随其等待时间的增加而改变，以获得更好的调度性能。可规定，在就绪队列中的进程，随其等待时间的增长，其优先权以速率 a 提高(具有相同优先权初值的进程，最先进入就绪队列，动态优先权变得最高而优先获得处理机，此即 FCFS 算法)；具有各不相同的优先权初值的就绪进程，优先权初值低的进程在等待了足够的时间后，其优先权便可能升为最高，从而可以获得处理机。例如，表 3-4 给出了高优先级算法，若进程优先级相同，则采用按到达系统时间的先后次序，先到达的优先调度，此处优先级越小优先权越高。

表 3-4 高优先级算法示例

进程名	到达时间	服务时间	静态优先权	开始时间	完成时间	周转时间	带权周转时间
A	0	4	4	0	4	4	1
B	1	3	2	8	11	10	10/3
C	2	5	3	11	16	14	14/5
D	3	2	5	16	18	15	15/2
E	4	4	1	4	8	4	1
平均						9.4	2.93

思考:若采用抢占式方式(即剥夺方式)进行调度,情况如何?

(5)时间片轮转调度算法

把CPU的处理时间分成固定大小的时间片,让就绪进程按就绪的先后次序排成队列,每次总是选择就绪队列中的第一个进程占用CPU,但规定只能使用一个时间片。如果一个时间片用完,进程尚未结束,则它也必须让出CPU给其他进程使用,自己被重新排到就绪队列的末尾,等待再次调度。如果在一个时间片的时间内进程发生了等待事件,那么也把CPU让给下一个就绪的进程使用,自己被排入阻塞队列。所有就绪进程就这样轮流使用CPU。例如,有5个进程,几乎同时到达系统,其时间参数如表3-5所示,执行过程如图3-8所示。

表 3-5 时间片轮转调度算法示例

进程名	到达时间	服务时间	开始时间	完成时间	周转时间	带权周转时间
A	0	4	0	15	15	15/4
B	0	3	1	12	12	12/3
C	0	5	2	18	18	18/5
D	0	2	3	9	9	9/2
E	0	4	4	17	17	17/4
平均					14.2	4.02

A	B	C	D	E	A	B	C	D	E	A	B	C	E	A	C	E	C

0 5 10 15 18

图 3-8 时间片轮转算法执行过程

在轮转调度算法中,时间片长度的选取非常重要,直接影响系统开销和响应时间。如果时间片长度过短,则调度程序剥夺CPU的次数增多,进程上下文切换次数也大大增加,从而加重系统开销。反过来,如果时间片长度过长,则轮转调度算法变成了先来先服务算法。

时间片长度(q)的选择是根据系统对响应时间的要求(R)和就绪队列中所允许的最大进程数(N)确定的。它可表示为:$q=R/N$。

时间片轮转调度算法经常用在分时操作系统中。在一个分时操作系统中，多个用户通过终端设备同时与计算机系统进行一系列交往，计算机系统应及时对每一个用户的要求作出应答。采用时间片轮转的方法可使每个用户都感到系统对自己有求必应，好像自己在单独使用计算机系统。例如，一个分时操作系统允许10个终端用户同时工作，如果分给每个终端用户进程的时间片为100 ms，那么，粗略地说，每个终端用户在每秒钟内可以占用CPU运行100 ms的时间片。若对于每个终端用户的要求，CPU花费300 ms左右的时间可以给出应答，那么，终端响应时间在3 s左右。这样，可算得上及时响应，能够令用户满意。

(6)多级反馈队列轮转算法

多级反馈队列轮转算法将进程按优先级分为不同队列，每个队列的进程在调度时，所获得的时间片大小又不同，优先级越高的队列时间片越小。执行过程为：首先执行优先级最高队列中的进程，按时间片轮转算法轮流使用CPU。仅当该队列为空时，才调度次高优先级队列。其次，若部分进程在时间片用完后还没有完成进程，要插入到低一级队列的尾部。如果要运行第n个队列的进程，则前$n-1$个队列必须为空。多级反馈队列轮转调度模型如图3-9所示。

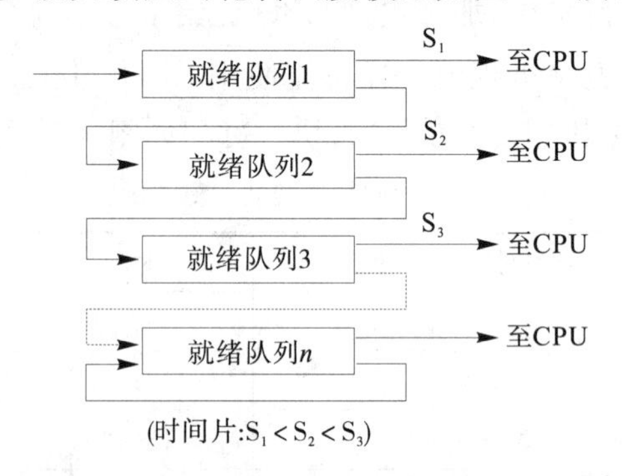

图3-9 多级反馈队列调度模型

此算法能较好地满足各类作业（或进程）的用户要求，是一种较合理的调度算法。

3.3.3 进程调度的时机

进程调度发生的时机与引起进程调度的原因以及进程调度的方式有关。引起进程调度的原因主要有以下几类：

①正在执行的进程执行完毕。这时，如果不选择新的就绪进程执行，将浪费CPU资源。

②执行中的进程自己调用阻塞原语将自己阻塞起来进入等待状态。

③执行中的进程调用了P原语操作，从而因资源不足被阻塞；或调用了V原语操作，激活了等待资源的进程队列。

④执行中的进程提出 I/O 请求后被阻塞。

⑤在分时系统中时间片已经用完。

⑥执行完系统调用等系统程序后返回用户进程可看作系统进程执行完毕，从而可调度选择一新的用户进程执行。

⑦在可剥夺 CPU 执行方式下，当就绪队列中某进程的优先级变得高于当前执行进程的优先级时，也将引发进程调度。

3.4　线程

3.4.1　线程的引入

如果说，在操作系统中引入进程的目的，是为了使多个程序能并发执行，以提高资源利用率和系统吞吐量，那么，在操作系统中再引入线程，则是为了减少程序在并发执行时所付出的时空开销，使操作系统具有更好的并发性。为了说明这一点，首先来回顾进程的两个基本属性：一是进程是一个可拥有资源的独立单位；二是进程同时又是一个可独立调度和分配的基本单位。正是由于进程有这两个基本属性，才使之成为一个能独立运行的基本单位，从而也就构成了进程并发执行的基础。然而，为使程序能并发执行，系统还必须进行以下的一系列操作：

①创建进程。系统在创建一个进程时，必须为它分配其所必需的、除处理机以外的所有资源，如内存空间、I/O 设备，以及建立相应的 PCB。

②撤销进程。系统在撤销进程时，又必须先对其所占有的资源执行回收操作，然后再撤销 PCB。

③进程切换。对进程进行切换时，由于要保留当前进程的 CPU 环境和设置新选中进程的 CPU 环境，因而须花费不少的处理机时间。

换言之，由于进程是一个资源的拥有者，因而在创建、撤销和切换中，系统必须为之付出较大的时空开销。正因如此，在系统中所设置的进程，其数目不宜过多，进程切换的频率也不宜过高，这也就限制了并发程度的进一步提高。

如何能使多个程序更好地并发执行同时又尽量减少系统的开销，已成为近年来设计操作系统时所追求的重要目标。有不少研究操作系统的学者们想到，若能将进程的上述两个属性分开，由操作系统分开处理，亦即对于作为调度和分派的基本单位，不同时作为拥有资源的单位，以做到“轻装上阵”；而对于拥有资源的基本单位，不对之进行频繁地切换。正是在这种思想的指导下，形成了线程的概念。

3.4.2　线程的定义与属性

在引入线程的操作系统中，线程是进程的一个实体，是被系统独立调度和分派的基本单位。线程又称轻型进程(Light-Weight Process,LWP),只拥有少量必不可少的资源(如程序计数器、一组寄存器和栈)。一个进程可以由多个线程组成,进程所拥有的资源供其组成部分的线程共享,这样增强了进程的并发操作程度。

在多线程操作系统中,每个线程都是利用CPU的基本单位,是花费最小开销的实体。线程具有下述属性:

①轻型实体。线程中的实体只拥有一点必不可少的、能保证其独立运行的资源,比如,在每个线程中都应具有一个用于控制线程运行的线程控制块TCB,用于指示被执行指令序列的程序计数器,保留局部变量、少数状态参数和返回地址等的一组寄存器和堆栈。

②独立调度和分派的基本单位。在多线程操作系统中,线程是能独立运行的基本单位,因而也是独立调度和分派的基本单位。由于线程很"轻",因此线程的切换非常迅速且开销小。

③可并发执行。在一个进程中的多个线程之间可以并发执行,甚至允许在一个进程中的所有线程都并发执行;同样,不同进程中的线程也能并发执行。

④共享进程资源。在同一进程中的各个线程都可以共享该进程所拥有的资源。

3.4.3 线程与进程的比较

线程具有许多传统进程所具有的特征,由于线程含有少量的资源,所以又称为轻型进程或进程元,相应地把传统进程称为重型进程(Heavy-Weight Process)。在引入了线程的操作系统中,通常一个进程都拥有一个或多个线程。下面从调度性、并发性、拥有资源和系统开销等方面对线程和进程进行比较。

(1)调度性

在传统的操作系统中,拥有资源的基本单位和独立调度、分派的基本单位都是进程。而在引入线程的操作系统中,则把线程作为调度和分派的基本单位,而进程作为拥有资源的基本单位,把传统进程的两个属性分开,使线程基本上不拥有资源,这样线程便能轻装前进,从而可显著提高系统的并发程度。

(2)并发性

在引入线程的操作系统中,不仅进程之间可以并发执行,而且在一个进程中的多个线程之间亦可并发执行,使得操作系统具有更好的并发性,从而能更加有效地提高系统资源的利用率和系统的吞吐量。在引入线程的操作系统中,可以在一个文件服务进程中设置多个服务线程。当第一个线程等待时,文件服务进程中的第二个线程可以继续运行,以提供文件服务;当第二个线程阻塞时,则可由第三个继续执行,提供服务。显然,这样的方法可以显著提高文件服务的质量和系统的吞吐量。

(3)拥有资源

不论是传统的操作系统,还是引入了线程的操作系统,进程都可以拥有资源,是系统中拥有资源的一个基本单位。一般而言,线程只拥有一点必不可少的资源,但它可以访问其隶属进程的资源。

(4)系统开销

在创建或撤销进程时,系统都要为之创建和回收进程控制块,分配或回收资源。特别是在进程切换时,涉及当前进程 CPU 环境的保存及新被调度运行进程的 CPU 环境的设置,由于进程的资源较多,所以切换时信息的恢复要花费大量的开销,而线程的切换则仅需保存和设置少量寄存器内容,不涉及存储器管理方面的操作,所以就切换代价而言,进程也是远高于线程的。

3.4.4 线程的实现机制

线程已在许多系统中实现,但各系统的实现方式并不完全相同。在有的系统中,特别是一些数据库管理系统(如 Infomix),实现的是用户级线程(User Level Threads,ULT);而另一些系统(如 Macintosh 和 OS/2),实现的是内核支持线程(Kernel Supported Threads,KST);还有一些系统(如 Solaris),则同时实现了这两种类型的线程。

1. 用户级线程

用户级线程是发生在一个应用进程的诸多线程之间,这种线程的创建、撤销、线程之间的同步与通信及用户级线程切换等功能,都无须利用系统调用来实现,是与内核无关的线程,仅存在于用户空间中。一个应用程序可以建立多个用户级线程。在一个系统中的用户级线程的数目可以达到数百个至数千个。由于这些线程的任务控制块都设置在用户空间,而线程所执行的操作也无须内核的帮助,因此内核完全不知道用户级线程的存在。

(1)用户级线程的优点

用户级线程方式有许多优点,主要表现在如下 3 个方面:

①线程切换不需要转换到内核空间,对一个进程而言,其所有线程管理的数据结构均在该进程的用户空间中,管理线程切换的线程库也在用户地址空间运行。因此,进程不必切换到内核方式来做线程管理,从而节省了模式切换的开销,也节省了内核的宝贵资源。

②调度算法可以是进程专用的。在不干扰操作系统调度的情况下,不同的进程可以根据自身需要,选择不同的调度算法对自己的线程进行管理和调度,与操

作系统的低级调度算法无关。

③用户级线程的实现与操作系统平台无关，因为对于线程管理的代码是在用户程序内的，属于用户程序的一部分，所有的应用程序都可以对之进行共享。因此，用户级线程甚至可以在不支持线程机制的操作系统平台上实现。

(2)用户级线程的缺点

用户级线程实现方式的主要缺点在于如下两个方面：

①系统调用的阻塞问题。在基于进程机制的操作系统中，大多数系统调用将阻塞进程，因此，当线程执行一个系统调用时，不仅该线程被阻塞，进程内的所有线程都会被阻塞。而在内核支持线程方式中，进程中的其他线程仍然可以运行。

②在单纯的用户级线程实现方式中，多线程应用不能利用多处理机进行多重处理的优点。内核每次分配给一个进程的仅有一个 CPU，因此进程中仅有一个线程能执行，在该线程放弃 CPU 之前，其他线程只能等待。

2. 内核支持线程

内核支持线程是在内核的支持下运行的，且它们的创建、撤销和切换等也是依靠内核，在内核空间实现的。为了对内核支持线程加以控制，在内核空间还为每一个内核支持线程设置了一个线程控制块，内核是根据该控制块而感知某线程的存在。

(1)内核支持线程的优点

内核支持线程实现方式主要有如下 4 个优点：

①在多处理器系统中，内核能够同时调度同一进程中多个线程并行执行。

②如果进程中的一个线程被阻塞了，内核可以调度该进程中的其他线程占有处理器运行，也可以运行其他进程中的线程。

③内核支持线程具有很小的数据结构和堆栈，线程的切换较快，切换开销较小。

④内核本身也可以采用多线程技术，以提高系统的执行速度和效率。

(2)内核支持线程的缺点

内核支持线程的主要缺点是：对于用户的线程切换而言，其模式切换的开销较大，在同一个进程中，从一个线程切换到另一个线程时，需要从用户态转到内核态进行，这是因为用户进程的线程在用户态运行，而线程调度和管理是在内核实现的，系统开销较大。

3.5 Linux 的进程与进程管理

进程是一个动态地使用系统资源、处于活动状态的程序。Linux 是一个多任务操作系统，系统调度器使用合适的调度算法来调用进程。Linux 进程管理由进程控制块、进程调度、中断处理、任务队列、定时器、bottom half 队列、系统调用、进程通信等部分组成，它是 Linux 存储管理、文件管理、设备管理的基础。

一个程序可启动多个进程，它的每个运行副本都有自己的进程。进程的存在过程分为进程的产生、执行和结束。

Linux 系统支持多进程，在各个进程间以一定机制调度，轮流使用 CPU 的每个时间片，从用户角度看就像是多个进程同时执行。

3.5.1 进程结构

每个进程都具有自己的属性，用一个 task_struct 数据结构来表示，它包含了进程的详细信息，主要有进程标识符(PID)、进程所占的内存区域、相关文件的文件描述符、安全信息、进程环境、信号处理、资源安排、同步处理和进程状态几个方面。

数组 task 包含指向系统中所有 task_struct 结构的指针。系统中最大进程数目受 task 数组大小的限制，默认值一般为 512。创建新进程时，Linux 将从系统内存中分配一个 task_struct 结构，并将其加入 task 数组。操作系统初始化后，建立 init 进程，它建立第一个 task_struct 数据结构 INIT_TASK。当前运行进程的结构用 current 指针来表示。

进程切换包括用户数据的保存、寄存器数据的保存和系统级的保存。

①用户数据的保存。包括正文段(TEXT)、数据段(DATA、BSS)、堆栈段(STACK)、共享内存段(SHARED MEMORY)。

②寄存器数据的保存。包括程序计数器(Program Counter，PC)、处理器状态字(Processor Status Word，PSW)、栈指针(Stack Pointer，SP)、进程控制块指针(Pointer of Process Control Block，PCBP)等。

③系统级的保存。包括 proc、u、虚拟存储空间管理表格、中断处理栈等。

task_struct 的部分结构定义如下(在 include/Linux/sch.h 中)：

```
struct  task_struct{
    volatile long state;                    //-1 unrunnable,0 runnable,>0 stopped
   //存储当前进程的一些运行环境信息等
   struct thread_info *thread_info;
   atomic_t usage;
   unsigned long flags;                     // 进程标志
   struct mm_struct   *mm, *active_mm;      // 任务状态
   pid_t  pid;                              // 进程号
   pid_t  pgrp;                             // 进程组号
   pid_t  session;
```

```
    pid_t  tgid;                                   // session 号
    struct tast_struct * real_parent;              // 调试时的真父进程
    struct task_struct * parent;                   // 父进程
    struct list_head children;                     // 子进程链表
    struct list_head sibling;                      // 兄弟进程链表
        ...
}
```

3.5.2 进程创建

Linux 的进程创建很特别。许多其他的操作系统都提供了产生(Spawn)进程的机制，首先在新的地址空间里创建进程，读入可执行文件，最后开始执行。Linux 采用了与众不同的实现方式，它把上述步骤分解到两个单独的函数中去执行：fork()和 exec()。首先，fork()通过拷贝当前进程创建一个子进程。子进程与父进程的区别仅仅在于 PID(每个进程唯一)、PPID(父进程的进程号，子进程将其设置为被拷贝进程的 PID)、某些资源和统计量(例如，挂起的信号没有必要被继承)。exec()函数负责读取可执行文件并将其载入地址空间开始运行。这两个函数组合起来使用的效果跟其他系统使用的单一函数的效果相似。

3.5.3 线程

一个进程可以拥有多个线程。如果进程运行在 SMP 机器上，多个 CPU 执行各个线程，这样可达到最大程度的并行。线程的上下文切换开销就比进程要小多了，线程共享了进程中除了 CPU 以外的其他资源。

线程有内核线程、轻量级进程和用户线程 3 种，其中内核线程在内核调度，可并发使用多个处理器。轻量级进程是内核支持的用户线程，它在一个单独的进程中提供多线程控制，这些轻量级进程被单独调度，可以在多个处理器上运行，每一个轻量级进程都被绑定在一个内核线程上。用户线程在用户空间实现，它减少了上下文切换开销，可并行处理一个进程中的多个事务。

3.5.4 进程终结

当一个进程终结时，内核必须释放它所占有的资源并把这一消息告知其父进程。

一般来说，进程的析构是自身引起的，发生在它调用 exit()之后，既可以显式地调用，也可以隐式地从某个程序的主函数返回(其实 C 语言编辑器会在 main()函数的返回点后面放置调用 exit()的代码)。当进程接收到既不能处理也不能忽略的信号或异常时，它可能被动地终结。不管进程是怎么终结的，该任务大部分都是要靠 do_exit()(定义于 kernel/exit.c)来完成。

至此,与进程相关联的所有资源都被释放掉了(假设该进程是这些资源的唯一使用者),进程不可运行(实际上也没有地址空间让它运行)并处于 EXIT_ZOMBIE 退出状态。它占用的所有内存就是内核栈、thread_info 结构和 task_struct 结构。此时进程存在的唯一目的就是向它的父进程提供信息。在父进程检索到该信息或通知内核那是无关的信息后,进程所持有的剩余内存被释放,归还给系统。

3.5.5 进程调度

1. 调度策略

传统 Unix 操作系统的调度算法必须实现几个互相冲突的目标:进程响应时间尽可能快,后台作业的吞吐量尽可能高,尽可能避免进程的饥饿现象,低优先级和高优先级进程的需要尽可能调和等。决定什么时候以怎样的方式选择一个新进程运行的规则就是所谓的调度策略(scheduling policy)。

Linux 的调度是基于分时技术(time-sharing)的。允许多个进程"并发"运行就意味着 CPU 的时间被粗略地分成"片",给每个可运行进程分配一片。当然,单处理器在任何给定的时刻只能运行一个进程。如果当前运行的进程的时间片或时限到期时,该进程还没有运行完毕,就会发生进程切换。分时依赖于定时中断,因此,对进程是透明的。不需要在程序中插入额外的代码来保证 CPU 分时。

调度策略也是基于按照优先级排队的进程。有时用复杂的算法求出进程当前的优先级,但最后的结果是相同的:每个进程都与一个值相关联,这个值表示把进程如何适当地分配给 CPU。

在 Linux 中,进程的优先级是动态的。调度程序跟踪进程,并周期性地调整它们的优先级。在这种方式下,对于在较长的时间间隔内没有使用 CPU 的进程,可以通过动态地提高它们的优先级来提升它们。相应地,对于已经在 CPU 运行了较长时间的进程,可以通过降低它们的优先级来处罚它们。

2. 调度算法

Linux 调度算法把 CPU 的时间划分为时期。在一个单独的时期内,每个进程有一个指定的时间片,时间片持续时间从这个时期的开始计算。一般情况下,不同的进程有不同大小的时间片。时间片的值是在一个时期内、分配给进程的最大 CPU 时间。当一个进程用完它的时间片时,这个进程被抢占,并用另一个可运行进程代替它。当然,在同一时期内,一个进程可以几次被调度程序选中(只要它的时间片还没用完)。例如,如果进程挂起自己,等待I/O,那么,它还剩余一些时间片,并可以在同一时期内再度被选中。当所有的可运行进程都用完它们的时间片时，一个时期才结束。在这种情况下，调度程序的算法重新计算所有进程的时间片，然后，一个新的时期开始。

每个进程有一个基本的时间片(base time quantum)，如果进程在前一个时期内已用完它的时间片，那么这个时间片值就是调度程序赋给进程的基本时间片。用户可以通过 nice()和 setpriority()系统调用来改变进程的基本时间片，新进程总是继承父进程的基本时间片。但是用户很少改变进程的基本时间片，因此，DEF_PRIORITY 也表示系统中大多数进程的基本时间片。

为了选择一个进程运行，Linux 调度程序必须考虑每个进程的优先级。实际上，优先级有两种：

①静态优先级(static priority)。这种优先级由用户赋给实时进程，范围从 1～99，调度程序从不改变它。

②动态优先级(dynamic prority)。这种优先级只应用于普通进程。实质上它是基本时间片(有时也叫进程的基本优先级)与当前时期内的剩余时间片之和。

当然，实时进程的静态优先级总是高于普通进程的动态优先级，只有当 TASK_RUNNING 状态没有实时进程时，调度程序才开始运行普通进程。

习题 3

一、单项选择

1. 当(　　)时，进程从执行状态转变为就绪状态。

A. 进程被调度程序选中　　B. 时间片到

C. 等待某一事件　　D. 等待的事件发生

2. 在进程状态转换时，下列(　　)转换是不可能发生的。

A. 就绪态→运行态　　B. 运行态→就绪态

C. 运行态→阻塞态　　D. 阻塞态→运行态

3. 下列各项工作步骤中，(　　)不是创建进程所必需的步骤。

A. 建立一个 PCB　　B. 作业调度程序为进程分配 CPU

C. 为进程分配内存等资源　　D. 将 PCB 链入进程就绪队列

4. 下列关于进程的叙述中，正确的是(　　)。

A. 进程通过进程调度程序而获得 CPU

B. 优先级是进行进程调度的重要依据，一旦确定不能改变

C. 在单 CPU 系统中，任一时刻都有一个进程处于运行状态

D. 进程申请 CPU 得不到满足时，其状态变为等待状态

5. 从资源管理的角度看，进程调度属于(　　)。

A. I/O 管理　　B. 文件管理　　C. 处理机管理　　D. 存储器管理

6. 下列有可能导致进程从运行变为就绪的事件是(　　)。

A. 一次 I/O 操作结束

B. 运行进程需作 I/O 操作

C. 运行进程结束

D. 出现了比现运行进程优先权更高的进程

7. 一个进程释放一种资源将有可能导致一个或几个进程(　　)。

A. 由就绪变成运行　　B. 由运行变成就绪

C. 由阻塞变成运行　　D. 由阻塞变成就绪

8. 一次 I/O 操作的结束，有可能导致(　　)。

A. 一个进程由睡眠变成就绪　　B. 几个进程由睡眠变成就绪

C. 一个进程由睡眠变成运行　　D. 几个进程由睡眠变成运行

9. 当一个进程从 CPU 上退下来时，它的状态应变为(　　)。

A. 静止就绪　　B. 活动就绪　　C. 静止睡眠　　D. 活动睡眠

10. 为使进程由活动就绪变为静止就绪，应利用(　　)原语。

A. SUSPEND　　B. ACTIVE　　C. BLOCK　　D. WAKEUP

11. 在下面的叙述中，不正确的是(　　)。

A. 一个进程可创建一个或多个线程

B. 一个线程可创建一个或多个线程

C. 一个线程可创建一个或多个进程

D. 一个进程可创建一个或多个进程

12. 一个进程是(　　)。

A. 由协处理机执行的一个程序　　B. 一个独立的程序＋数据集

C. PCB 结构与程序和数据的组合　　D. 一个独立的程序

13. 下列几种关于进程的叙述，(　　)最不符合操作系统对进程的理解。

A. 进程是在多程序并行环境中的完整的程序

B. 进程可以由程序、数据和进程控制块描述

C. 线程是一种特殊的进程

D. 进程是程序在一个数据集合上运行的过程，它是系统进行资源分配和调度的一个独立单位

14. 在下面的叙述中正确的是(　　)。

A. 线程是比进程更小的能独立运行的基本单位

B. 引入线程可提高程序并发执行的程度，进一步提高系统效率

C. 线程的引入增加了程序执行时的时空开销

D. 一个进程一定包含多个线程

15. 下面关于线程的叙述中，正确的是（　　）。

A. 不论是系统级线程还是用户级线程，其切换都需内核的支持

B. 线程是资源的分配单位，进程是调度和分配的单位

C. 不管系统中是否有线程，进程都是拥有资源的独立单位

D. 在引入线程的系统中，进程仍是资源分配和调度的基本单位

16. 在下面的叙述中，正确的是（　　）。

A. 引入线程后，处理机只在线程间切换

B. 引入线程后，处理机仍在进程间切换

C. 线程的切换，不会引起进程的切换

D. 线程的切换，可能引起进程的切换

17. 进程的控制信息和描述信息存放在（　　）。

A. JCB　　B. PCB　　C. AFT　　D. SFT

18. 进程依靠（　　）从阻塞状态过渡到就绪状态。

A. 程序员的命令　　B. 系统服务

C. 等待下一个时间片到来　　D. “合作”进程的唤醒

19. 为了照顾紧迫型作业，应采用（　　）。

A. 先来先服务调度算法　　B. 短作业优先调度算法

C. 时间片轮转调度算法　　D. 优先权调度算法

20. 在采用动态优先权的优先权调度算法中，如果所有进程都具有相同的优先权初值，则此时的优先权调度算法实际上和（　　）相同。

A. 先来先服务调度算法　　B. 短作业优先调度算法

C. 时间片轮转调度算法　　D. 长作业优先调度算法

二、多项选择

1. 在下列进程的4个特征中，最基本的特征是（　　）。

A. 并发性　　B. 动态性　　C. 独立性　　D. 异步性

2. 下面会引起进程创建的事件是（　　）。

A. 用户登录　　B. 设备中断　　C. 作业调度　　D. 执行系统调用

3. 下面关于线程的叙述，其中正确的是（　　）。

A. 线程自己只拥有一些资源，但它可以使用所属进程的资源

B. 由于同一进程中的多个线程具有相同的地址空间，所以它们间的同步和通信也易于实现

C. 进程创建与线程创建的时空开销不相同

D. 进程切换与线程切换的时空开销相同

4. 下面属于进程基本状态的是(　　)。

A. 就绪　　B. 运行　　C. 后备　　D. 阻塞

5. 下列各项工作步骤,(　　)是创建进程所必需的步骤。

A. 建立一个 PCB

B. 由 CPU 调度程序为进程调度 CPU

C. 为进程分配内存等必要资源

D. 将 PCB 接入进程就绪队列

6. 多道程序系统进程从执行状态转换到就绪状态的原因是(　　)。

A. 时间片完　　B. 等待其他进程的执行结果

C. 等待 I/O　　D. 有更高优先级的进程到来

7. 选择排队作业中等待时间最长的作业被优先调度,该调度算法不可能是(　　)。

A. 先来先服务调度算法　　B. 高响应比优先调度算法

C. 优先权调度算法　　D. 短作业优先调度算法

8. 下列 4 个选项描述的时间组成了周转时间,其中可能发生多次的是(　　)。

A. 等待 I/O 操作完成的时间

B. 作业在外存后备队列上等待作业调度的时间

C. 进程在 CPU 上的执行时间

D. 进程在就绪队列上等待进程调度的时间

9. 下面列出的是选择调度方式和算法的 4 个面向用户的准则。其中,不完全适用于实时系统的准则是(　　)。

A. 优先权准则　　B. 响应时间快

C. 截止时间的保证　　D. 周转时间短

10. 下列选项中,(　　)是分时系统中确定时间片大小需要考虑的因素。

A. 各类资源的平衡利用　　B. 就绪队列中进程的数目

C. 系统的处理能力　　D. 系统对响应时间的要求

三、判断正误

1. 有了线程之后,程序只能以线程的身份运行。　　(　　)

2. 线程的切换会引起进程的切换。　　(　　)

3. 多个线程可以对应同一段程序。　　(　　)

4. 系统内可以有无父进程的进程。　　(　　)

5. 线程所对应的程序肯定比进程所对应的程序短。　　(　　)

6. 在多道程序系统,进程需要等待某种事件的发生时,进程一定进入了阻塞

状态。 (　　)

7. 并发是并行的不同表述，其原理相同。 (　　)

8. 操作系统对进程的管理和控制主要是通过控制原语实现的。 (　　)

9. 一般情况下，分时系统中处于就绪状态的进程最多。 (　　)

10. 系统中进程的数目越多，CPU 的利用率越高。 (　　)

11. 多道程序的执行失去了封闭性和再现性，因此多道程序系统不需要封闭性和再现性。 (　　)

12. 一个多道程序可能具备封闭性和再现性。 (　　)

13. 单道程序不具备封闭性和再现性。 (　　)

14. 短作业（进程）优先调度算法具有最短的平均周转时间，因此这种算法是最好的算法。 (　　)

15. 在优先权调度算法中确定静态优先权时，一般来说，计算进程的优先权要高于磁盘 I/O 进程的优先权。 (　　)

四、简答题

1. 进程与程序的主要区别是什么？

2. 进程和线程的主要区别是什么？

3. 程序的并发执行为什么会有间断性？

4. 进程能自己将自己唤醒吗？进程能自己将自己撤销吗？

5. 什么是原语？原语的主要特点是什么？

6. 程序并发执行与顺序执行相比会产生哪些新特征？

7. 程序并发执行的主要特性是什么？

8. 一个因等待 I/O 操作结束而进入阻塞状态的进程，何时被唤醒？

9. 试画出进程状态转换图，并标明每个状态转换的条件。

10. 进程的就绪状态和阻塞状态有何不同？

11. 程序的并行执行将导致运行结果失去封闭性，这对所有的程序都成立吗？

12. 父进程创建子进程之后，父子进程之间的关系是什么？

13. 简要说明线程的特征。

14. 简述引入线程的好处。

15. 进程控制块 PCB 的作用是什么？它主要包含哪些内容？

第 4 章　进程同步与通信

在多进程系统中，为了提高系统运行效率，进程通常并发进行，并以各自独立的速度向前推进。但有时为了共同完成某项任务，或共享系统资源，进程间又存在相互制约的关系。

4.1　进程间的相互作用

4.1.1　进程间的联系

进程之间的相互制约关系有两种情况：一种是由于竞争系统资源而引起的间接相互制约关系；另一种是进程间为了完成共同的任务而引起的直接相互制约关系。

①间接相互制约关系。因竞争某些系统互斥访问的资源而引起的制约关系，通常又称互斥关系。例如，现有相互独立的 A、B 两进程都要请求互斥访问打印机，若进程 A 正在调用打印机，此时进程 B 也请求打印机的服务，但由于打印机被 A 占用，所以进程 B 只能处于阻塞状态，等 A 释放了打印机后 B 方可使用，A 影响了 B 的执行。

②直接相互制约关系。因进程间合作而引起的相互制约关系，通常又称同步关系。几个进程需要在某些确定点上协调它们的工作，一个进程到达了这些点后，除非另一个进程已经完成了某些操作，否则不得不停下来等待这些操作的结束。例如，有两个进程 P_1、P_2，P_1 先计算 func1(x)，置计算完成标志；P_2 先计算 func2(y)，再利用 P_1 计算的 func1(x)的结果进行下一步任务。进程 P_1、P_2 只有合作方可使 P_2 顺利完成。

进程的间接与直接制约关系又称进程间的协调与竞争的关系，是由于使用系统的某些资源而引起的。为了更进一步理解进程的同步与互斥关系，必须了解临界资源与临界区的概念。

一次仅允许一个进程使用的资源称为临界资源，它既可以是硬件资源，也可以是公共变量。

【例 4.1】　进程共享打印机（硬件资源）。

打印机是互斥访问的系统硬件资源，应由操作系统统一分配。若将打印机由多用户直接使用，则会出现什么状况？设进程 A 和进程 B 共享一台打印机，若不加以控制，则打印机最后输出的是进程 A 与进程 B 的混合结果，所以在访问打印机时要互斥访问。

【例 4.2】 进程共享公共变量。

并发进程对公共变量进行访问和修改时，必须加以限制，否则会产生与时间有关的错误。设一个火车票售票系统有两个终端，执行同样的两个进程 P_1、P_2，如下所示：

P_1	P_2
…	…
Read(x)；	Read(x)；
if(x>=1)	if(x>=1)
x=x-1；	x=x-1；
write(x)；	write(x)；

其中 x 为共享变量，设 x 的初值为 1(即只剩 1 张车票)，因为进程运行是并发的，且不是一次性执行完所有语句。设 P_1、P_2 同时访问 x，则读到的是 x 均为 1，然后又各自将进程里所有指令执行完，最终结果都是使 x 变为 0，但实际出售了两张票，与事实不符，也不合理，所以公共变量要互斥访问。

为了更好地管理临界资源，系统一般将进程分为 4 个区域：进入区（Entry Section）、临界区（Critical Section）、退出区（Exit Section）和剩余区（Remainder Section）。

进程的组成结构如下：

```
Process()
{
    While(1)
    {
        Entry Section;
        Critical Section;
        Exit Section;
        Remainder Section;
    }
}
```

其中，临界区指的是访问临界资源的代码。进程在访问临界资源时，可用软件方法，更多的是在系统中设置专门的同步机构来协调各进程间的运行。所有同步机制都应遵循下述 4 条准则：

①空闲让进。当临界资源处于空闲状态时，应允许一个请求进入临界区的进程立即进入自己的临界区，以有效地利用临界资源。

②忙则等待。当临界资源正在被访问时，其他试图进入临界区的进程必须等待，以保证对临界资源的互斥访问。

③有限等待。对要访问临界资源的进程，应保证在有限时间内能进入自己的临界区，以免陷入“死等”状态。有的系统将进程的优先级随着等待时间的延长而不断升高至最高级别，最终使进程得到处理机。

④让权等待。当进程不能进入自己的临界区时，应立即释放处理机，以免进程陷入“忙等”状态。

4.1.2 信号量机制

1965年荷兰学者E. W. Dijkstra提出的信号量(Semaphores)机制是一种卓有成效的进程同步工具。在长期且广泛的应用中，信号量机制得到了很大的发展，从整型信号量经记录型信号量，发展为“信号量集”机制。现在，信号量机制已被广泛地应用于单处理机和多处理机系统以及计算机网络中。

1. 整型信号量

为描述可利用资源的数目，Dijkstra把整型信号量定义为整型量S，为使用资源，采用两个标准的原子操作wait(S)和signal(S)来访问(通常又被分别称为P、V操作)。wait(S)和signal(S)操作可描述为：

```
wait(S)
{
  while  S<=0 do no operation;
  S=S-1;
}
signal(S)
{  S=S+1;}
```

wait(S)和signal(S)是两个原子操作(即不可分割的操作)，因此，它们在执行时是不可中断的。很明显，上述wait(S)操作中，当S为非正整数时，系统不做任何事，但又占用CPU时间做自身条件判断工作，不满足“让权等待”准则。

2. 记录型信号量

为改变整型信号量的不足，在记录型信号量机制中，除了需要一个用于代表资源数目的整型变量value外，还应增加一个进程链表指针L，用于链接上述的所有等待进程。记录型信号量是由于它采用了记录型的数据结构而得名的。它所包含的上述两个数据项可描述为：

```
typedef  struct{
    int value;
    list of process *L;
```

```
    } semaphore;
```

相应地，wait(S)和 signal(S)操作可描述为：

```
wait(semaphore S)
{
    S.value=S.value-1;
    if(S.value<0)
    block(S.L);
}
signal(semaphore S)
{
    S.value=S.value+1;
    if(S.value<=0)
    wakeup(S.L);
}
```

在记录型信号量机制中，S.value 的初值表示系统中某类资源的数目，因而又称为资源信号量。wait 操作实际过程为消耗资源的过程，且每次资源数只减少一个，因此描述为S.value=S.value－1；当 S.value<0 时，表示该类资源已分配完毕，因此进程应调用 block 原语，进行自我阻塞，放弃处理机，并插入到信号量链表 S.L 中。可见，该机制遵循了"让权等待"准则。此时 S.value 的绝对值表示该信号量链表中已阻塞进程的数目。对信号量的每次 signal 操作，表示执行进程释放一个单位资源，使系统中可供分配的该类资源数增加一个，故 S.value=S.value+1 操作表示资源数目加 1。若加 1 后仍是 S.value≤0，则表示该信号量链表中仍有等待该资源的进程被阻塞，故还应调用 wakeup 原语，将 S.L 链表中的第一个等待进程唤醒。如果 S.value 的初值为 1，表示只允许一个进程访问临界资源，此时的信号量转化为互斥信号量，用于进程互斥。

根据 S.value 的初值和当前值的大小，可推算出处于阻塞状态的进程个数及正在使用资源的进程个数。例如，设有 5 个进程请求 3 个同类资源，若 S.value=－2，则表示有 2 个进程处于阻塞状态，其余 3 个进程均正在访问资源；若 S.value=－1，则表示有 1 个进程处于阻塞状态，3 个进程均正在访问资源。可用一通用的方式表达：设 m 个进程请求 n 个同类资源（$m>=n$），则资源信号量 S.value 的取值范围为$[n-m, n]$，当 $n=1$ 时，可以实现互斥访问资源的效果。

下面给出利用记录型信号量解决实际问题的例子。

(1)实现互斥访问临界资源

为使多个进程能互斥地访问某临界资源，须为该资源设置一互斥信号量 mutex，且初始化为 1，将临界资源置于 wait(mutex)和 signal(mutex)操作之间。若进程欲访问临界资源，则要先对 mutex 执行 wait 操作。若该资源此刻未被访问，则本次 wait 操作必然成功，进程便可进入自己的临界区。这时，若再有其他进程也欲进入自己的临界区，则由于对 mutex 执行 wait 操作而定会失败，会导致该进程阻塞，从而保证该临界资源能被互斥地访问。当访问临界资源的进程退出临界区后，应对 mutex 执行 signal 操作，以便释放该临界资源。利用信号量实现进程互斥的进程可描述如下：

```
semaphore mutex=1;
Process1()                          Process2()
{                                   {
  while(1)                            while(1)
  {                                   {
    wait(mutex);                        wait(mutex);
      critical section                    critical section
    signal(mutex);                      signal(mutex);
    remainder section1                  remainder section2
  }                                   }
}                                   }
```

在利用信号量机制实现进程互斥时应注意，wait(mutex)和 signal(mutex)必须成对出现。缺少 wait(mutex)将会导致系统混乱，不能保证对临界资源的互斥访问；而缺少 signal(mutex)将会使临界资源永远不被释放，从而使因等待该资源而阻塞的进程不能被唤醒。

(2)实现前趋关系

现有一前趋图，如图 4-1 所示，每个节点表示一个语句块或一个进程，执行某语句块后产生了几个有向线段，代表产生了相应的信号量，为编程方便，分别用不同小写字母表示不同信号量。开始时，各类信号量的值均为 0，具体描述如下：

```
Void prod()
{
Semaphore a=b=c=d=e=f=g=h=0;
  {S1; V(a); V(b);}
  {P(a),S2,V(c);}
  {P(b),S3;V(d);V(e);}
  {P(c); S4; V(f);}
  {P(d); S5; V(g);}
  {P(e); S6; V(h);}
  {P(f); P(g); P(h); S7;}
}
```

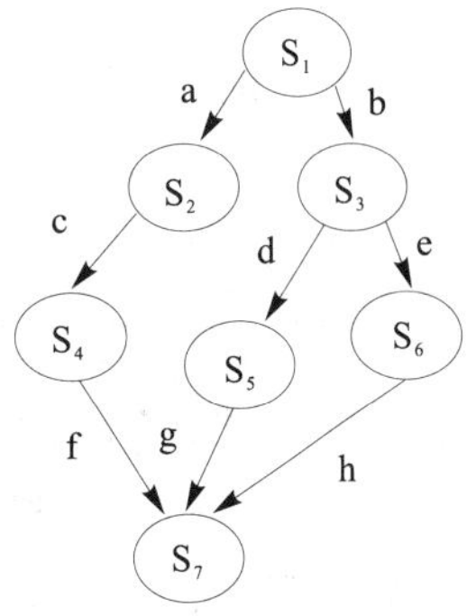

图 4-1　用信号量实现的前趋图

以上 S_2 与 S_3 无直接的调用与被调用关系，可以实现同步操作。同理，语句 S_4、S_5、S_6 都可以并发执行。

记录型信号量虽然比整型信号量有所改进，但是每次只能请求一类资源，且最多申请一个，而有的进程为了完成任务，可能需要多类资源，"AND"型信号量可以满足此要求。

3. "AND"型信号量

上述的进程互斥问题，是针对各进程之间只共享一个临界资源而言的。在有些应用场合，是一个进程需要先获得两个或更多的共享资源后方能执行其任务。假定现有两个进程 A 和 B，它们都要访问共享数据 D 和 E。当然，共享数据都应作为临界资源。为此，可为这两个数据分别设置用于互斥的信号量 Dmutex 和 Emutex，并令它们的初值都是 1。相应地，在两个进程中都要包含两个对 Dmutex 和 Emutex 的操作，即

```
processA:          process B:
wait(Dmutex);      wait(Emutex);
wait(Emutex);      wait(Dmutex);
```

若进程 A 和 B 按下述次序交替执行 wait 操作：

```
processA:wait(Dmutex);        于是 Dmutex=0
processB:wait(Emutex);        于是 Emutex=0
processA:wait(Emutex);        于是 Emutex=-1,A 阻塞
processB:wait(Dmutex);        于是 Dmutex=-1,B 阻塞
```

最后，进程 A 和 B 处于僵持状态。在无外力作用下，两者都将无法从僵持状态中解脱出来，称此时的进程 A 和 B 已进入死锁状态。显然，当进程同时要求的共享资源愈多时，发生进程死锁的可能性也就愈大。

"AND"同步机制的基本思想是：将进程在整个运行过程中需要的所有资源，一次性地全部分配给进程，待进程使用完后再一起释放。只要尚有一个资源未能分配给进程，其他所有可能为之分配的资源也不分配给它。亦即，对若干个临界资源的分配，采取原子操作方式：要么把它所请求的资源全部分配到进程，要么一个也不分配。这样就可避免上述死锁情况的发生。为此，在 wait 操作中，增加了一个"AND"条件，故称为"AND"同步，或称为同时 wait 操作，即 Swait（Simultaneous wait），可描述如下：

```
Swait(S1,S2,…,Sn)
 {
  if (Si>=1 &&  …  && Sn>=1) //"&&"即 AND 的意思
   {
    for(i=1; i<=n; i++)
```

```
        Si=Si-1;
     }
    else
    place the process in the waiting queue associated with the first Si found with Si<1,and
    set the program count of this process to the beginning of Swait operation
  }
  Ssignal(S1,S2,…,Sn)
  {
    for(i=1; i<=n ;i++)
      Si=Si+1;
    Remove all the process waiting in the queue associated with Si into the ready queue
  }
```

"AND"型信号量避免了记录型信号量的不足,但每次只能申请同类资源的一个。在实际应用中,有时需要某类资源个数可能超过一个,且可以申请多类资源,每类资源的要求也不同。为了更进一步满足进程的需求,下面介绍"信号量集"类型。

4."信号量集"类型

在记录型信号量机制中,每次只能获得或释放一个单位的临界资源。若当一次需要 *N* 个某类临界资源时,便要进行 *N* 次 wait(S)操作,显然是低效的。此外,在有些情况下,当资源数量低于某一限值时,便不予以分配。因而,在每次分配之前,都必须测试该资源的数量,看其是否大于其下限值。基于上述两点,可以对 AND 信号量机制加以扩充,形成一般化的"信号量集"机制。Swait 操作可描述如下,其中 S 为信号量,d 为需求值,而 t 为下限值。

```
  Swait(S1,t1,d1,…,Sn,tn,dn)
   {
    if(Si>=t1 &&  … && Sn>=tn)
    {
     for(i=1 ; i<=n ;i++)
     Si=Si-di;
    }
  else
    Place the executing process in the waiting queue of the first Si with Si<ti and set its
    program counter to the beginning of the Swait Operation
   }
  Ssignal(S1,d1,…,Sn,dn)
  {
    for(i=1 ; i<=n ;i++)
```

```
  Si=Si+di;
  Remove all the process waiting in the queue associated with Si into the ready queue
}
```

下面讨论一般“信号量集”的几种特殊情况：

①Swait(S,d,d)。此时在信号量集中只有一个信号量 S,但允许它每次申请 d 个资源,当现有资源数少于 d 时,不予分配。

②Swait(S,1,1)。此时的信号量集已蜕化为一般的记录型信号量(S>1 时)或互斥信号量(S=1 时)。

③Swait(S,1,0)。这是一种很特殊且很有用的信号量操作。当 S≥1 时,允许多个进程进入某特定区;当 S 变为 0 后,将阻止任何进程进入特定区。换言之,它相当于一个可控开关。

4.1.3 经典进程同步问题

在现实生活中,有很多事件的发展相互间需要同步进行。在多道程序环境下,进程间同样也有同步问题。处理好同步问题是非常重要的,不少学者进行这方面的研究。一些经典的进程同步问题有“生产者—消费者问题”“读者—写者问题”“哲学家进餐问题”等。参照经典问题可以直接或间接地解决生活中的实际问题。

1. 生产者—消费者问题

由于生产者—消费者问题是相互合作的进程关系的一种抽象,因此该问题有很强的代表性和实用性。

(1)利用记录型信号量解决生产者—消费者问题

假定在生产者和消费者之间有一个共享空间 buffer[],可容纳 n 个产品单元空间,这时可利用互斥信号量 mutex 实现诸进程对共享空间的互斥使用。利用信号量 empty 和 full 分别表示空的和满的单元空间数量。又假定这些生产者和消费者相互等效,只要 buffer 未满,生产者便可将消息送入其中;只要 buffer 未空,消费者便可从 buffer 中取走一个消息。对生产者—消费者问题可描述如下:

```
Semaphore mutex=1,empty=n,full=0;
item buffer[n];
int in=out=0;
void producer()
{
  while(1)
   {
    ...
   produce an item in nextp;
```

```
        …
      wait(empty);
      wait(mutex);
      buffer[in]=nextp;
      in=(in+1)mod n;
      signal(mutex);
      signal(full);
      }
}

void consumer()
{
   while(1)
      {
        …
      wait(full);
      wait(mutex);
      nextc=buffer[out];
      out=(out+1)mod n;
      signal(mutex);
      signal(empty);
        …
      Consume the item in nextc;
      }
}
```

在生产者—消费者问题中要注意以下几点：

①在每个程序中用于实现互斥的 wait(mutex)和 signal(mutex)必须成对地出现。

②对资源信号量 empty 和 full 的 wait 和 signal 操作，同样需要成对地出现，但它们分别处于不同的进程中。例如，wait(empty)在生产进程中，而 signal(empty)则在消费进程中，生产进程若因执行 wait(empty)而阻塞，则以后将由消费进程将它唤醒。无论何时，empty 与 full 的总和是不变的，其值为缓冲区中空间的数目。例如，buffer[ ]共有 n 个空间，则 empty+full=n。

③在每个程序中的多个 wait 操作顺序不能颠倒。应先执行对资源信号量的 wait 操作，然后再执行对互斥信号量的 wait 操作，否则可能引起进程死锁。

怎么避免“因出现 wait(mutex)和 signal(mutex)顺序颠倒而可能引起的进程死锁”的状况发生呢？方法很简单，每次对信号量 empty、mutex 进行一次性请求，具体方法是采用“AND”型信号量机制。

(2)利用“AND”型信号量解决生产者—消费者问题

对于生产者—消费者问题，利用“AND”型信号量可以更好地解决。在生产者进程中，用 Swait(empty,mutex)代替 wait(empty)、wait(mutex)操作；在消费者进程中，用 Swait(full,mutex)代替 wait(full)、wait(mutex)操作即可。具体算法描述如下：

```
Semaphore mutex=1,empty=n,full=0;
item buffer[n];
int in=out=0;
void producer()
{
  while(1)
   {
    ...
   produce an item in nextp;
    ...
   Swait(empty,mutex);
   buffer[in]=nextp;
   in=(in+1)mod n;
   signal(mutex,full);
   }
}

void consumer()
{
  while(1)
   {
    ...
   Swait(full,mutex);
   nextc=buffer[out];
   out=(out+1)mod n;
   signal(mutex,empty);
    ...
   Consume the item in nextc;
   }
}
```

(3)利用生产者—消费者原理解决实际生活中的问题

生产者—消费者问题具有一定的代表性，可以利用其原理解决实际生活中的一些问题。

【例 4.3】 有一阅览室,读者进入时必须先在一张登记表上进行登记,该表为每一座位列一表目,包括座位号和读者姓名,读者离开时要消掉登记信号,阅览室中共有 100 个座位,请用 wait( )、signal( )操作写出这些进程间的同步算法?(设 S_1 为座位数,S_2 为读者数)。

解:此问题需两个进程完成,一个是读者进入阅览室,另一个是读者离开阅览室。读者进入阅览室时,先看有没有座位,若有则申请进入,否则等待,所以应当有一代表座位数的信号量且初值为 100;进行离开阅览室进程操作时,要满足读者数大于 0 的条件;读者进入、离开时都要互斥访问登记表。具体算法描述如下:

```
Semaphore S1=100,S2=0,mutex=1;   //mutex 为访问登记表的互斥信号量
Entry( )
{
   while(1)
   {
   P(S1);
   P(mutex);
   登记消息;
   V(mutex);
   V(S2);
   就座,阅读;
   }
}

Exit( )
{
   while(1)
   {
   P(S2);
   P(mutex);
   消除消息;
   V(mutex);
   V(S1);
   离开阅览室;
   }
}
```

2. 读者—写者问题

一个数据文件可被多个进程共享,只要求读该文件的进程称为“Reader 进

程”，对文件进行修改的进程则称为“Writer 进程”，对某文件的并发访问要满足 Bernstein 提出的并发条件。实现读者—写者问题，需注意以下几点：

①读操作不会使数据文件混乱，故允许多个进程同时读一个共享对象。

②不允许一个 Writer 进程和其他 Reader 进程同时访问同一文件。

③不允许多个 Writer 进程同时访问共享对象，因为这样访问将会引起混乱。

所谓“读者—写者问题”是指保证一个 Writer 进程必须与其他进程互斥地访问共享对象，且允许多个读者同时访问共享对象的经典同步问题。

(1)利用记录型信号量解决读者—写者问题

为实现 Reader 与 Writer 进程间在读或写时的互斥而设置了一个互斥信号量 Wmutex。另外，再设置一个整型变量 Readcount 表示正在读的进程数目。由于只要有一个 Reader 进程在读，便不允许 Writer 进程去写。第一个读者申请读时，必须要访问读写互斥信号量 Wmutex，这样才能够实现读、写互斥。因此，仅当 Readcount=1，表示此 Reader 进程是第一个要进行读操作，Reader 进程才需要执行 Wait(Wmutex)操作。若 wait(Wmutex)操作成功，Reader 进程便可去读，相应地，做 Readcount+1 操作。同理，仅当 Reader 进程在执行了 Readcount−1 操作后其值为 0 时，才须执行 signal(Wmutex)操作，以便让 Writer 进程写。又因为 Readcount 是一个可被多个 Reader 进程访问的临界资源，应该为它设置一个互斥访问的信号量 Rmutex，具体描述如下：

```
Semaphore Wmutex=1,Rmutex=1;
 int Readcount=0;
 Writer( )
 {
   while(1)
   {
    wait(Wmutex);
    Perform write Operation;
    signal(Wmutex);
   }
 }
 Reader( )
 {
   While(1)
   {
   wait(Rmutex);
   Readcount=Readcount+1;
   if(Readcount==1)  //第一个读者进入控制写的信号
```

```
    wait(Wmutex);
    signal(Rmutex);
    …
    Perform Read Operation;
    …
    wait(Rmutex);
    Readcount=Readcount-1;
    if(Readcount==0)  //最后一个读者离开要释放写的信号
       wait(Wmutex);
    signal(Rmutex);
    …
    }
  }
```

(2)利用读者—写者原理解决实际生活中的问题

【例 4.4】 现有一自西向东方向的狭窄的桥,只允许单方向的行人通过,若桥上有自西向东的行人,此时就不允许有自东向西行走的人,同一方向可以有多个行人,试用 wait( ),signal( )操作实现。

解:要完成此项任务,需要两个进程实现:自西向东行走 WestToEast( )进程和自东向西行走 EastToWest( )进程。由于桥上是单行道行走,所以有个互斥信号量 mutex。从东到西的行人要过桥,若是第一个则首先要对 mutex 进行 wait( )操作,且要统计从东到西的桥上人数,若是最后一个离开桥的人要释放 mutex 信号量,其原理与读者—写者中的读者进程一样。要完成以上任务,还需设几个信号量:统计从东到西的人数 EWcount,从西到东的人数 WEcount,因为 EWcount 是所有从东到西进程的共享变量,所以设一互斥信号量 EWmutex;同理,对 WEcount 访问均要互斥访问,用 WEmutex 信号量来实现。具体描述如下:

```
Semaphore mutex=1,EWmutex=1,Wemutex=1;
int WEcount=0,EWcount=0;
East To West( )
{
  while(1)
   {
    wait(EWmutex );
    EWcount=EWcount+1;
    if(EWcount==1)  //第一个从东到西过桥的人要控制桥的方向
    Wait(mutex );
    signal(EWmutex );
    From East To West across bridge
```

```
        wait(EWmutex );
        EWcount=EWcount-1;
        if(EWcount==0)  //最后一个从东到西离开桥的人要释放桥的方向
          signal(mutex );
        signal(EWmutex );
      }
  }

WestToEast( )
{
  while(1)
    {
    wait(WEmutex );
    WEcount=WEcount+1;
    if(WEcount==1)  //第一个从西到东过桥的人要控制桥的方向
      wait(mutex );
    signal(WEmutex );
    From West To East across bridge
    wait(WEmutex );
    WEcount=WEcount-1;
      if(WEcount==0)  //最后一个从西到东离开桥的人要释放桥的方向
    signal(mutex );
    signal(WEmutex );
    }
}
```

3. 哲学家进餐问题

哲学家进餐问题是典型的同步问题，是由 E. W. Dijkstra 提出并解决的。该问题描述了有 5 个哲学家共用一张圆桌，分别坐在周围的 5 张椅子上，如图 4-2 所示，在圆桌上有 5 个碗和 5 只筷子，他们的生活方式是交替地进行思考和进餐。平时，一个哲学家进行思考，饥饿时便试图取用其左右最靠近他的筷子，只有在他拿到两只筷子时才能进餐。进餐完毕，放下筷子继续思考。

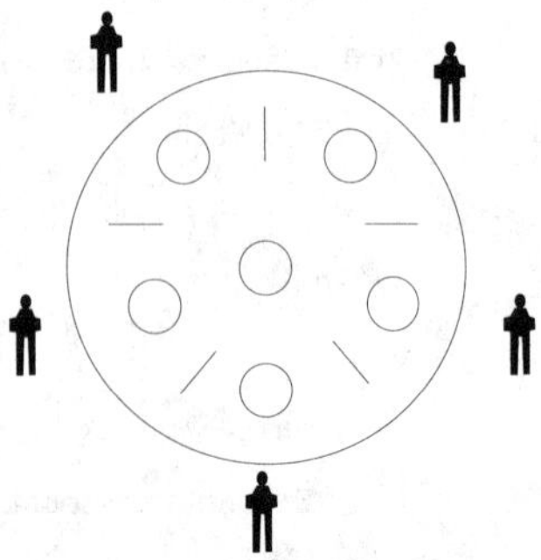

图 4-2 哲学家进餐图

(1) 利用记录型信号量解决哲学家进餐问题

经分析可知，放在桌子上的筷子是临界资源，在一段时间内只允许一位哲学家使用。为了实现对筷子的互斥使用，可以用一个信号量表示一只筷子，由这 5 个信号量构成信号量数组。其描述如下：

```
Semaphore chopstick[5]={1,1,1,1,1};
void process(int i)
{
  while(1)
   {
    Think( );
    wait(chopstick[i]);
    wait(chopstick[(i+1) mod 5]);
     eat;
    signal(chopstick[i]);
    signal(chopstick[(i+1) mod 5]);
    Think( );
   }
}
```

在以上描述中，当哲学家饥饿时，总是先去拿他左边的筷子，即执行 wait(chopstick[i])；成功后，再去拿他右边的筷子，即执行 wait(chopstick[(i+1) mod5])；又成功后便可进餐。进餐完毕，又先放下他左边的筷子，然后再放下他右边的筷子。虽然，上述解法可保证不会有两个相邻的哲学家同时进餐，但有可能引起死锁。假如 5 位哲学家同时饥饿而各自拿起左边的筷子时，就会使 5 个信号量 chopstick 均为 0；当他们再试图去拿右边的筷子时，都将因无筷子可拿而无限期地等待。对于这样的死锁问题，可采取以下几种解决方法：

①最多只允许有 4 位哲学家同时去拿左边的筷子，最终能保证至少有一位哲学家能够进餐，并在用餐完毕时能释放出他用过的 2 只筷子，从而使更多的哲学家能够进餐。

②仅当哲学家的左、右 2 只筷子均可用时，才允许他拿起筷子进餐。

③规定奇数号哲学家先拿他左边的筷子，然后再去拿他右边的筷子，而偶数号哲学家则相反。按此规定，将是 1、2 号哲学家竞争 1 号筷子；3、4 号哲学家竞争 3 号筷子。即 5 位哲学家都先竞争奇数号筷子，获得后，再去竞争偶数号筷子，最后总会有一位哲学家能获得 2 只筷子而进餐。

(2)第③种方法的算法伪代码描述如下：

```
semaphore chopstick[5]={1,1,1,1,1};
void philosopher(int i)
{
  while(true)
  {
    think();
    if(i%2==0)  //偶数哲学家，先右后左
```

```
        {
          wait(chopstick[i+1] mod 5);
          wait(chopstick[i]);
          eat();
          signal(chopstick[i+1] mod 5);
          signal(chopstick[i]);
        }
        else  //奇数哲学家,先左后右
        {
          wait(chopstick[i]);
          wait(chopstick[i+1] mod 5);
          eat();
          signal(chopstick[i]);
          signal(chopstick[i+1] mod 5);
        }
      }
    }
```

4. 利用同步与互斥解决生活中的问题

一组相互合作的并发进程,为了协调其推进速度,有时需要相互等待与相互唤醒,进程之间这种相互制约的关系称作进程同步。进程同步现象仅发生在相互有逻辑关系的进程之间,这点与进程互斥不同,进程互斥现象发生在任意两个进程之间。

与进程同步相关的另一个概念是进程合作。当一组进程不能正常进行单独执行时,或许可以进行并发执行,这种现象称为进程合作。参与进程合作的进程称为合作进程。

例如,司机与售票员关系是,司机开车,售票员售票。当售票员将门关上的时候司机才可以开车,当司机到站停车时,售票员才可以打开车门。

分析:首先,此问题属于同步还是互斥问题?司机和售票员共享资源(车门),以及车的状态。通过状态传递才能进行下一步的操作,所以属于同步问题,此问题有两个共享资源,门和车,分别设置为 S1 和 S2。

其次,信号量的初始化。售票员和司机都有自己的操作。

售票员:关门,售票,开门。

售票员要关门后才可售票,释放门的资源。在售票,停车后可以开门,开门前要申请门的资源以判断是否可以开门。

司机:开车,正常行驶,到站停车。

司机在开车前申请车门资源以判断门是否关好可以开车,到站后停车,释放车的资源。

对 S1(门):门有两个状态,开和关。售票员将门关上之后,应该将门的操作权释放给司机(因为只有司机到站了才能停车)。设 0 为门开着的状态,1 为门关着的状态。

对 S2(车):车也有两个状态,开车行驶和到站停车。当车开的时候,需要申请车的资源,即用 wait。可设车在停着的时候状态为 1,行驶时状态为 0。

由上述分析可知,S1=0, S2=1;

实现上述同步问题,伪代码如下:

```
司机:                        售票员:
    wait(S1);                    关门;
    开车;                        signal(S1);
    正常行驶;                    售票;
    到站停车;                    wait (S2);
    signal(S2);开门。
```

4.1.4　管程机制

虽然信号量机制是一种既方便、又有效的进程同步机制,但每个要访问临界资源的进程都必须自备同步操作 wait(S)和 signal(S)。这就使大量的同步操作分散在各个进程中。不仅给系统的管理带来了麻烦,而且会因同步操作的使用不当而导致系统死锁。引用信号量对资源进行管理,目的是消除与时间有关的错误。但若在使用同步操作 wait(S)和 signal(S)时发生了某种错误,同样会造成与时间有关的错误。下面是可能导致错误的几个例子:

①错误 1:颠倒

```
signal(mutex);
  critical section
wait(mutex);
```

由于同步操作颠倒,可能会有几个进程同时进入临界区。

②错误 2:误写

```
wait(mutex);
  critical section
wait(mutex);
```

由于误写,两次执行 P 操作使 mutex 变成－1,这样,任何进程都进不了临界区,从而也不会再有 V 操作去唤醒出错的进程,造成死锁。

③错误 3:遗漏 1

```
    critical section
signal(mutex);
```

由于遗漏 wait(S)，因此会使多个进程进入临界区。

④错误 4：遗漏 2

```
wait(mutex);
  critical section
```

由于遗漏 signal(S)，其他进程既不能进入临界区，也不能唤醒因不能进入临界区而阻塞的进程。

1. 管程的基本概念

基于上述情况，1973 年 Hansen 提出了一种新的同步工具——管程。所谓管程即“定义了一个数据结构和能为并发进程所执行（在该数据结构上）的一组操作，这组操作能同步进程和改变管程中的数据”。

利用共享数据结构抽象地表示系统中的共享资源，而把对该共享数据结构实施的操作定义为一组过程，如资源的请求（request）和释放过程（release）。进程对共享资源的申请、释放和其他操作，都是通过这组过程对共享数据结构的操作来实现的。这组过程还可以根据资源的情况，或接受或阻塞进程的访问，确保每次仅有一个进程使用共享资源，这样就可以统一管理对共享资源的所有访问，实现进程互斥。

由上述的定义可知，管程由四部分组成：①管程的名称；②局部于管程内部的共享数据结构说明；③对该数据结构进行操作的一组过程；④对局部于管程内部的共享数据设置初始值的语句。

管程的语法描述如下：

```
monitor monitor_name{
  variable declarations
    entry p1( )
    {…}
    entry p2( )
    {…}
    …
    entry pn( )
    {…}
    initialization code
}
```

需要指出的是，局部于管程内部的数据结构，仅能被局部于管程内部的过程所访问，任何管程外的过程都不能访问它；反之，局部于管程内部的过程也仅能访问管程内的数据结构。由此可见，管程相当于围墙，它把共享变量和对它进行操作的若干过程围了起来，所有进程要访问临界资源时，都必须经过管程（相当于通过围墙的门）才能进入，而管程每次只允许一个进程进入管程，从而实现了进程互斥。

在利用管程实现进程同步时，必须设置同步工具，如两个同步操作原语 wait 和 signal。当某进程通过管程请求获得临界资源而未能满足时，管程便调用 wait 原语使该进程等待，并将其排在等待队列上。仅当另一进程访问完成并释放该资源之后，管程才又调用 signal 原语，唤醒等待队列中的队首进程。

通常，一个进程被阻塞或挂起的条件(原因)可有多个，为了区分它们，引入了条件变量 condition。管程中对每个条件变量都需予以说明，其形式为："condition x，y；"。条件变量也是一种抽象数据类型，每个条件变量保存了一个链表，用于记录因该条件变量而阻塞的所有进程，同时提供两个操作，即 x. wait 和 x. signal。

①x. wait。正在调用管程的进程因 x 条件而需要被阻塞或挂起，则调用 x. wait 将自己插入到 x 条件的等待队列上，并释放管程，直到 x 条件变化。此时其他进程可以使用该管程。

②x. signal。重新启动一个因 x 条件而阻塞或挂起的进程。如果存在多个这样的进程，则选择其中的一个；如果没有，则继续执行原进程，而不产生任何结果。这与信号量机制中的 signal 操作不同，由于后者总是要执行 s：＝s＋1 操作，因此总会改变信号量的状态。

如果有进程 Q 处于阻塞状态，当进程 P 执行了 x. signal 操作后，如何确定哪个进程执行哪个等待，可采用下述两种方式之一进行处理：

①P 等待，直至 Q 离开管程或等待另一条件。

②Q 等待，直至 P 离开管程或等待另一条件。

2. 利用管程方法来解决生产者—消费者问题

首先便是为它们建立一个管程，并命名为 Producer-Consumer，或简称为 PC，其中包括 put(item)、get(item)两个过程。生产者利用该过程将自己生产的产品投放到缓冲池中，并用整型变量 count 来表示在缓冲池中已有的产品数目，当 count≥n 时，表示缓冲池已满，生产者须等待 get(item)过程。消费者利用该过程从缓冲池中取出一个产品，当 count≤0 时，表示缓冲池中已无可取用的产品，消费者应等待。

```
monitor producer-consumer{
    int in,out,count;
    item buffer[n];
    condition notfull,notempty;
    entry put(item)
     {
        if(count≥n )
          notfull.wait;
        buffer(in)=nextp;
```

```
        in:=(in+1)mod n;
        count=count+1;
        notempty.signal;
      }
    entry get(item)
    {
        if(count≤0 )
          notempty.wait;
        nextc=buffer(out);
        out:=(out+1)mod n;
        count=count-1;
        notfull.signal;
    }
    init( )
  {
    in:=out:=0;
    count:=0;
  }
}
```

在利用管程解决生产者—消费者问题时，其中的生产者和消费者可描述为：

```
void producer( )
  {
    while(1)
     {
      produce an item in nextp;
      producer-consumer.put(item);
     }
  }
voidconsumer( )
  {
    while(1)
    {
      producer-consumer.get(item);
      consume the item in nextc;
    }
  }
```

4.2 进程通信

进程通信，是指进程之间的信息交换，其所交换的信息量少则是一个状态或数值，多则是成千上万个字节。进程之间的互斥和同步，由于其所交换的信息量少而被归结为低级通信。在进程互斥中，进程通过只修改信号量来向其他进程表明临界资源是否可用。在生产者—消费者问题中，生产者通过缓冲池将所生产的产品传送给消费者。

信号量机制作为同步工具有很好的效果，但若需交换大量信息，则表现得不够理想，具体表现为效率低和通信对用户不透明。可见，用户要利用低级通信工具实现进程通信是非常不方便的。因为共享数据结构的设置、数据的传送、进程的互斥与同步等，都必须由程序员去实现，操作系统只能提供共享存储器。

高级进程通信，是指用户可直接利用操作系统所提供的一组通信命令高效地传送大量数据的一种通信方式。操作系统隐藏了进程通信的实现细节，通信过程对用户是透明的。

4.2.1　进程通信的类型

随着操作系统的发展，进程通信的方式也在不断地发生变化，由原来的低级通信发展到现在的高级通信。目前，高级通信可归结为 3 大类：共享存储器系统、消息传递系统和管道通信。

1. 共享存储器系统

在共享存储器系统中，相互通信的进程共享某些数据结构或共享存储区，进程之间能够通过这些空间进行通信。根据存储空间大小，又可把它们分成以下类型：

①基于共享数据结构的通信方式。在这种通信方式中，要求诸进程公用某些数据结构，借以实现进程间的信息交换。公用数据结构的设置及对进程间同步的处理，都是程序员的职责，这无疑增加了程序员的负担。因此，这种通信方式是低效的，只适于传递相对少量的数据。

②基于共享存储区的通信方式。为了传输大量数据，在存储器中划出了一块共享存储区，诸进程可通过对共享存储区中数据的读或写来实现通信。这种通信方式属于高级通信。进程在通信前，先向系统申请获得共享存储区中的一个分区，并指定该分区的关键字。若系统已经给其他进程分配了这样的分区，则将该分区的描述符返回给申请者，由申请者把获得的共享存储分区连接到本进程上。此后，便可像读、写普通存储器一样地读、写公用存储分区。

2. 消息传递系统

在消息传递系统中，进程间的数据交换是以格式化的消息为单位的。程序员直接利用操作系统提供的一组通信命令（原语）实现通信，不仅能传递大量数据，而且还隐藏了通信的实现细节，使通信过程对用户是透明的，从而大大简化了通信程序编制的复杂性，因而获得了广泛的应用。

消息传递系统的通信方式属于高级通信方式。又因其实现方式的不同而进一步分成直接通信方式和间接通信方式。

①直接通信方式。发送进程直接将消息发送给接收进程并将它挂在接收进程的消息缓冲队列上，接收进程从消息缓冲队列中取得消息。

②间接通信方式。发送方与接收方通过某种中间实体，间接进行通信。这种中间实体一般称为信箱。

3. 管道通信

管道是指用于连接一个读进程和一个写进程以实现它们之间通信的一个共享文件，又名 pipe 文件。向管道（共享文件）提供输入的发送进程（即写进程），以字符流形式将大量的数据送入管道；而接受管道输出的接收进程（即读进程），则从管道中接收（读）数据。由于发送进程和接收进程是利用管道进行通信的，故又称为管道通信。

为了协调双方的通信，管道机制必须提供以下的协调能力：

①互斥，即当进程对 pipe 执行读/写操作时要互斥访问。

②同步，指当将数据写入 pipe 及从 pipe 中读取数据时要同步进行。

③确定对方是否存在。只有确定了对方已存在时，才能进行通信。

4.2.2 直接通信和间接通信

在进程之间通信时，源进程可以直接或间接地将消息传送给目标进程，由此可将进程通信分为直接通信和间接通信。

1. 直接通信

直接通信指发送进程利用操作系统所提供的发送命令，直接把消息发送给目标进程。此时，要求发送进程和接收进程都以显式方式提供对方的标识符。通常，系统提供下述两条通信命令（原语）：

```
Send(Receiver,message);    //发送一个消息给接收进程
Receive(Sender,message);   //接收 Sender 发来的消息
```

直接通信方式有以下两个特点：

①一对一。以显式方式提供对方的标识符。例如，“Send(P1,m1);Receive(P2,m1);”语句。

②事先不可能指定发送进程。接收进程可与多个发送进程通信。

利用直接进程通信原语可以解决生产者—消费者问题，具体描述如下：

```
void producer( )
{
```

```
    while(1)
    {
     …
     produce an item in nextp;
     …
     send(consumer,nextp);
    }
}
void consumer( )
{
    while(1)
    {
     …
     receive(producer,nextc);
     …
     Consume the item in nextc;
    }
}
```

2. 间接通信

间接通信是指进程之间的通信，需要通过共享数据结构的实体——信箱。信箱用来暂存发送进程发送给目标进程的消息；接收进程可从信箱中取出对方发送给自己的消息。利用信箱方式通信，既可实现实时通信，又可实现非实时通信。信箱的创建、撤销和消息的发送、接收等都是由系统提供的若干条原语实现的。当然，信箱也可由用户进程创建。信箱可分为 3 类：

①私用信箱。信箱的拥有者有权从信箱中读取消息，其他用户则只能将自己的消息发送到该信箱中。当拥有该信箱的进程结束时，信箱也随之消失。

②公用信箱。它由操作系统创建，并提供给系统中的所有核准进程使用。核准进程既可把消息发送到该信箱中，也可从信箱中读取发送给自己的消息。通常，公用信箱在系统运行期间始终存在。

③共享信箱。它由某进程创建，在创建时或创建后指明它是可共享的，同时须指出共享进程(用户)的名字。信箱的拥有者和共享者都有权从信箱中取走发送给自己的消息。

在利用信箱通信时，发送进程和接收进程之间存在以下 4 种关系：

①一对一关系。这时可为发送进程和接收进程建立一条两者专用的通信链路，使两者之间的交互不受其他进程的干扰。

②多对一关系。允许提供服务的进程与多个用户进程之间进行交互，也称为

客户/服务器交互(client/server interaction)。

③一对多关系。允许一个发送进程与多个接收进程进行交互，使发送进程可用广播方式向接收者(多个)发送消息。

④多对多关系。允许建立一个公用信箱，让多个进程都能向信箱中投递消息，也可从信箱中取走属于自己的消息。

4.2.3 消息缓冲队列通信机制

消息缓冲队列通信机制由美国的 Hansen 提出，并被广泛应用于本地进程之间的通信中。在这种通信机制中，发送进程利用 Send 原语将消息直接发送给接收进程，接收进程则利用 Receive 原语接收消息。

1. 消息缓冲队列通信机制中的数据结构

(1)消息缓冲区

在消息缓冲队列通信方式中，主要利用的数据结构是消息缓冲区。它可以描述如下：

```
struct message_buffer{
  sender;            //发送者进程标识符
  size;              //消息长度
  text;              //消息正文
  next;              //指向下一个消息缓冲区的指针
};
```

(2)PCB 中有关通信的数据项

在操作系统中采用了消息缓冲队列通信机制时，进程的 PCB 中增加消息队列队首指针，用于对消息队列进行操作，以及用于实现同步的互斥信号量 mutex 和资源信号量 sm。在 PCB 中应增加的数据项可描述如下：

```
struct processcontrol_block{
  …
  mq;              //消息队列队首指针
  mutex;           //消息队列互斥信号量
  sm;              //消息队列资源信号量
  …
};
```

2. 发送原语

发送进程在利用发送原语发送消息之前，应先在自己的内存空间设置一发送区 a。将待发送的消息正文、发送进程标识符、消息长度等信息填入其中，然后调用发送原语，把消息发送给目标(接收)进程。发送原语首先根据发送区 a 中所设置的消息长度 a. size 来申请一缓冲区 i,接着把发送区 a 中的信息复制到缓冲区 i 中。为了能将 i 挂在接收进程的消息队列 mq 上,应先获得接收进程的内部标识符 j,然后将 i 挂在 j. mq 上。由于该队列属于临界资源,故在执行 insert 操作的前后,都要执行 wait 和 signal 操作。发送原语可描述如下:

```
void send(receiver,a)
{
  getbuf(a.size,i);              //根据 a.size 申请缓冲区
  i.sender=a.sender;             //将发送区 a 中的信息复制到消息缓冲区 i 中
  i.size=a.size;
  i.text=a.text;
  i.next=0;
  getid(PCB set,receiver.j);     //获得接收进程内部标识符
  wait(j.mutex);
  insert(j.mq,i);                //将消息缓冲区插入消息队列
  signal(j.mutex);
  signal(j.sm);
}
```

3. 接收原语

接收进程调用接收原语 receive(b),从自己的消息缓冲队列 mq 中摘下第一个消息缓冲区 i,并将其中的数据复制到以 b 为首地址的指定消息接收区内。接收原语描述如下:

```
void receive(b)
{
  j=internal name;        // j 为接收进程内部的标识符
  wait(j.sm);
  wait(j.mutex);
  remove(j.mq,i);         //将消息队列中第一个消息移出
  signal(j.mutex);
  b.sender=i.sender;      //将消息缓冲区 i 中的信息复制到接收区 b 中
  b.size=i.size;
  b.text=i.text;
}
```

4.3 死锁

在多道程序系统中,虽可通过多个进程的并发执行来提高系统的资源利用率和处理能力。但是,若资源管理、分配和使用不当,可能发生死锁。死锁是多个进

程因竞争资源而造成的一种僵局，若无外力作用，这些进程都将永远不能再向前推进。

4.3.1 产生死锁的原因和必要条件

1. 产生死锁的原因

产生死锁的原因可归结为以下两点：

①竞争资源。当系统中供多个进程所共享的资源不足以同时满足它们的需要时，会引起它们对资源的竞争，从而产生死锁。

②进程推进顺序非法。进程在运行过程中请求和释放资源的顺序不当，导致进程死锁。

【例 4.5】 wait( )与 signal( )操作不当引起死锁：设进程 P_1 和 P_2 共享两个资源 R_1 和 R_2，用 S_1 和 S_2 分别代表资源 R_1 和 R_2 能否被使用的信号量。由于资源是共享的，必须互斥使用，因而，S_1 和 S_2 的初值均为 1。

假定进程 P_1、P_2 都要求使用资源 R_1、R_2，它们的程序如下：

```
进程 P1              进程 P2
…                    …
wait(S1);            wait(S2);
wait(S2);            wait(S1);
…                    …
使用 R1 和 R2;       使用 R1 和 R2;
…                    …
signal(S1);          signal(S2);
signal(S2);          signal(S1);
…                    …
```

由于 P_1 和 P_2 并发执行，于是可能产生这样的情况：进程 P_1 执行了 wait(S_1)后，在执行 wait(S_2)之前，进程 P_2 执行了 wait(S_2)，当进程 P_1 再执行 wait(S_2)时将等待，此时 P_2 再继续执行 wait(S_1)，也处于等待。这种等待都必须由对方来释放，显然就产生了死锁。

注意：这里发生死锁未涉及资源，是由于 P 操作安排不当引起的，因此死锁也可能在不涉及资源的情况下产生。

【例 4.6】 进程推进顺序不当产生死锁问题：设系统有打印机、读卡机各一台，它们被进程 P 和 Q 共享。两个进程并发执行，它们按下列次序请求和释放资源：

进程 P：请求读卡机→请求打印机→释放读卡机→释放打印机

进程 Q：请求打印机→请求读卡机→释放读卡机→释放打印机

由于进程P和Q执行时，相对速度无法预知。当出现进程P占用了读卡机，进程Q占用了打印机后，若进程P又请求打印机，但因打印机被进程Q占用，故进程P处于等待资源状态；这时，进程Q执行，若它又请求读卡机，但因读卡机被进程P占用，它只好也处于等待资源状态。它们分别等待对方占用的资源，同时无法结束这种等待，于是产生了死锁。

【例4.7】 竞争临时性资源：现有一进程，资源分配如图4-3所示，方框代表资源，圆圈表示进程，进程指向资源的有向线段表示请求资源，资源指向进程的有向线段表示释放资源。

上述的打印机资源属于可顺序重复使用型资源，称为永久性资源。还有一种是所谓的临时性资源，这是指由一个进程产生，被另一进程使用一短暂时间后便无用的资源，故也称之为消耗性资源，它也可能引起死锁。如图4-3所示为进程之间通信时形成死锁的情况。图中S_1、S_2和S_3是临时性资源。进程P_1产生消息S_1，又要求从P_3接收消息S_3；进程P_3产生消息S_3，又要求从进程P_2接收其所产生的消息S_2；进程P_2产生消息S_2，又需要接收进程P_1所产生的消息S_1。如果消息通信按下述顺序进行，就不可能发生死锁。

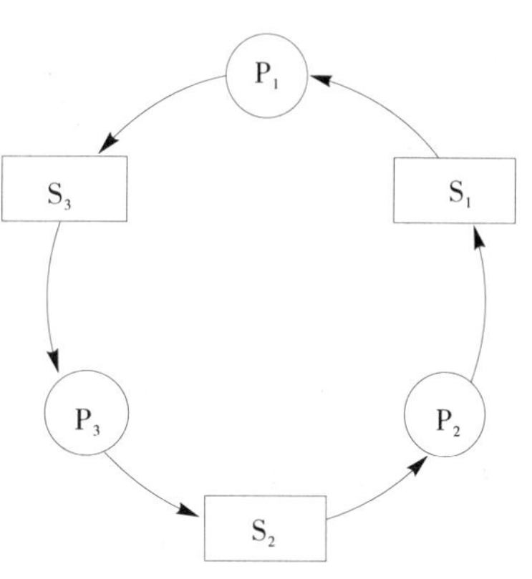

图4-3　资源分配图

P_1：　…Release(S_1)；　Reqaest(S_3)；　…

P_2：　…Release(S_2)；　Request(S_1)；　…

P_3：　…Release(S_3)；　Request(S_2)；　…

但若改成下述的运行顺序，则可能发生死锁。

P_1：　…Request(S_3)；　Release(S_1)；　…

P_2：　…Request(S_1)；　Release(S_2)；　…

P_3：　…Request(S_2)；　Release(S_3)；　…

2. 产生死锁的必要条件

虽然进程在运行过程中可能发生死锁，但死锁的发生也必须具备一定的条件。综上所述，不难看出，死锁的发生必须具备下列4个必要条件：

①互斥条件。指进程对所分配到的资源进行排他性使用，即在一段时间内某资源只由一个进程占用。如果此时还有其他进程请求该资源，则请求者只能等待，直至占有该资源的进程用完释放。

②请求和保持条件。指进程已经保持了至少一个资源，但又提出了新的资源请求，而该资源又已被其他进程占有，此时请求进程阻塞，但又对自己已获得的其

他资源保持不放。

③不剥夺条件。指进程已获得的资源，在未使用完之前，不能被剥夺，只能在使用完时由自己释放。

④环路等待条件。指在发生死锁时，必然存在一个进程——资源的环形链，即进程集合{P_0，P_1，P_2，…，P_n}中的 P_0 正在等待一个 P_1 占用的资源；P_1 正在等待 P_2 占用的资源，……，P_n 正在等待已被 P_0 占用的资源。

这 4 个条件仅是必要条件而不是充分条件，即只要发生死锁，则这 4 个条件一定会同时成立，但反之则不然。发生死锁时，就必须想办法去解决。人们长期的实践中，摸索出以下 4 种解决死锁的方法：

①预防死锁。预防是采用某种策略，限制并发进程对资源的请求，从而使得死锁的必要条件在系统执行的任何时间都不满足。

②避免死锁。系统在分配资源时，根据资源的使用情况提前做出预测，从而避免死锁的发生。

③检测死锁。系统设有专门的机构，当死锁发生时，该机构能够检测到死锁发生，并精准地确定与死锁有关的进程和资源。

④解除死锁。解除死锁是与检测相配套的一种措施，用于将进程从死锁状态下解脱出来。

4.3.2 预防死锁

预防死锁的方法是一种静态的办法，预先将多个条件加以限制，使 4 个必要条件中的②、③、④中的一个不能成立，来避免发生死锁。至于必要条件①，因为它是由设备的固有特性所决定的，不仅不能改变，还应加以保证。

1. 摒弃“请求和保持”条件

为达到摒弃“请求和保持”条件的目的，系统规定必须一次性地申请其在整个运行期间所需的全部资源。此时，若系统有足够的资源分配给某进程，便可满足该进程的所有请求，这样，该进程在整个运行期间，便不会再提出任何资源要求，从而摒弃了请求条件。但在分配资源时，只要有一种资源不能满足某进程的要求，即使其他所需的各资源都空闲，也不分配给该进程，而让该进程等待。由于在该进程的等待期间，它并未占有任何资源，因而也摒弃了保持条件，从而可以避免发生死锁。

这种预防死锁的方法其优点是简单、易于实现且很安全。但其缺点却也极其明显：

①资源被严重浪费。因为一个进程是一次性地获得其整个运行过程所需的全部资源，且独占资源，其中可能有些资源很少使用，甚至在整个运行期间都未使

用，系统资源的利用率低。

②进程运行延迟。仅当进程在获得了其所需的全部资源后，才能开始运行，但可能因有些资源已长期被其他进程占用而致使等待该资源的进程推迟运行。

2. 摒弃“不剥夺”条件

此方法规定，当一个已经保持了某些资源的进程，若因再提出新的资源请求而得不到满足时，必须释放它已经保持了的所有资源，待以后需要时再重新申请。这意味着某一进程已经占有的资源，在运行过程中会被暂时地释放掉，也可认为是被剥夺了，从而摒弃了“不剥夺”条件。

这种预防死锁的方法有以下缺点：

①实现起来比较复杂且要付出很大的代价。因为一个资源在使用一段时间后，它的被迫释放可能会造成前段工作的失效。

②延长了进程的周转时间，而且也增加了系统开销，降低了系统吞吐量。这种策略还可能因为反复地申请和释放资源，致使进程的执行被无限地推迟。

3. 摒弃“环路等待”条件

在该策略中，将所有资源按类型分配序号并排队，所有进程对资源的请求，必须严格按资源序号递增的次序提出请求，这样在形成的资源分配图中不可能出现环路，从而摒弃了“环路等待”条件。例如，令输入机的序号为1，打印机的序号为2，磁带机为3，磁盘为4，现请求4号资源，必须前面已经使用过1、2、3号资源。

这种预防死锁的策略与前两种策略比较，其资源利用率和系统吞吐量都有较明显的改善。但也存在下述严重问题：

①为系统中各类资源所分配（确定）的序号必须相对稳定，这就限制了新类型设备的增加。

②尽管在为资源的类型分配序号时，已经考虑到大多数作业在实际使用这些资源时的顺序，但也经常会发生这种情况：作业（进程）使用各类资源的顺序与系统规定的顺序不同，造成对资源的浪费。例如，某进程先用磁带机，后用打印机，但按系统规定，该进程应先申请打印机而后申请磁带机，致使先获得的打印机被长时间闲置。

③为方便用户，系统对用户在编程时所施加的限制条件应尽量少。然而这种按规定次序申请的方法会限制用户简单、自主地编程。

综上所述，预防死锁可以解决死锁，但由于要预设很多条件加以限制，严重影响进程的并发性。

4.3.3 避免死锁

在预防死锁的几种策略中，都施加了较强的限制条件，严重影响了系统性能。

在避免死锁的方法中，所施加的限制条件较弱，有可能获得令人满意的系统性能。在该方法中把系统的状态分为安全状态和不安全状态，只要能使系统始终都处于安全状态，便可避免发生死锁。

1. 安全与不安全状态

(1)安全状态

在避免死锁的方法中，进程可以动态地申请资源，但在资源分配之前，先计算此次资源分配的安全性。若因此次分配导致系统进入不安全状态，则进程等待，否则分配资源。

所谓安全状态，是指系统能按某种进程顺序(P_1，P_2，…，P_n)(称〈P_1，P_2，…，P_n〉序列为安全序列)，来为每个进程分配其所需资源，直至满足最大需求，使每个进程都可顺利地完成。如果系统无法找到这样一个安全序列，则称系统处于不安全状态。

下面通过一个安全性例子说明。

假定系统中有3个进程P_1、P_2和P_3，共有12台磁带机。进程P_1总共要求10台磁带机，P_2和P_3分别要求4台和9台。假设在T_0时刻，进程P_1、P_2和P_3已分别获得5台、2台和2台磁带机，尚有3台空闲未分配。经分析可发现，在此时系统是安全的，因为这时存在一个安全序列〈P_2，P_1，P_3〉，即只要系统按此进程序列分配资源，就能使每个进程都顺利完成。例如，将剩余的磁带机取2台分配给P_2，使之继续运行，待P_2完成，便可释放出4台磁带机，于是可用资源增至5台，以后再将这些全部分配给进程P_1，使之运行，待P_1完成后，将释放出10台磁带机，P_3便能获得足够的资源，从而使P_1、P_2、P_3每个进程都能顺利完成。

虽然并非所有的不安全状态都为死锁状态，但当系统进入不安全状态后，便有可能进而进入死锁状态；反之，只要系统处于安全状态，系统便可避免进入死锁状态。因此，避免死锁的实质在于，避免系统在进行资源分配时进入不安全状态。

(2)不安全状态

如果不按照安全序列分配资源，则系统可能会由安全状态进入不安全状态。例如，在T_0时刻以后，P_3又请求1台磁带机，若此时系统把剩余3台中的1台分配给P_3，则系统便进入不安全状态。若把其余的2台分配给P_2，这样，在P_2完成后只能释放出4台，既不能满足P_1尚需5台的要求，也不能满足P_3尚需6台的要求，致使它们都无法推进到完成。同理，找不到一个安全序列，彼此都在等待对方释放资源，即陷入僵局，结果导致死锁。所以，P_3的请求失败。

2. 银行家算法

最有代表性的避免死锁的算法，是Dijkstra的用于“银行系统现金贷款的发放”算法——银行家算法。

(1)银行家算法规定

银行家可以把一定数量的资金供多个用户周转使用，为保证资金的安全，银行家算法规定：

①当一个用户对资金的最大需求量不超过银行家现有的资金时就可接纳该用户。

②用户可以分期贷款，但贷款的总数不能超过最大需求量。

③当银行家现有的资金不能满足用户的尚需贷款数时，对用户的贷款可推迟支付，但总能使用户在有限的时间里得到贷款。

④当用户得到所需的全部资金后，一定能在有限的时间里归还所有的资金。

(5)银行家算法数据结构

为实现银行家算法，系统中必须设置若干数据结构。

①可利用资源向量 Available。Available 是一个含有 m 个元素的数组，其中的每一个元素代表一类可利用的资源数目，其初始值是系统中所配置的该类全部可用资源的数目，其数值随该类资源的分配和回收而动态地改变。如果 Available[j]=K，则表示系统中现有 R_j 类资源 K 个。

②最大需求矩阵 Max。Max 是一个 $n\times m$ 的矩阵，定义了系统中 n 个进程中的每一个进程对 m 类资源的最大需求。如果 Max[i][j]=K，则表示进程 i 需要 R_j 类资源的最大数目为 K。

③分配矩阵 Allocation。Allocation 是一个 $n\times m$ 的矩阵，定义了系统中每一类资源当前已分配给每一进程的资源数。如果 Allocation[i][j]=K，则表示进程 i 当前已分得 R_j 类资源的数目为 K。

④需求矩阵 Need。Need 也是一个 $n\times m$ 的矩阵，用以表示每一个进程尚需的各类资源数。如果 Need[i][j]=K，则表示进程 i 还需要 R_j 类资源 K 个，方能完成其任务。

上述 3 个矩阵间存在下述关系：

Need[i][j]=Max[i][j]-Allocation[i][j]

(3)银行家算法系统检查步骤

设 $Request_i$ 是进程 P_i 的请求向量，如果 $Request_i$[j]=K，表示进程 P_i 需要 K 个 R_j 类型的资源。当 P_i 发出资源请求后，系统按下述步骤进行检查：

①如果 $Request_i$[j]≤Need[i][j]，便转向步骤②；否则认为出错，因为它所需要的资源数已超过它所宣布的最大值。

②如果 $Request_i$[j]≤Available[j]，便转向步骤③；否则，表示尚无足够资源，P_i 须等待。

③系统试探着把资源分配给进程 P_i，并修改下面数据结构中的数值：

Available[j]=Available[j]−$Request_i$[j]；

Allocation[i][j]=Allocation[i][j]+$Request_i$[j]；

Need[i][j]=Need[i][j]−$Request_i$[j]；

④系统执行安全性算法，检查此次资源分配后系统是否处于安全状态。若安全，才正式将资源分配给进程 P_i，以完成本次分配；否则，将本次的试探分配作废，恢复原来的资源分配状态，让进程 P_i 等待。

(4)安全性算法

安全性算法描述如下：

①设置两个向量：工作向量 Work[ ]，相当于一个数组，它表示系统可提供给进程继续运行所需的各类资源数目，它含有 m 个元素，在执行安全算法开始时，Work [ ]=Available[ ]；资源分配安全状态向量 Finish[ ]，使之运行完成。开始时先做 Finish[i]=0；当有足够资源分配给进程时，则使 Finish[i]=1。

②从进程集合中找到一个能满足 Finish[i]==0 && Need[i][j]≤work[j]条件的进程，若找到，则执行步骤③，否则执行步骤④。

③当进程 P_i 获得资源后，可顺利执行，直至完成，并释放出分配给它的资源，故要做相应变化：

Work[j]=Work[j]+Allocation[i][j]；

Finish[i]=1；

go to step ②；

④如果所有进程的 Finish[i]=1 都满足，则表示系统处于安全状态；否则，系统处于不安全状态。

现通过一个例子来说明银行家算法是怎样进行资源分配的。

【例 4.8】 假定某系统有 A、B、C、D 4 类资源，其中，A 类资源有 3 个，B 类资源有 12 个，C 类资源有 14 个，D 类资源有 15 个，现有 5 个进程使用这些资源，每类进程对各类资源的最大需求、已分配的及剩下可利用的资源见表 4-1。

表 4-1 进程资源分配表

资源 / 进程	Max				Allocation				Need				Available			
	A	B	C	D	A	B	C	D	A	B	C	D	A	B	C	D
P_0	0	0	4	4	0	0	3	2	0	0	1	2	1	6	2	2
P_1	2	7	5	1	1	0	0	1	1	7	5	0				
P_2	3	4	10	10	1	3	5	4	2	3	5	6				
P_3	0	9	8	4	0	3	3	2	0	6	5	2				
P_4	0	6	6	10	0	0	1	4	0	6	5	6				

①利用安全性算法分析系统是否处于安全状态，因为可以找到一个安全序列(P_0,P_3,P_1,P_2,P_4)，所以系统是安全的。

②若进程 P_2 提出资源请求 $Request_2$(1,2,2,2)，则利用银行家算法分析后，结果如表 4-2 所示。

表 4-2 安全性检查

资源 进程	Work				Need				Allocation				Work+Allocation				finish
	A	B	C	D	A	B	C	D	A	B	C	D	A	B	C	D	
P_0	1	6	2	2	0	0	1	2	0	0	3	2	1	6	5	4	1
P_3	1	6	5	4	0	6	5	2	0	3	3	2	1	9	8	6	1
P_1	1	9	8	6	1	7	5	0	1	0	0	1	2	9	8	7	1
P_2	2	9	8	7	2	3	5	6	1	3	5	4	3	12	13	11	1
P_4	3	12	13	11	0	6	5	6	0	0	1	4	3	12	14	15	1

首先将 $Request_2$(1,2,2,2)与进程 P_2 的需求比较，满足(1,2,2,2)≤(2,3,5,6)条件；再与可利用的资源比较，满足(1,2,2,2)≤(1,6,2,2)；试着修改相关数据值，若满足 P_2 的请求，则可利用资源有(0,4,0,0)，P_2 的需求为(1,1,3,4)，此时已找不到一个安全序列，所以 P_2 的请求失败。

4.3.4 检测死锁

系统在为进程进行资源分配时，没有采用任何限制措施，只不过定期检测是否存在死锁的状况，若存在死锁现象，则采用相应的解除死锁手段。为此，系统必须提供两类信息：一是有关资源的请求和分配信息；二是一种用来检测系统是否已进入死锁状态的算法。

操作系统的系统状态可用资源分配图来表示进程的请求状况。资源分配图是描述进程和资源间申请及分配关系的一种有向图，可用于检测系统是否处于死锁状态。资源分配图由 3 部分组成：方框、圆圈和有向线段。其中方框表示资源，方框的名称表示资源的名称，方框中的黑圆点个数表示资源的数目；圆圈表示进程，圆圈的名称表示进程的名称；有向线段表示进程申请资源和资源被分配的情况，由进程指向资源的表示进程请求资源，由资源指向进程的表示进程已分配的资源，有向边的个数表示请求或分配资源的数目。

图 4-4 是资源分配图的一个例子，图中共有 3 类资源，每个进程的资源占有和申请情况如图所示。在这个例子中，存在占有和等待资源的环路，会导致一组进程永远处于等待资源状态，发生死锁。

但存在环路的资源分配图不一定发生死锁。因为循环等待资源仅是死锁发生的必要条件，而不是充分条件。图 4-5 所示便是一个有环路而没死锁的例子。虽然进程 P_1 和进程 P_3 分别占有了一个资源 R_1 和一个资源 R_2，并且等待另一个资源 R_2 和另一个资源 R_1 形成了环路，但进程 P_2 和进程 P_4 分别占有了资源 R_1 和 R_2，它们申请的资源已得到了全部满足，因而，能在有限时间内归还占有的资源，于是进程 P_1 和进程 P_3 分别能获得另一个所需资源。这时进程—资源分配图中减少了两条请求边，环路不再存在，系统中也就不存在死锁了。

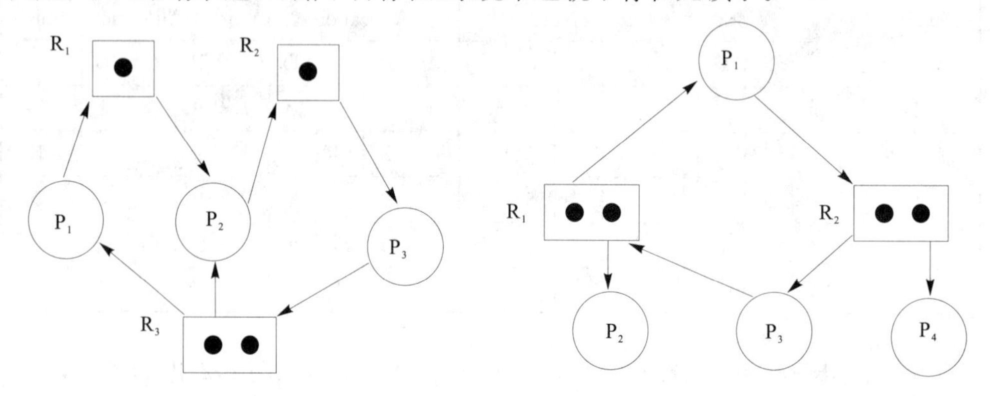

图 4-4 资源分配图示例　　图 4-5 有环路但无死锁的示例

利用简化资源分配图的方法，可以检测系统是否处于死锁状态。具体简化方法如下：

①在资源分配图中，找出一个既不阻塞又非独立的进程结点 P_i。在顺利的情况下，P_i 可获得所需资源而继续运行，直至运行完毕，再释放其所占有的全部资源，然后在资源分配图中消去与 P_i 相连的请求边和分配边，使之成为孤立的结点。

②重复步骤①，在进行一系列的简化后，若能消去图中所有的边，使所有的进程结点都成为孤立结点，则称该图是可完全简化的；若不能通过任何过程使该图完全简化，则称该图是不可完全简化的。有关文献已经证明，所有的简化顺序，都将得到相同的不可简化图。同样可以证明：S 为死锁状态的充分条件是：当且仅当 S 状态的资源分配图是不可完全简化的。该充分条件被称为“死锁定理”。

4.3.5 解除死锁

解除死锁通常与检测死锁结合使用。当死锁检测程序检测到死锁存在时，应设法将其解除，让系统从死锁状态中恢复过来。常用的解除死锁的方法有以下几种：

①立即结束所有进程的执行，并重新启动操作系统。这种方法简单，但以前所做的工作全部作废，损失很大。

②撤销涉及死锁的所有进程，解除死锁后继续运行。这种方法能彻底破坏死

锁的循环等待条件,但将付出很大代价。例如,有些进程可能已经计算了很长时间,由于被撤销而使产生的部分结果也被消除了,在重新执行时还要再次进行计算。

③逐个撤销涉及死锁的进程,回收其资源,直至死锁解除。但是先撤销哪个死锁进程呢?可选择符合下面一种条件的进程先撤销:消耗CPU时间最少者、产生的输出最少者、预计剩余执行时间最长者、占有资源数最少者或优先级最低者。死锁解除后,应在适当的时候让被撤销的进程重新执行。当重新启动进程时应从哪一点开始执行?一种最简单的办法是让进程从头开始执行,但这样就要花费较高的代价。有的系统在进程执行过程中设置检查点,当重新启动时让进程回退到发生死锁之前的那个检查点开始执行,以使损失降到最低。

④抢夺资源。从涉及死锁的一个或几个进程中抢夺资源,把夺得的资源再分配给涉及死锁的其他进程直至死锁解除。

4.4 Linux进程间通信

4.4.1 进程通信的基本概念

进程通信,是指进程之间的信息交换,其所交换的信息量少者是一个状态或数值,多者则是成千上万个字节。进程之间的互斥和同步,由于其所交换的信息量少而被归结为低级通信。

Linux系统主要有以下3种进程间通信方式:

①消息队列。消息队列是消息的链接表,包括Posix消息队列和System V消息队列。有足够权限的进程可以向队列中添加消息,被赋予读权限的进程则可以读出队列中的消息。消息队列克服了信号承载信息量少、管道只能承载无格式字节流以及缓冲区大小受限等缺点。

②共享内存。共享内存使得多个进程可以访问同一块内存空间,是最快的IPC方式,是针对其他通信机制运行效率较低而设计的。往往与其他通信机制(如信号量)结合使用,以达到进程间的同步及互斥。

③信号量。它主要作为进程间以及同一进程不同线程之间的同步手段。

4.4.2 消息队列

消息队列就是一个消息的链表,可以将其看作一个记录,具有特定的格式以及特定的优先级。对消息队列有写权限的进程可以按照一定的规则添加新消息;对消息队列有读权限的进程则可以从消息队列中读消息。每个消息队列都有一个队列头，用结构 struct msg_queue 来描述。队列头中包含了该消息队列的大量信息，包括消息队列键值、用户 ID、组 ID、消息队列中消息数目等，甚至记录了最近对消息队列读写的进程 ID。读者可以访问这些信息，也可以设置其中的某些信息。

图 4-6 说明了内核与消息队列是怎样建立起联系的，其中，struct ipc_ids msg_ids 是内核中记录消息队列的全局数据结构，struct msg_queue 是每个消息队列的队列头。

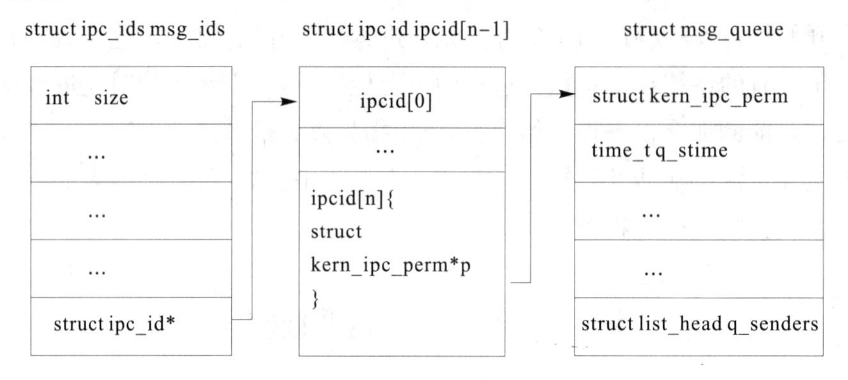

图 4-6 内核与消息队列的通信

从图 4-6 可以看出，全局数据结构 struct ipc_ids msg_ids 可以访问到每个消息队列头的第一个成员 struct kern_ipc_perm，而每个 struct kern_ipc_perm 能够与具体的消息队列对应起来。因为在该结构中，有一个 key_t 类型成员 key，而 key 则确定唯一一个消息队列。kern_ipc_perm 结构如下：

```
struct kern_ipc_perm{
    //内核中记录消息队列的全局数据结构 msg_ids 能够访问到该结构
    key_t   key;  //该键值则唯一对应一个消息队列
    uid_t   uid;
    gid_t   gid;
    uid_t   cuid;
    gid_t   cgid;
    mode_t  mode;
    unsigned long seq;
    };
```

4.4.3 信号量机制

信号是 E. W. Dijkstra 在 20 世纪 60 年代末设计的一种编程架构。Dijkstra 的模型与铁路操作有关：假设某段铁路是单线的，一次只允许一列火车通过。信号将用于同步通过该轨道的火车。火车在进入单一轨道之前必须等待信号灯变为允许通行的状态。火车进入轨道后，会改变信号状态，防止其他火车进入该轨道。火车离开这段轨道时，必须再次更改信号的状态，以便允许其他火车进入轨道。

在计算机中，信号以整数来表示。线程等待获得许可以便继续运行，然后发出信号，表示该线程已经通过针对信号执行P操作来继续运行。线程必须等到信号的值为正，然后才能通过将信号值减1来更改该值。完成此操作后，线程会执行V操作，即通过将信号值加1来更改该值。这些操作必须以原子方式执行，不能再将其划分成子操作，即在这些子操作之间不能对信号执行其他操作。在P操作中，信号值在减小之前必须为正，从而确保生成的信号值不为负，并且比该值减小之前小1。在P和V操作中，必须在没有干扰的情况下进行运算。如果针对同一信号同时执行两个V操作，则实际结果是信号的新值比原来大2。

1. 命名信号量和未命名信号量

POSIX信号可以是未命名的，也可以是命名的。未命名信号在进程内存中分配，并会进行初始化。未命名信号可能供多个进程使用，具体取决于信号的分配和初始化的方式。未命名信号可以是通过fork()继承的专用信号，也可以通过用来分配和映射这些信号的常规文件的访问保护功能对其进行保护。命名信号类似于进程共享的信号，区别在于命名信号是使用路径名而非pshared值引用的。命名信号可以由多个进程共享。命名信号具有属主用户ID、组ID和保护模式。对于open、retrieve、close和remove命名信号，可以使用以下函数：sem_open、sem_getvalue、sem_close和sem_unlink。通过使用sem_open，可以创建一个命名信号，其名称是在文件系统的名称空间中定义的。

2. 计数信号量概述

从概念上来说，信号量是一个非负整数计数。信号量通常用来协调对资源的访问，其中信号计数会初始化为可用资源的数目。进程在资源增加时会增加计数，在删除资源时会减小计数，这些操作都以原子方式执行。如果信号计数变为零，则表明已无可用资源。计数为零时，尝试减小信号的进程会被阻塞，直到计数大于零为止。

由于信号无需由同一个进程来获取和释放，因此信号可用于异步事件通知，如信号处理程序。同时，由于信号包含状态，因此可以异步方式使用，而不用像条件变量那样要求获取互斥锁。但是，信号的效率不如互斥锁高。缺省情况下，如果有多个进程正在等待信号，则解除阻塞的顺序是不确定的。信号在使用前必须先初始化，但是信号没有属性。

4.4.4　共享内存机制

共享内存可以说是最有用的进程间通信方式。A、B两个不同进程共享内存的意思是,同一块物理内存被映射到进程A、B各自的进程地址空间。进程A可以即时看到进程B对共享内存中数据的更新,反之亦然。多个进程共享同一块内存区域,必然需要某种同步机制,互斥锁和信号量都可以。

采用共享内存通信的一个显而易见的好处是效率高,因为进程可以直接读写内存,而不需要拷贝任何数据。管道和消息队列等通信方式,需要在内核和用户空间进行4次数据拷贝。共享内存只拷贝2次数据拷贝:一次从输入文件到共享内存区,另一次从共享内存区到输出文件。实际上,进程之间在共享内存时,并不总是读写少量数据后就解除映射,有新的通信时,再重新建立共享内存区域;而是保持共享区域,直到通信完毕为止。这样,数据内容一直保存在共享内存中,并没有写回文件。共享内存中的内容往往是在解除映射时才写回文件的。因此,采用共享内存的通信方式效率是非常高的。

Linux的2.2.x内核支持多种共享内存方式,如mmap()系统调用,Posix共享内存,以及系统V共享内存。Linux发行版本,如Redhat 8.0,支持mmap()系统调用及系统V共享内存,但还没实现Posix共享内存。本部分将主要介绍mmap()系统调用及系统V共享内存API的原理及应用。

那么内核怎样保证各个进程寻址到同一个共享内存区域的内存页面呢? 分析如下:

①page cache及swap cache中页面的区分。一个被访问文件的物理页面都驻留在page cache或swap cache中,一个页面的所有信息由struct page来描述。struct page中有一个域为指针mapping,它指向一个struct address_space类型结构。page cache或swap cache中的所有页面就是根据address_space结构以及一个偏移量来区分的。

②文件与address_space结构的对应。一个具体的文件在打开后,内核会在内存中为之建立一个struct inode结构,其中的i_mapping域指向一个address_space结构。这样,一个文件就对应一个address_space结构,一个address_space与一个偏移量能够确定一个page cache或swap cache中的一个页面。因此,当要寻址某个数据时,很容易根据给定的文件及数据在文件内的偏移量而找到相应的页面。

③进程调用mmap()时,只是在进程空间内新增了一块相应大小的缓冲区,并设置了相应的访问标识,但并没有建立进程空间到物理页面的映射。因此,第一次访问该空间时,会引发一个缺页异常。

④对于共享内存映射情况,缺页异常处理程序首先在swap cache中寻找目标页(符合address_space以及偏移量的物理页),如果找到,则直接返回地址;如果没有找到,则判断该页是否在交换区(swap area),如果在,则执行一个换入操作;

如果上述两种情况都不满足,处理程序将分配新的物理页面,并把它插入到 page cache 中。进程最终将更新进程页表。

注意:对于映射普通文件情况(非共享映射),缺页异常处理程序首先会在 page cache 中根据 address_space 以及数据偏移量寻找相应的页面。如果没有找到,则说明文件数据还没有读入内存,处理程序会从磁盘读入相应的页面,并返回相应地址,同时,进程页表也会更新。

⑤所有进程在映射同一个共享内存区域时,情况都一样,在建立线性地址与物理地址之间的映射之后,不论进程各自的返回地址如何,实际访问的必然是同一个共享内存区域对应的物理页面。

习题 4

一、单项选择

1. 用 P、V 操作管理临界区时,信号量的初值一般应定义为(　　)。

A. −1　　B. 0　　C. 1　　D. 任意值

2. 在下面的叙述中,正确的是(　　)。

A. 临界资源是非共享资源

B. 临界资源是任意共享资源

C. 临界资源是互斥共享资源

D. 临界资源是同时共享资源

3. 对进程间互斥地使用临界资源,进程可以(　　)。

A. 互斥地进入临界区

B. 互斥地进入各自的临界区

C. 互斥地进入同一临界区

D. 互斥地进入各自的同类资源的临界区

4. 设两个进程共用一个临界资源的互斥信号量 mutex,当 mutex=1 时表示(　　)。

A. 一个进程进入了临界区,另一个进程等待

B. 没有一个进程进入临界区

C. 两个进程都进入了临界区

D. 两个进程都在等待

5. 设两个进程共用一个临界资源的互斥信号量 mutex,当 mutex=−1 时表示(　　)。

A. 一个进程进入了临界区,另一个进程等待

B. 没有一个进程进入临界区

C. 两个进程都进入了临界区

D. 两个进程都在等待

6. 当一进程因在记录型信号量 S 上执行 V(S)操作而导致唤醒另一进程后，S 的值为（　　）。

A. >0　　B. <0　　C. ≥0　　D. ≤0

7. 如果信号量的当前值为－4，则表示系统中在该信号量上有（　　）个进程等待。

A. 4　　B. 3　　C. 5　　D. 0

8. 若有 4 个进程共享同一程序段，而且每次最多允许 3 个进程进入该程序段，则信号量的变化范围是（　　）。

A. 3,2,1,0　　B. 3,2,1,0,－1

C. 4,3,2,1,0　　D. 2,1,0,－1,－2

9. 若信号 S 的初值为 2，当前值为－1，则表示有（　　）个等待进程。

A. 0　　B. 1　　C. 2　　D. 3

10. 如果有 3 个进程共享同一互斥段，而且每次最多允许 2 个进程进入该互斥段，则信号量的初值应设置为（　　）。

A. 3　　B. 1　　C. 2　　D. 0

11. 并发进程之间（　　）。

A. 彼此无关　　B. 必须同步

C. 必须互斥　　D. 可能需要同步或互斥

12. 在操作系统中，有一组进程，进程之间具有直接相互制约性。这组并发进程之间（　　）。

A. 必定无关　　B. 必定相关

C. 可能相关　　D. 相关程度相同

13.（　　）操作不是 P 操作可完成的。

A. 为进程分配处理机　　B. 使信号量的值变小

C. 可用于进程的同步　　D. 使进程进入阻塞状态

14. 某系统采用了银行家算法，则下列叙述正确的是（　　）。

A. 系统处于不安全状态时一定会发生死锁

B. 系统处于不安全状态时可能会发生死锁

C. 系统处于安全状态时可能会发生死锁

D. 系统处于安全状态时一定会发生死锁

15. 银行家算法中的数据结构包括有可利用资源向量 Available、最大需求矩阵 Max、分配矩阵 Allocation、需求矩阵 Need，下列选项正确的是（　　）。

A. Max[i,j]＝Allocation[i,j]＋Need[i,j]

B. Need[i,j]＝Allocation[i,j]＋Max[i,j]

C. Max[i,j]=Available[i,j]+Need[i,j]

D. Need[i,j]=Available[i,j]+Max[i,j]

16. 在下列选项中,属于预防死锁的方法是(　　)。

A. 剥夺资源法　　B. 资源分配图简化法

C. 资源随意分配　　D. 银行家算法

17. 在下列选项中,属于检测死锁的方法是(　　)。

A. 银行家算法　　B. 剥夺资源法

C. 资源静态分配法　　D. 资源分配图简化法

18. 在下列选项中,属于解除死锁的方法是(　　)。

A. 剥夺资源法　　B. 资源分配图简化法

C. 银行家算法　　D. 资源静态分配法

19. 资源静态分配法可以预防死锁的发生,它能使死锁 4 个条件中的(　　)不成立。

A. 互斥条件　　B. 请求和保持条件

C. 不可剥夺条件　　D. 环路等待条件

二、多项选择

1. 有关进程的描述中,(　　)是正确的。

A. 进程执行的相对速度不能由进程自己来控制

B. 利用信号量的 P、V 操作可以交换大量信息

C. 同步是指并发进程之间存在的一种制约关系

D. 并发进程在访问共享资源时,不可能出现与时间有关的错误

2. 下列资源中,(　　)是临界资源。

A. 打印机　　B. 非共享的资源

C. 共享变量　　D. 共享缓冲区

3. 进程从执行状态转换到阻塞状态的可能原因是(　　)。

A. 时间片完　　B. 需要等待其他进程的执行结果

C. 执行了 V 操作　　D. 执行了 P 操作

4. 进程从阻塞状态转换到就绪状态的可能原因是(　　)。

A. 时间片完　　B. 其他进程执行了唤醒原语

C. 执行了 V 操作　　D. 执行了 P 操作

三、判断正误

1. 互斥地使用临界资源是通过互斥地进入临界区实现的。　(　　)

2. 同步信号量的初值一般为 1。　(　　)

3. 引入管程是为了让系统自动处理临界资源的互斥使用问题。　(　　)

4. 生产者一消费者问题是一个既有同步又有互斥的问题。（　）

5. 用管程实现进程同步时，管程中的过程是不可中断的。（　）

6. 进程 A、B 共享变量 x，需要互斥执行；进程 B、C 共享变量 y，B、C 也需要互斥执行，因此，进程 A、C 必须互斥执行。（　）

7. 单道程序系统中程序的执行也需要同步和互斥。（　）

8. 作业调度能够使作业获得 CPU。（　）

9. 短作业(进程)优先调度算法具有最短的平均周转时间，因此这种算法是最好的算法。（　）

10. 在优先权调度算法中确定静态优先权时，一般来说，计算进程的优先权要高于磁盘I/O进程的优先权。（　）

11. 摒弃不可剥夺条件的方法可用于预防多个打印进程死锁的发生。（　）

12. 操作系统处理死锁，只要采用预防、解除、检测、避免之中的一种就足够了。（　）

13. 如果系统在所有进程运行前，一次性地将其在整个运行过程所需的全部资源分配给进程，即所谓"静态分配法"，是可以预防死锁发生的。（　）

14. 多个进程竞争比进程数目少的资源时就可能产生死锁，而当资源数目大于进程数目时就一定不会发生死锁。（　）

15. 在银行家算法中，对某时刻的资源分配情况进行安全分析，如果该时刻状态是安全的，则存在一个安全序列，且这个安全序列是唯一的。（　）

四、简答题

1. 为什么说互斥也是一种同步？

2. 同步机制应遵循的准则是什么？

3. 进程通信有哪 3 种基本类型？

4. 简述解决互斥问题的软、硬件方法的异同。

5. 对临界区管理的要求是什么？

6. 何为死锁？产生死锁的原因和必要条件是什么？

7. 在解决死锁问题的几个方法中，哪种方法最容易实现？哪种方法使资源的利用率最高？

8. 在银行家算法的例子中，如果 P_0 发出的请求向量由 Request0(0,2,0) 改为 Request0(0,1,0)，系统可否将资源分配给它？

第 5 章　存储器管理

存储器是冯·诺伊曼型计算机的五大功能部件之一，用于存放程序(指令)、操作数(数据)以及操作结果。近年来，随着计算机技术的发展，存储器的读取速度、存储空间等硬件性能在不断提高，但仍不能满足信息时代软件发展的需要，因此，存储器仍然是一种宝贵而又紧俏的资源。如何对它们进行有效的管理，不仅直接影响到存储器的利用率，而且还对系统性能有重大影响。存储器管理的主要对象是内存。由于对外存的管理与对内存的管理相类似，只是它们的用途不同，即外存主要用来存放文件，所以对外存的管理放在文件管理中介绍。

5.1　概述

计算机系统中，存储器一般分为主存和辅存。CPU 可以直接访问主存中的指令和数据，但不能直接访问辅存。在 I/O 控制系统管理下，辅存与主存之间可以进行信息传递。

5.1.1　存储体系

对于通用计算机而言，存储层次至少应具有三级：CPU 寄存器、主存、辅存。不同类别的存储器，由于访问速度不同，导致相互间交流信息受到影响。为减少速度不匹配的矛盾，有的计算机甚至将存储器细分为寄存器、高速缓存、主存储器、磁盘缓存、固定磁盘、可移动存储介质等 6 层。CPU 寄存器与主存之间增加了高速缓存，主存与辅存之间增加了磁盘缓存。在存储层次中，越接近 CPU 的存储介质的访问速度越快，价格也越高，相对存储容量也越小。其中，寄存器、高速缓存、主存储器和磁盘缓存均属于操作系统存储管理的管辖范畴，断电后它们存储的信息也随之消失。固定磁盘和可移动存储介质属于设备管理的管辖范畴，它们存储的信息将被长期保存。

主存储器简称主存，或称为内存。主存可分为系统区和用户区。系统区是主要存放常驻操作系统的部分内核代码的空间；用户区指为用户程序和内核服务例程的运行系统动态分配空间，并在执行结束时释放空间。

存储管理是对主存中的用户区进行管理，其目的是尽可能地方便用户和提高主存空间的利用率，使主存在成本、速度和规模之间获得较好的权衡。

5.1.2 存储管理的目的

程序在运行时，其内容原先存储在辅存中，但要将其内容调入到内存中，要涉及地址的转换。存储管理的目的是为用户提供方便、安全和充分大的存储空间。

方便是指将地址转换的过程由操作系统自动完成，用户只在各自的逻辑地址空间编程，不必受物理地址空间及地址转换的困扰。安全则是指驻留在内存的多道用户程序之间互不影响，也不会访问操作系统所占有的空间。利用虚拟存储技术，可以从逻辑上扩充内存空间，使用户用较小的空间运行较大的程序。

5.1.3 存储管理的任务

一个好的计算机系统只有一个容量大的、存储速度快的、稳定可靠的主存是不够的，更重要的是在多道程序设计系统中能合理有效地使用空间，提高存储器的利用率，方便用户的使用。要达到以上效果，存储管理应当胜任地址转换、主存的分配和回收、主存空间的共享与保护以及主存空间的扩充的工作。

1. 地址转换

地址有逻辑地址与物理地址之分。为了方便程序的编制，每个用户可以认为自己作业的程序和数据存放在一组从 0 地址开始的连续空间中，所有指令中的地址部分都是相对于首地址而言的，用户程序中所使用的地址称为“逻辑地址”（又称“相对地址”）。主存的存储单元以字节为单位编址，每个存储单元都有一个地址与其相对应，这些地址称为主存的“物理地址”（又称“绝对地址”）。

采用多道程序设计技术后，在主存中往往同时存放多个作业的程序，而这些程序在主存中的位置是不能预知的，所以在用户程序中使用逻辑地址，但 CPU 则是按物理地址访问主存的。为了保证程序的正确执行，存储管理必须配合硬件进行地址映射工作，把一组程序中的逻辑地址转换成主存空间中与之对应的物理地址。这种地址转换工作亦称为重定位。

2. 主存的分配与回收

主存空间要允许同时容纳各种软件和多个用户作业，就必须解决主存空间的分配问题。由于主存空间有限，程序运行又消耗主存空间，所以必须按规定的方式向操作系统提出申请，由存储管理进行具体分配。由于受到多种因素的影响，不同存储管理方式所采用的主存空间分配策略是不同的，对主存空间的有效利用率也不同。

当主存中某个作业撤离或主动回收主存资源时，存储管理收回它所占有的全部或部分主存空间，并修改相关数据结构，以备其他程序访问主存空间。

3. 主存空间的共享与保护

主存空间的共享可以提高主存空间的利用率。主存空间的共享有以下两方面的含义：

①共享主存资源。在多道程序的系统中，若干个作业同时装入主存，各自占用了某些主存区域，共同使用同一个主存。

②共享主存的某些区域。不同的作业可能有共同的程序段或数据，可以将这些共同的程序段或数据存放在一个存储区域中，各个作业执行时都可以访问它。这个主存区域又称为各个作业的共享区域。

主存中不仅有系统程序，还有若干用户作业的程序。为了防止各作业相互干扰和保护各区域内的信息不受破坏，必须实现存储保护。存储保护的工作由硬件和软件配合实现。操作系统把程序可访问的区域通知硬件，程序执行时由硬件机构检查其物理地址是否在可访问的区域内。若在此范围，则执行，否则产生地址越界中断，由操作系统的中断处理程序进行处理。一般对主存区域的保护可采取如下措施：

①程序对属于自己主存区域中的信息，既可读又可写。

②程序对共享区域中的信息或获得授权可使用的其他用户信息，只可读不可修改。

③程序对非共享区域或非自己的主存区域中的信息，既不可读也不可写。

4. 主存空间的扩充

由于物理主存的容量有限，难以满足用户的需要，会影响系统的性能。在计算机软、硬件的配合支持下，利用虚拟存储技术，将用户的逻辑地址空间扩大，即允许程序的逻辑地址空间大于主存的物理地址空间，使用户编制程序时不必考虑主存的实际容量，使用户感到计算机系统提供了一个容量极大的主存。实际上，这个容量并不是物理意义上的主存，而是操作系统的一种存储管理方式，把辅存空间假想成主存使用。

5.1.4　程序的链接与装入

如果要运行程序，就必须为之创建进程，然后将进程所涉及的程序、数据装入内存。一个用户源程序要成为可执行的代码，通常需经过以下几步：首先是编译，产生目标模块；其次是链接，由链接程序将目标模块及用到的库函数链接在一起，形成装入模块；最后是装入，由装入程序将装入模块装入内存。

1. 程序的链接

源程序经过编译后，得到一组目标模块，再通过链接程序将这组目标模块链接，形成一个完整的装入模块。例如，程序链接图5-1，有3个目标模块A、B、C，它们的长度分别是L、M、N。在装入前，每个模块内部地址均从0开始，链接后形成了装入模块，装入模块将 A、B、C 按调用时间先后串联在一起，每个模块内部的指令相对地址在装入模块中均未发生变化，模块 B、C 均为外部调用。

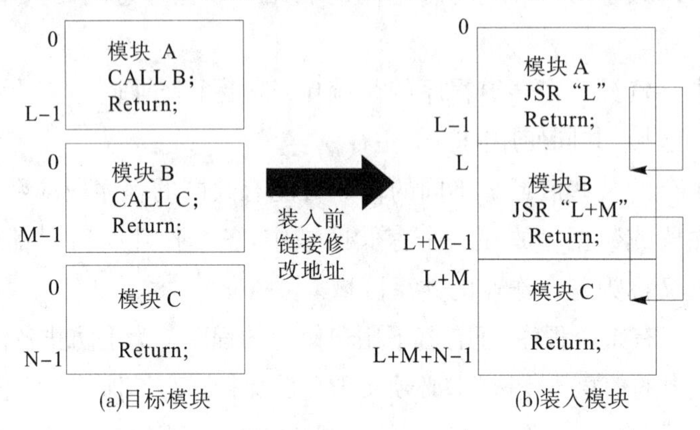

图 5-1　程序链接示意图

根据链接时间的不同，可把链接分成 3 种方式：

①静态链接方式。在程序运行之前，需要将各个目标模块以及所需要的库函数链接成一个完整的装入模块(又称为可执行文件)。通常不再将它拆开，而在运行时直接将它装入内存。要完成链接任务，必须解决两个问题：一是目标模块中相对地址的修改。由于在目标模块中，使用的均是相对于本模块起始地址为 0 的相对地址，所以在链接成一个装入模块后，需将地址变换为相对于装入模块起始地址的新的相对地址；二是需要变换目标模块中外部调用符号。将每个目标模块中所用的外部调用符号也变换为相对于装入模块起始为 0 的相对地址。具体见图 5-1。

②装入时动态链接。在装入一个目标模块时，若发生一个外部模块调用事件，将引起装入程序去寻找相应的外部目标模块，并将它装入内存，即边装入边链接修改目标模块中的相对地址，还要按照图 5-1 方式进行修改。装入时动态链接方式有两个优点：一是便于修改和更新，动态链接方式，由于各目标模块是分开存放的，所以要修改或更新各目标模块是件非常容易的事；二是便于实现对目标模块的共享，在采用静态链接方式时，每个应用模块都必须含有其目标模块的拷贝，无法实现对目标模块的共享，但采用装入时动态链接方式，操作系统则很容易将一个目标模块链接到几个应用模块上，实现多个应用程序对该模块的共享。

③运行时动态链接。在很多情况下，由于应用程序每次运行时的条件不同，故需要调用的模块有可能也不同。如果将所有目标模块装入内存，并链接在一起，就会得到一个非常大的装入模块，其中某些目标模块可能根本就没有条件运行，这样会造成程序装入时间和内存空间的浪费。运行时动态链接是指在程序执行过程中当需要该目标模块时，才把该模块装入内存，并进行链接。这样不仅可以加快程序装入的速度，而且可以节省大量的内存空间。

2. 程序的装入

将一个装入模块装入内存时，需进行地址转换。根据发生地址转换的时间关系，可将程序的装入方式分为绝对装入方式、静态重定位装入方式、动态重定位装入方式。

①在绝对装入方式中，逻辑地址转换为物理地址的过程发生在程序编译时，且逻辑地址与物理地址一致。装入模块被装入内存后，由于程序中的逻辑地址与实际内存地址完全相同，因此无需对程序和数据的地址进行修改。该方式的优点是无需地址转换过程，程序运行的速度较快。缺点是对程序员的素质要求较高，因为程序中所有的指令地址都是程序直接赋予的；不便于程序或数据的修改，因为一旦某地方改动，可能要引起程序中的所有地址变更。

②在静态重定位装入方式中，逻辑地址转换为物理地址的过程发生在程序装入到内存时。根据内存的当前使用情况，将装入模块装入到内存的适当位置，地址的转换过程在程序装入时一次完成，以后不再改变。

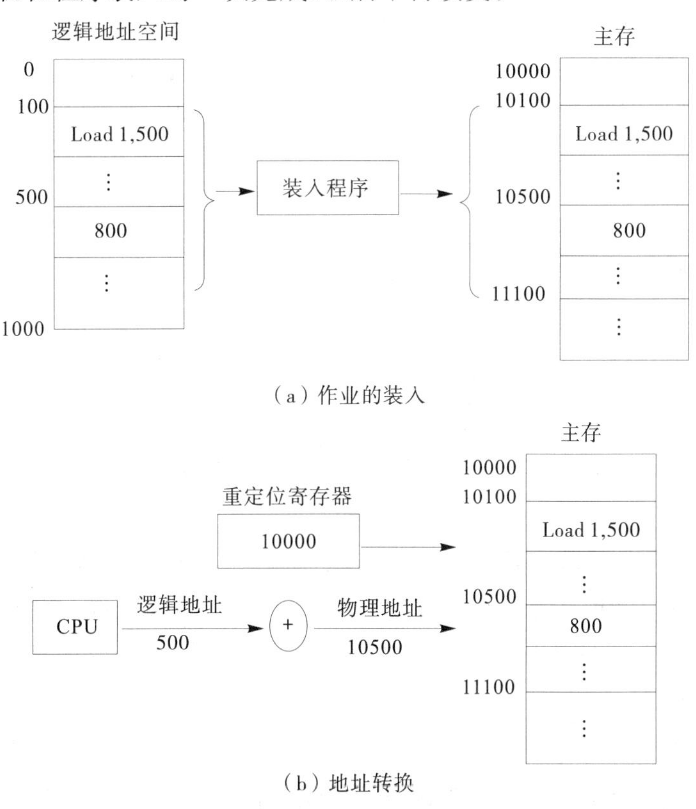

图 5-2　地址重定位

③在动态重定位装入方式中，逻辑地址转换成物理地址的过程推迟到程序真正执行时发生。静态重定位装入方式可将装入模块装入到内存中任何允许的位置，故可用于多道程序环境；但这种方式并不允许程序运行时在内存中移动位置。

因为程序在内存中的移动，意味着它的物理位置发生了变化，这时必须对程序和数据的绝对地址进行修改后方能运行。然而，实际情况是，在运行过程中它在内存中的位置可能经常要改变，此时就应采用动态运行时装入的方式。具体重定位过程如图 5-2 所示。

5.1.5 存储管理方式的分类

根据为进程分配内存空间是否呈现连续性，将存储管理方式分为连续分配方式和离散分配方式。其中，连续分配方式又可分为单一连续分配和分区分配。为方便分配空间的利用，可将分区分配分为固定分区分配和可变分区分配。离散分配方式有分页存储管理方式、分段存储管理方式和段页式存储管理方式。存储管理方式还包括覆盖技术、交换技术和虚拟存储技术，各种存储管理方式的关系如图 5-3 所示。

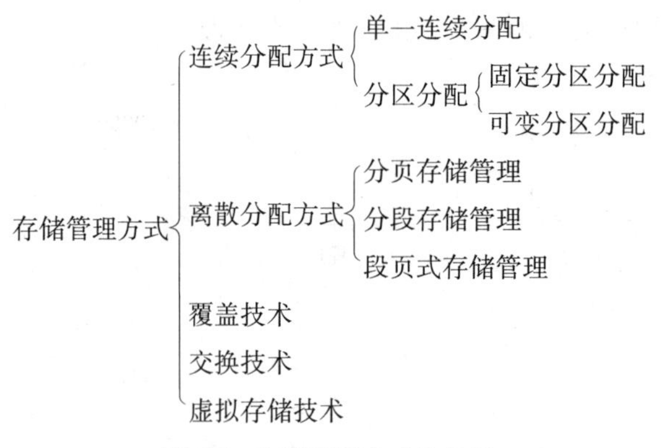

图 5-3 存储管理方式的关系

5.2 连续分配存储管理方式

连续分配存储管理是指把内存中的用户区作为一个连续区域或者分成若干个连续区域进行管理。连续存储管理方式可分为单一连续分配、固定分区分配以及可变分区分配等方式。

5.2.1 单一连续分配

操作系统只占用一部分内存空间，其余的内存空间作为一个连续分区全部分配给一个作业使用，且在任何时刻内存中最多只存有一个作业，这种存储管理方式称为单一连续分配方式。由于单一连续分配的特点，它只能适用于单用户、单任务的操作系统，也是一种最简单的存储管理方式。

采用这种存储管理方式时，可把内存分为系统区和用户区两部分，系统区仅提供给操作系统使用,通常是放在内存的低位地址部分;用户区是指除系统区以外的全部内存空间,提供给用户使用。单一连续存储管理方式适用于单道程序系统。20 世纪 70 年代,由于小型计算机和微型计算机的内存容量有限,这种管理方式曾得到广泛应用。例如,IBM 7094 FORTRAN 监督系统、CP/M 系统、MS-DOS 以及 RT-11 系统等均采用单一连续存储管理方式。但是采用这种管理方式存在以下缺点:

①CPU 利用率比较低。当正在执行的作业出现某个等待事件时,CPU 便处于空闲状态。

②存储器得不到充分利用。不管用户作业的程序和数据量有多少,都是一个作业独占内存的用户区。

③计算机的外围设备利用率不高。

5.2.2 分区分配

为了适应多道程序设计技术,产生了分区分配的存储管理,它把内存划分成若干个连续的分区,每个作业只占有一个分区。根据分区划分情况,又可分为固定分区分配和可变分区分配。

1. 固定分区分配

固定分区分配是预先把内存中的用户区分割成若干个连续区域,每一个连续区域称为一个分区,每个分区的大小可以相同,也可以不同。但是,一旦分割完成,内存中分区的个数就固定不变,每个分区的大小也固定不变。每个分区可以装入一个作业,不允许一个作业跨分区存储,也不允许多个作业同时存放在同一个分区中。

为了管理各分区的分配和使用情况,系统需要设置一张主存分配表,以说明各分区的分配情况。一个系统中主存分配表的长度固定,由内存中分区的个数所决定。主存分配表由分区号、分区的起始地址、分区的长度及使用状态位组成。当状态标志位为 0 时,表示该分区是空闲分区;当标志位为非 0 时,表示该分区已被占用。如表 5-1 所示,将内存划分为 5 个大小不等的分区,其中 2 号分区与 5 号分区为空闲分区,其余分区被相应作业占用。

表 5-1 固定分区分配表示例

分区号	大小/KB	始址/KB	状态	操作系统内核
1	100	50	J1	50
2	300	150	0	150
3	50	450	J2	450
4	200	500	J3	500
5	150	700	0	700

对于分区大小相等的分配方式，其缺点是缺乏灵活性，即当程序太小时，会造成内存空间的浪费；当程序太大时，一个分区又不足以装入该程序，致使该程序无法运行。为了减少空间的浪费，克服分区大小相等而缺乏灵活性的缺点，常根据实际需要，采用分区大小不等的方式，把内存区划分成多个较小的分区、适量的中等分区及少量的大分区。这样，便可根据程序的大小为之分配适当的分区。

固定分区方式的优点是简单易行，对作业大小可预知的专用系统较实用。缺点是内存利用率低，且作业的大小受分区大小的限制。

2. 可变分区分配

可变分区分配并不是预先将内存中的用户区域划分成若干个固定分区，而是在作业要求装入内存时，根据作业需要的地址空间的大小和当时内存空间的实际使用情况决定是否为该作业分配一个分区。如果有足够的连续空间，则按需要分割一部分空间分区给该作业；否则令其等待。在可变分区存储管理中，内存中分区的大小是可变的，可根据作业的实际需求进行分区的划分；内存中分区的个数是可变的，随着装入内存的作业数量而变化；内存中的空闲分区的个数也随着作业的装入与撤离而发生变化。

可变分区分配的实现，涉及分区分配中的数据结构、分区分配算法、分区的分配、内存回收和紧凑技术。

(1)分区分配中的数据结构

为了实现分区分配，系统中必须配置相应的数据结构，用来作为内存分配与回收的依据。常用的数据结构有以下两种形式：

①空闲分区表。在系统中设置一张空闲分区表，用于记录每个空闲分区的情况。每个空闲分区占一个表目，表目中包括分区序号、分区始址及分区的大小等数据项。

②空闲分区链。为了实现对空闲分区的分配和链接，在每个分区的起始部分，设置一些用于控制分区分配的信息，以及用于链接各分区所用的前向指针；在分区尾部则设置一后向指针，通过前、后向链接指针，可将所有的空闲分区链接成一个双向链，如图 5-4 所示。为了检索方便，在分区尾部重复设置状态位和分区大小表目。当分区被分配出去以后，把状态位由“0”改为“1”，此时，前、后向指针已无意义。

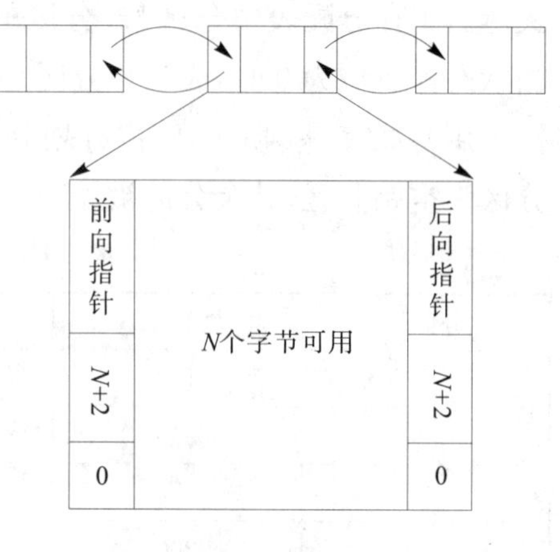

图 5-4 空闲分区链结构

(2)分区分配算法

为了把一个新作业装入内存,须按照一定的分配策略,从空闲分区表或空闲分区链中,选出一分区分配给该作业。不同的分配策略产生的内存碎片不同,空间利用率也不同。目前常用的有以下 4 种分配算法。

①首次适应算法。以空闲分区链为例进行说明。首次适应算法总是顺序查找空闲分区链,选择第一个满足作业地址空间要求的空闲分区进行分割,一部分分配给作业,而剩余部分仍为空闲分区。为了加快查找速度,通常将空闲分区链以地址递增的次序链接。

优点:该算法倾向于优先利用内存中低位地址部分的空闲分区,从而保留了高址部分的大空闲区。这为以后到达的大作业分配大的内存空间创造了条件。

缺点:易产生碎片。低位地址部分不断被划分,会留下许多难以利用的、很小的空闲分区,而每次查找又都是从低位地址部分开始,这无疑会增加查找可用空闲分区时的开销。

②循环首次适应算法。为提高查找满足条件的空闲分区效率,在为进程分配内存空间时,不再是每次都从链首开始查找,而是从上次找到的空闲分区的下一个空闲分区开始查找,直至找到一个能满足要求的空闲分区,从中划出一块与请求大小相等的内存空间分配给作业。该算法实现时,要设置一个查寻指针,用来指示下一次要查寻的空闲分区。对于空闲分区链以循环链表实现循环查找,若用空闲分区表则用(i+1)mod n 方式实现循环。找到满足的空闲分区后,应立即调整起始查寻指针。

优点:内存空闲分区分布均匀,减少查找空闲分区的开销。

缺点:缺乏大的空闲分区。

③最佳适应算法。最佳适应分配算法总是选择一个满足作业地址空间要求的最小空闲分区进行分配,这样每次分配后总能保留下较大的分区,使装入大作业时比较容易获得满足,避免“大材小用”。

在实现过程中,空闲分区按其长度以递增顺序登记在空闲分区表中。这样,系统分配时顺序查找空闲分区表,找到的第一个满足作业空间要求的空闲分区一定是能够满足该作业要求的所有分区中的一个最小分区。采用最佳适应算法,每次分配后分割的剩余空间总是最小的,这样形成的“碎片”非常零散,往往难以再次分配使用,影响内存空间的利用率。

④最差适应算法。与最佳适应算法相反,最差适应算法总是选择一个满足作业地址空间要求的最大空闲分区进行分割,按作业需要的空间大小进行分配给作业使用后,剩余部分的空间不至于太小,仍然可以供系统再次分配使用。这种分配算法对中小型作业是有利的。同样,这样提高查找空闲区的速度,将按空闲区

的大小递减排列，每次找到的第一个空闲区就是要分配的空闲区，若第一个空闲区不满足要求，则所有空闲区都不满足作业的要求。当第一个空闲区分配后将剩下的空闲区插入有序表中，保证表的有序性。

以上 4 种算法各有优缺点。首次适应算法被认为是最好和最快的；而最佳适应算法，虽然它保证装入的作业大小与所选择的空闲区大小最接近，减少了碎片的大小，但是由于每次分配后剩余的碎片太小，难以满足不断到来的大作业对存储空间的分配请求，因而性能最差。表 5-2 给出了 4 种分配算法示例，系统中有 8 个按地址从低到高排列的空闲区，长度分别为：10 KB、4 KB、20 KB、18.5 KB、7 KB、9 KB、12 KB、15 KB，有 4 个作业 J1（12 KB）、J2（10 KB）、J3（15 KB）、J4（18 KB）、J5（12 KB）依次请求使用。

首次适应算法，首先在分区中顺次查找 J1～J5 所需的空间，结果是 2 号分区被 J1 分配 12 KB 空间剩余 8 KB，0 号分区被 J2 占用无剩余，3 号分区被 J3 占用 15 KB剩余 3.5 KB，J4 无法分配空间，6 号分区被 J5 占用无剩余。

循环首次适应算法，结果是 2 号分区被 J1 分配 12 KB 空间剩余 8 KB，3 号分区被 J2 占用 10 KB 剩余 8.5 KB，7 号分区被 J3 占用无剩余，J4 无法分配空间，6 号分区被 J5 占用无剩余。

最佳适应算法，首先按空闲区大小升序排列得到 4＜7＜9＜10＜12＜15＜18.5＜20，分配情况为：6 号分区被 J1 占用无剩余，0 号分区被 J2 占用无剩余，7 号分区被 J3 占用无剩余，3 号分区被 J4 占用剩余 0.5 KB，2 号分区被 J5 占用剩余 8 KB。

最差适应算法，首先按空闲区大小降序排列得到 20＞18.5＞15＞12＞10＞9＞7＞4，分配情况为：2 号分区被 J1 占用剩余 8 KB，3 号分区被 J2 占用 10 KB 剩余 8.5 KB，7 号分区被 J3 占用无剩余，J4 无法分配，6 号分区被 J5 占用无剩余。

表 5-2 可变分区分配算法示例

分区号	大小/ KB	空闲区占用状态			
		首次适应	循环首次	最佳适应	最差适应
0	10	J2	空闲	J2	空闲
1	4	空闲	空闲	空闲	空闲
2	20	J1(剩余 8 KB)	J1(剩余 8 KB)	J5(剩余 8 KB)	J1(剩余 8 KB)
3	18.5	J3(剩余 3.5 KB)	J2(剩余 8.5 KB)	J4(剩余 0.5 KB)	J2(剩余 8.5 KB)
4	7	空闲	空闲	空闲	空闲
5	9	空闲	空闲	空闲	空闲
6	12	J5	J5	J1	J5
7	15	空闲	J3	J3	J3

以上空闲区的分配中，只有最佳适应算法能满足 J4 的请求，但对 3 号分区剩下了0.5 KB的小碎片。

(3)分区的分配

系统为作业或进程分配内存空间时，具体操作过程是：首先，应按照某种分配算法，从空闲分区链(表)中找到所需大小的分区。设请求的分区大小为 u. size，表中每个空闲分区的大小可表示为 m. size。若 m. size－u. size≤size(size 控制碎片的大小，若剩余部分太小，可不再切割)，将该分区从链中移出，整个分区分配给请求者；否则(多余部分超过 size)，从该分区中按请求的大小划分出一块内存空间分配出去，余下的部分仍留在空闲分区链(表)中。然后，将分配区的首址返回给调用者。具体分配过程如图 5-5 所示。

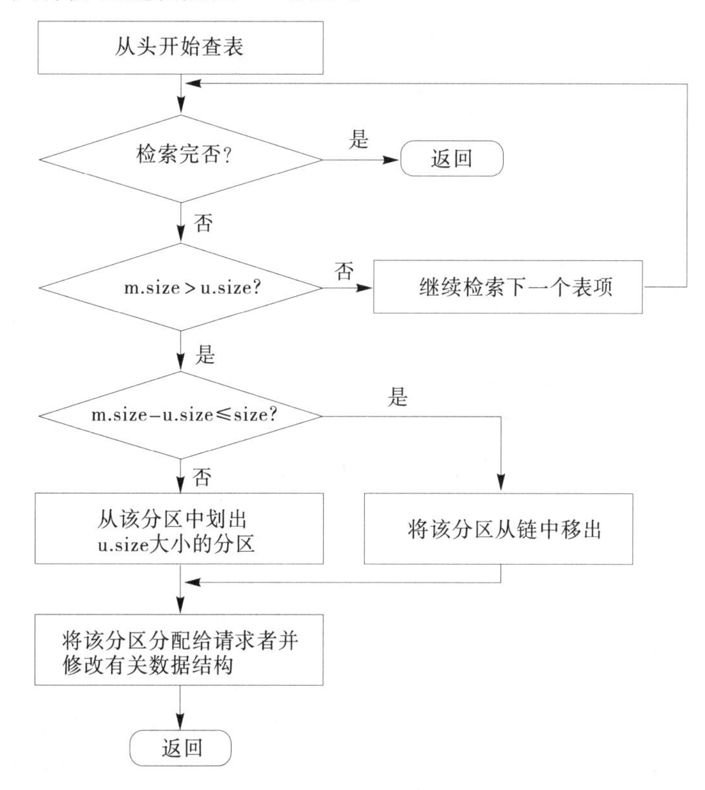

图 5-5　内存分配流程图

(4)内存回收

进程运行结束后，要回收内存空间，以便满足其他进程对空闲空间的请求，充分利用内存资源。由于需一定的空间来记录空闲区的信息，每个空闲区的信息所占空间大小趋于常数，所以在内存回收时，应尽量减少空闲区的个数。回收空间时应检查是否存在与回收区相邻的空闲分区，如果存在，则将其合并成为一个新的空闲分区进行登记管理。空闲区回收时，可能存在以下 4 种情况：

①回收区上有空闲区 F1 相邻接，见图 5-6(a)。此时应将回收区与上一空闲分区合并，不必为回收分区分配新表项，只需修改其前一空闲分区 F1 的大小。

②回收分区下有空闲区 F2 相邻接，见图 5-6(b)。此时也可将两分区合并，形

成新的空闲分区，但用回收区的首址作为新空闲区的首址，大小为两者之和。

③回收区上、下同时有 2 个空闲分区邻接，见图 5-6(c)。此时将 3 个分区合并，使用 F1 的表项和 F1 的首址，消除 F2 的表项，大小为三者之和。

④回收区上、下无相邻的空闲区，见图 5-6(d)。这时应为回收区单独建立一新表项，填写回收区的首址和大小，并根据其首址插入到空闲链中的适当位置。

上述 4 种情况中，第①、②两种情况回收前后空闲区数目未变，第③种情况回收后比回收前空闲区数目减少 1 个，第④种情况回收后比回收前空闲区数目增加 1 个。相邻空闲区的合并可有效减少空闲区的数目。

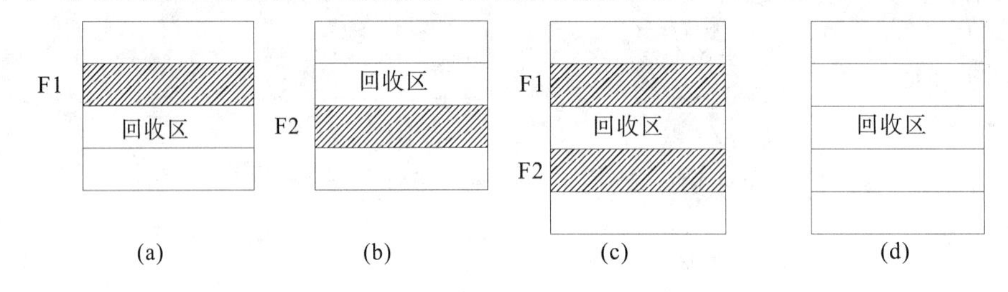

图 5-6　内存回收情况图

(5)紧凑技术

采用分区管理方式管理内存的分配，难免产生一些碎片。当有一个稍大的作业或进程请求空间，实际内存中空闲区的总空间往往能够满足大作业的请求，但这些小空闲区并不连续，所以无法分配给大作业。

为了解决碎片问题，可采用一种紧凑技术，将内存中多个小的空闲区拼接成一块大的空闲区，从而满足大作业的要求。设内存中现有 4 个互不邻接的小分区，它们的容量分别为 10 KB、5 KB、20 KB 和 25 KB，其总容量是 60 KB。但如果现在有一作业到达，要求获得 30 KB 的内存空间，由于必须为它分配一连续空间，故此作业无法装入。这种不能被利用的小分区称为“零头”或“碎片”。现采用紧凑技术后，将所有小的空闲区拼接成一个大的 60 KB 空闲区，分配 30 KB 空间后剩余 30 KB 作为新的空闲分区，具体过程如图 5-7 所示。

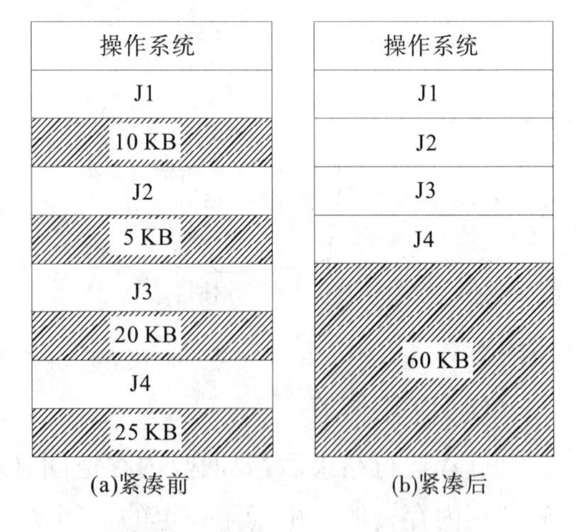

图 5-7　紧凑过程示例示意图

显然，紧凑技术可以充分利用碎片，但要花大量的时间去移动相关程序或数据，所以一般不轻易使用。除非当系统收到进程请求空间的命令后，空闲区不能够满足要求且空闲区总空间又大于请求空间的大小时，才进行一次紧凑。

5.3　覆盖技术与交换技术

单一连续分配与分区分配管理方式，都要求一作业必须分配连续空间，且作业不可跨区存放，导致存储空间的浪费。当作业运行时，系统要将全部信息装入内存且一直驻留内存，直到运行结束。在实际应用中，有很多作业往往占用很大空间，内存无法满足其需求。采用扩充内存的方法，虽然能够解决问题，但毕竟内存较昂贵，所以不是一种理想的办法。如何在不扩充实际内存的基础上，利用较小的内存空间运行较大的作业呢？覆盖与交换技术可以解决此类问题，它们实质上是对内存进行逻辑上的扩充。

5.3.1　覆盖技术

所谓"覆盖"，是指同一内存区可以被不同的程序段重复使用。通常一个作业由若干个功能上相互独立的程序段组成，调度作业时，某段时间内也只用到其中的几个段。这样，可以使那些不会同时执行的程序段共用同一个内存区。覆盖管理由系统实施，用户只需提供一个明确的覆盖结构。覆盖结构指的是满足"没有直接或间接调用与被调用关系的程序段"条件的模块间关系。

覆盖基本原理可用图 5-8 的示例阐述。一作业 J 由 A、B、C、D、E、F 6 个段(以下称模块)组成。根据覆盖结构原理可知，模块 A 是主调模块，与 B、C、D、E、F 均有直接或间接关系，所以模块 A 不可和其他模块共享主存空间。B、C 可共用一块内存空间，D、E、F 也可共用一块，因为它们均无直接或间接调用的关系。这样采用覆盖技术后，要运行作业 J，A 需 20 KB，B 与 C 中挑选较大的一块 50 KB(若选 30 KB，则 B 无法装入)，D、E 与 F 共享一块需 40 KB，总共需 20 KB+50 KB+40 KB=110 KB 空间。若不采用覆盖技术，则需 A、B、C、D、E、F 的大小总和，即 20 KB+50 KB+30 KB+30 KB+20 KB+40 KB=190 KB 空间。说明采用覆盖技术后，可以利用小内存运行大作业。当然，对于同一作业不同模块结构，采用覆盖技术节省空间的方案并不是唯一的，因为同一覆盖结构图中可能存在着多种覆盖方法，图 5-8 的另一种方案最小可用 100 KB 空间运行作业 J，读者可亲试一下。

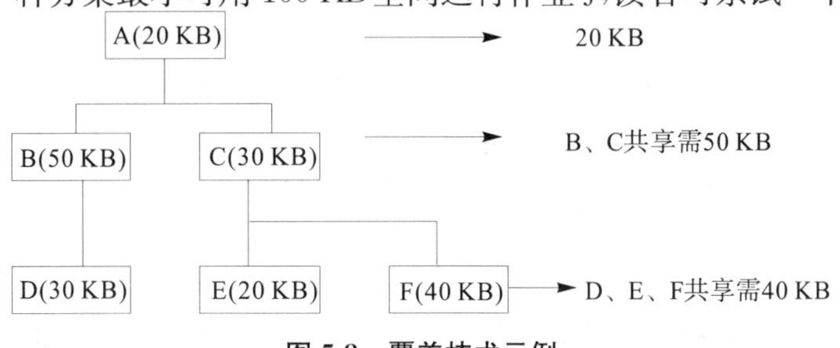

图 5-8　覆盖技术示例

覆盖技术打破了必须将一个作业的全部信息装入内存后才能运行的限制，在一定程度上解决了小内存运行大作业的难题。但覆盖技术也存在如下的缺点：编程时必须划分程序模块和确定程序模块之间的覆盖关系，增加编程复杂度；从外存装入覆盖文件，是以时间延长来换取空间节省。

5.3.2 交换技术

在多道程序环境下，在内存中的部分进程可能处于阻塞状态无法运行，但又占有大量内存空间，在外存中的某些等待作业又急需调入内存，却因无内存而不能进入内存运行。显然这对系统资源是一种严重的浪费，且易使系统吞吐量下降。为了解决这一问题，在系统中又出现了交换（也称对换）技术。

所谓“交换”，是指把内存中暂时不能运行的进程或者暂时不用的程序和数据调出到外存上，腾出足够的内存空间，再把已具备运行条件的进程或进程所需要的程序和数据调入内存。交换是提高内存利用率的有效措施，该技术已被广泛地应用于操作系统中。

在具有交换功能的操作系统中，通常把外存分为文件区和对换区。由于通常的文件都是较长久地驻留在外存上，故对文件区管理的主要目标，是提高文件存储空间的利用率，一般采取的是离散分配方式。然而，进程在交换区中驻留的时间是短暂的，交换操作又较频繁，故对交换空间管理的主要目标，是提高进程换入和换出的速度，一般采取的是连续分配方式，较少考虑外存中的碎片问题。

每当一进程由于创建子进程而需要更多的内存空间，但又无足够的内存空间等情况发生时，系统应将处于阻塞状态且优先级最低的进程换出。与此同时，系统应定时地查看所有进程的状态，从中找出“就绪”状态但已换出的进程，将其中换出时间最久（换出到磁盘上）的进程作为换入进程，将其换入，直至已无可换出或可换入的进程为止。

同覆盖技术一样，交换技术也是利用外存进行逻辑地扩充内存，且往往比覆盖技术更节省空间。交换技术可以增加并发运行的程序数目，并且给用户提供适当的响应时间，编写程序时不影响程序结构。但是对换出和换入的控制会增加处理机开销，程序整个地址空间都进行传送，没有考虑执行过程中地址访问的统计特性。

5.4 分页存储管理方式

连续分配方式可能会产生很多难以利用的内存碎片，且对于分区式分配又不允许一个作业跨区存储，虽然通过紧凑技术可以利用这些碎片，但必须以时间开销为代价。为了减少碎片,提高内存空间的利用率,可以采用分页存储管理技术,将一个进程直接分散地装入到许多不相邻接的分区中,则无须再进行“紧凑”。

5.4.1 工作原理和页表

1. 工作原理

分页式存储管理是把内存划分成大小相等的若干区域,每个区域称为“物理块”或“页框”,并对它们加以顺序编号,如0#块、1#块等。与此对应,用户程序的逻辑地址空间也划分为若干个大小相等的区域,每个区域称为“页面”或“页”,页面的大小与物理块的大小相同。在为进程分配内存时,以块为单位将进程中的若干个页分别装入到多个物理块中,这些物理块可以相邻也可以不相邻。由于进程的最后一页经常装不满一块而形成的不可利用的碎片,称为“页内碎片”。

在分页系统中页面的大小是由计算机的地址结构所决定的,对于一特定的计算机只能采用一种大小的页面。页面若较小,虽然可使内存碎片减小,减少内存碎片的总空间,提高内存利用率,但是也会使每个进程占用较多的页面,从而导致进程的页表过长,占用大量内存空间。此外,还会降低页面换进换出的效率。如果页面较大,虽然可以减少页表的长度,提高页面换进换出的速度,但却又会使页内碎片增大,浪费空间。因此,页面的大小应选择适中,且为2的幂次方(通常为512 B~8 KB)。

2. 页表

在分页系统中,允许将进程的各个页离散地存储在内存的不同物理块中,但系统应能保证进程的正确运行,即能在内存中找到每个页面所对应的物理块。为此,系统又为每个进程建立了一张页面映像表,简称“页表”。在进程地址空间内的所有页,依次在页表中有一页表项,其中记录了相应页在内存中对应的物理块号,如表5-3所示。

表5-3 页表

页号	块号
0	2
1	6
2	4
3	5
4	8
⋮	⋮

5.4.2 动态地址变换

1. 地址结构

在分页系统中，逻辑地址与物理地址都分解成两部分。物理地址分解为块号、块内位移量（或称块内地址），其中高位部分存放块号信息并记为 f，低位部分记录块内地址并记为 d；同理，逻辑地址也分成两部分，高位部分记录页号信息记为 p，低位部分描述页内位移信息记为 d。逻辑地址结构如图 5-9 所示，由于物理块的大小与页的大小相等，所以物理地址结构块内地址与页内位移量结构也相同。

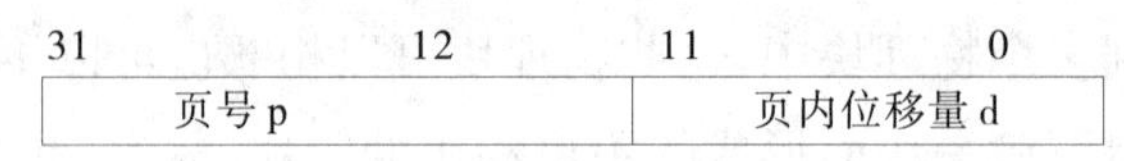

图 5-9 分页系统中的逻辑地址结构

对于某一特定的机器，其地址结构是一定的。若给定一个逻辑地址空间中的地址为 A，页面的大小为 L，则页号 p 和页内地址 d 可按下式求得：

$$p = \text{int}[A/L]$$

$$d = A \bmod L$$

同理，若知道一指令或数据存在内存的块号 d1 及块内地址 p1，也可计算出该指令或数据所在的物理地址为 L * d1 + p1（由于块的大小与页的大小相等）。

其中，int 为取整函数，mod 为取余函数。基于图 5-9 描述的系统逻辑地址结构可知，页号占 20 位，页内位移量占 12 位（每页的大小为 2^{12} B，即 4 KB），地址空间最多允许有 1 M 页。若逻辑地址 A=2260 B，则由上式求得 p=2，d=212。

2. 地址变换

程序执行时，均需将外存中的数据的逻辑地址变换为内存空间中的物理地址，因此系统中必须设置地址变换机构。该机构的基本任务是实现从逻辑地址到物理地址的转换。由于物理块的大小与页的大小相等，所以页内地址和物理地址是一一对应的。例如，对于页面大小是 1 KB 的页内地址是 0～1023，其相应的物理块内的地址也是 0～1023，无须再进行转换。这样，地址转换的过程实质就是如何将逻辑地址中的页号转换为内存中的物理块号。又因页表里记录了页号与物理块号的对应关系，因此，地址变换任务是借助于页表来完成的。

为了加快地址的转换速度，通常将页表的大部分内容驻留在内存中，以便调用。由于寄存器具有较高的访问速度，为了更进一步提高地址变换的速度，通常将部分页表内容存储在寄存器中（这些页表项不可能都用寄存器来实现，因为寄存器很昂贵）。系统中只设置一个页表寄存器 PTR（Page-Table Register），用于存放页表在内存的始址和页表的长度。进程未执行时，页表的始址和页表的长度存放在本进程的 PCB 中。当调度程序调度到某进程时，才将这两个数据装入页表寄存器中。因此，在单处理机环境下，虽然系统中可以运行多个进程，但只需一个页表寄存器。

当进程要访问某个逻辑地址中的数据时，分页地址变换机构会自动地将逻辑地址分为页号和页内地址两部分，再以页号为索引去检索页表(查找操作由硬件执行)。在执行检索之前，先将页号与页表长度进行比较，如果页号大于或等于页表长度，则表示本次所访问的地址已超越进程的地址空间。于是，这一错误将被系统发现并产生一地址越界中断。若未出现越界错误，则将页表始址与页号和页表项长度的乘积相加，得到该表项在页表中的位置，从而得到该页的物理块号，将之装入物理地址寄存器中。与此同时，再将逻辑地址寄存器中的页内地址送入物理地址寄存器的块内地址字段中。这样便完成了从逻辑地址到物理地址的变换。图 5-10 给出了分页系统的地址变换机构。

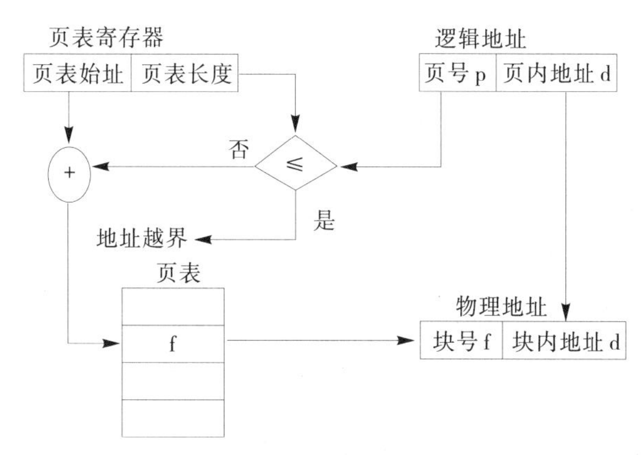

图 5-10 分页系统的地址变换机构示意图

5.4.3 快表

由于页表是存放在内存中的，程序中的每条指令或数据均以逻辑地址形式存储在外存中，所以，CPU 在每存取一个数据时，都要两次访问内存。第一次是访问内存中的页表，从中找到指定页的物理块号，再将块号与页内偏移量组合形成物理地址。第二次访问内存时，才是从第一次所得地址中获得所需数据(或向此地址中写入数据)。因此，采用这种方式将使执行指令的速度降低一半。通常在地址变换机构中增设一个具有并行查找能力的小容量高速缓冲寄存器，又称“联想寄存器”。高速缓冲寄存器可存放页表的一部分，存放在高速缓冲寄存器中的这部分页表称为“快表”。

快表的查找速度极快，但成本很高，所以一般容量非常小，通常只存放 16～512 个页表项。如果快表中包含了最近常用的页表信息，则可实现快速查找，提高指令执行速度的目的。程序的执行往往具有局部性特征，据统计，从快表中直接查找到所需页表项的概率可达 90%以上。此时的地址变换过程是：在 CPU 给出逻辑地址后，由地址变换机构自动地将页号 p 与快表中的所有页号进行比较，若其中有与此相匹配的页号，便表示所要访问的页表项在快表中。于是，可直接从快表中读出该页所对应的物理块号，并送到物理地址寄存器中。如在块表中未找到对应的页表项，则还须再访问内存中的页表，找到后，把从页表项中读出的物理块号送地址寄存器；同时，再将此页表项存入快表的一个寄存器单元中，亦即，重新修改快表。如果快表已满，则操作系统按照一定策略淘汰一个老的且已被认为不再需要的页表项，将它换出。采用快表后，指令执行速度大大加快，过程如图 5-11 所示。

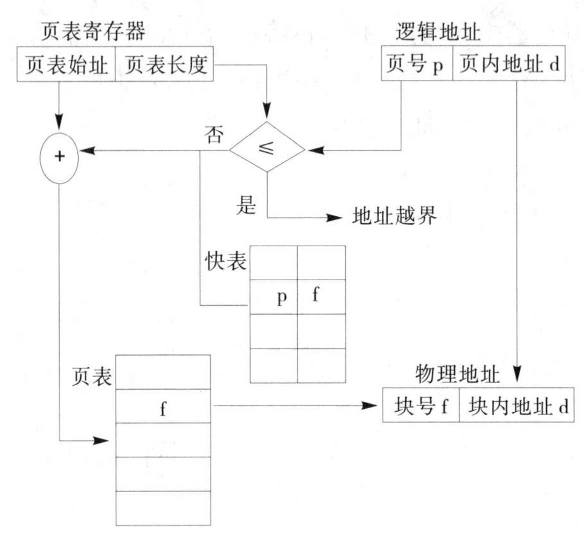

图 5-11　利用快表的地址变换机构示意图

5.4.4　两级与多级页表

现代的大多数计算机系统，都支持非常大的逻辑地址空间，在这样的环境下，页表就变得非常大，要为页表分配相当大的连续内存空间十分困难。例如，对于一个具有 32 位逻辑地址空间的分页系统，规定页面大小为 2^{12} B，即 4 KB，则在每个进程页表中的页表项可达 1 M 个。又因为每个页表项占用一个字节，故对每个进程来说，仅其页表就要占用 1 MB 的内存空间，且要求该空间是连续的。显然这是不现实的，可以采用下述方法来解决这一问题：

①采用离散分配方式来解决难以找到一块连续的大内存空间的问题。

②只将当前需要的部分页表项调入内存，其余的页表项仍驻留在磁盘上，需要时再调入。

1. 两级页表

为解决上述第①个问题，将大的页表分页存放，并将各个页表页分别存放在内存的离散空间中，此时就必须为离散分配的页表再建立一张页表，称为“外层页表”，在每个页表项中记录页表页面的物理块号，形成了两级页表。两级页表的逻辑地址结构由外层页号 p1、外层页内地址 p2、页内位移量 d 组成，具体结构如图 5-12 所示。

31　　　22	21　　　　　12	11　　　　　0
外层页号 p1	外层页内地址p2	页内位移量 d

图 5-12　两级页表地址结构

下面仍以前面的 32 位逻辑地址空间为例来说明。当页面大小为 4 KB 时，若采用一级页表结构，应具有 2^{20} 个页号，即页表项应有 1 M，所以页表需 1 MB 的连续内存空间(由于每个页表项占 1 字节)；在采用两级页表结构时，再对页表进行分页，使每页中包含 2^{10}(即 1024)个页表项，需 1 KB 连续内存空间，最多允许有 2^{10} 个页表分页，或者说，外层页表中的外层页内地址 p2 为 10 位，外层页号 p1 也为 10 位。

采用两级页表结构存储，同样需进行地址的转换。两级页表结构如图 5-13 所示，可利用外层页表和页表来实现地址转换。

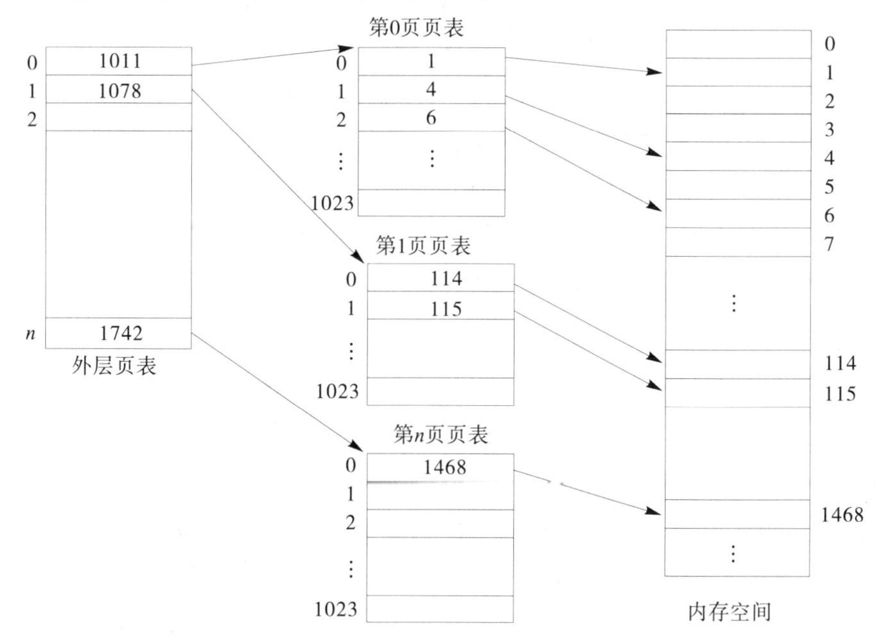

图 5-13　两级页表结构图

为了加快地址的转换速度，在地址变换机构中同样需要增设一个外层页表寄存器，用于存放外层页表的始址，利用逻辑地址中的外层页号作为外层页表的索引，找到指定页表分页的始址，再利用 p2 作为指定页表分页的索引，找到指定的页表项。其中含有该页在内存的物理块号，用该块号和页内地址 d 即可构成访问的内存物理地址。两级页表地址变换机构如图 5-14 所示。

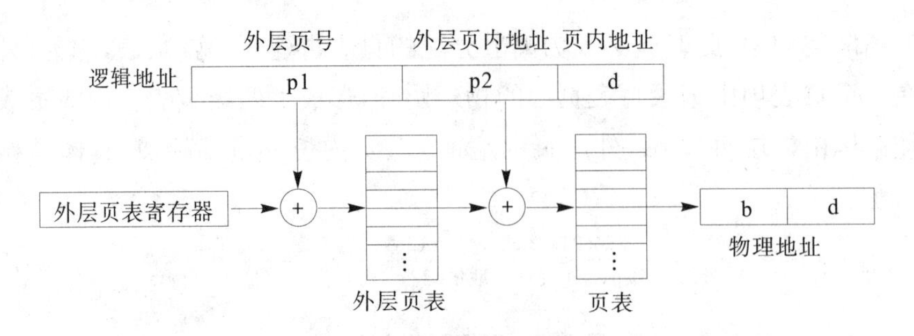

图 5-14 两级页表的地址变换机构

设某系统采用两级页表管理方式，若页内地址占 L1 位，外部页内地址占 L2 位，逻辑地址为 A，则外部页号 p1、外部页内地址 p2 及页内地址公式如下：

$$p1=\mathrm{int}\left[\frac{A}{2^{L1+L2}}\right],p2=\mathrm{int}\left[\frac{A \bmod 2^{L1+L2}}{2^{L1}}\right],d=A \bmod 2^{L1}$$

上述对页表实行离散分配的方法，虽然解决了对大页表无需大片存储空间的问题，但并未解决用较少的内存空间去存放大页表的问题。换言之，只用离散分配空间的办法并未减少页表所占用的内存空间。解决方法是把当前需要的一批页表项调入内存，以后再根据需要陆续调入。在采用两级页表结构的情况下，对于正在运行的进程，必须将其外层页表调入内存，而对页表则只需调入一页或几页。为了表示某页的页表是否已经调入内存，还应在外层页表项中增设一个状态位 S，其值若为 0，表示该页表分页尚未调入内存；否则，说明其分页已在内存中。进程运行时，地址变换机构根据逻辑地址中的 p1，去查找外层页表；若所找到的页表项中的状态位为 0，则产生一中断信号，请求操作系统将该页表分页调入内存。关于请求调页的详细情况，将在“虚拟存储器”一章中介绍。

2. 多级页表

若外层页表仍十分庞大，则可再将外层页表进行分页存储，并离散地存储到内存中，再利用第二级的外层页表来映射它们之间的关系，这样可形成三级页表。依此类推，可以形成 N 级页表。

在使用两级页表的分页系统中，每次访问一个数据或指令需访问 3 次内存，第一次是外层页号对应的外层页表中的物理块号，第二次是外部页内地址对应的页表中的物理块号，第三次才是真正访问的指令或数据所在的物理地址。同理，对于 N 级页表，至少需 $N+1$ 次访问内存方可访问到实际的数据。

5.5 分段存储管理方式

存储管理方式从单一连续分配方式到分区分配方式，再到分页分配方式，其发展变化都是以提高内存利用率为目的。随着硬件技术的飞速发展，资源使用的有效性已不再是重点，人们看重的是如何方便用户使用。分段存储管理方式可以更好地满足这方面的需求，其引入的真正目的具体表现在以下几个方面：

①方便编程。通常，用户把自己的作业按照逻辑关系划分为若干个段，每个段有相对完整的信息，都是从0开始编址，并有自己的名字和长度。

②信息共享。在实现对程序和数据的共享时，是以信息的逻辑单位为基础的，而段就是信息的逻辑单位。

③信息保护。信息保护同样是对信息的逻辑单位进行保护，因此，分段管理方式能更有效和方便地实现信息保护功能。

④动态增长。在实际应用中，往往有些段，特别是数据段，在使用过程中会不断地增长，而事先又无法确切地知道数据段会增长到多长，分段存储管理方式却能较好地解决这一问题。

⑤动态链接。动态链接是指在作业运行之前，并不把几个目标程序段链接起来。在运行时，先将主程序所对应的目标程序装入内存并启动运行，当运行过程中又需要调用某段时，才将该段(目标程序)调入内存并进行链接。可见，动态链接也要求以段作为管理的单位。

5.5.1 工作原理和段表

1. 工作原理

分段存储管理方式主要是方便用户编程，用户按作业的需求，将作业分成若干个段，每个段有自己的段名，常见的段的类型有程序段、数据段、子程序段及栈段等。每个段都从0开始编址，有段长控制访问范围，段的内部地址是连续的，段与段间地址可以不连续。在访问指令时，首先查找该段的起始地址，然后根据段长确定要访问的连续空间。

2. 段表

在动态分区分配方式中，需为整个进程分配一个连续的内存空间进行存储。而在分段式存储管理系统中，则是为每个分段分配一个连续的分区，进程中的各个段可以离散地移入内存不同的分区中。为使程序能正常运行，需要将在内存中离散存储的各个段串在一起。为方便各个段的查找，在系统中为每个进程建立一张段映射表，简称“段表”。每个段在表中占有一个表项，记录该段在内存中的起始地址(又称为“基址”)和段的长度，如图5-15所示。为了提高地址转换速度，可以将段表存放在一组寄存器中。进程在执行时，CPU可通过段表找到各段在内存中的位置，由此可见，段表反映了逻辑地址到物理内存的映射关系。

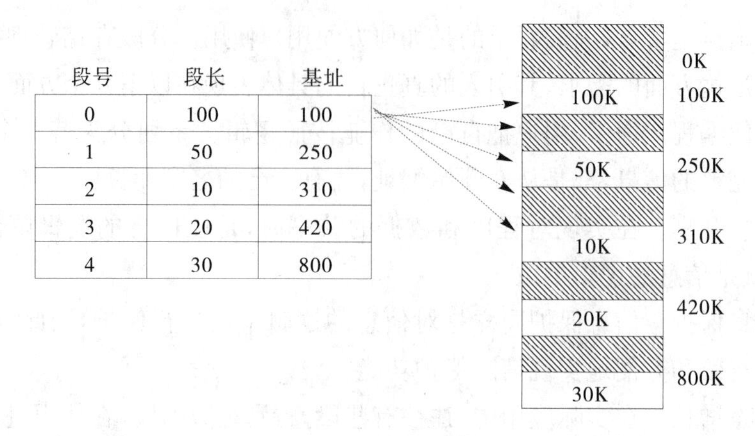

段号	段长	基址
0	100	100
1	50	250
2	10	310
3	20	420
4	30	800

图 5-15　段表示意图

5.5.2　动态地址变换

1. 地址结构

在分段存储管理系统中，逻辑地址分为段号和段内地址。地址的高位部分表示段号信息，低位部分表示段内地址。以图 5-16 为例，共 32 位的逻辑地址结构，用 22 位表示段内地址，10 位表示段号，说明共有 2^{10}（即 1K）个段，每个段的最大长度为 2^{22} B（即 4 MB），一个作业的最大长度就是 $2^{10} \times 2^{22}$ B（即 4 GB）。

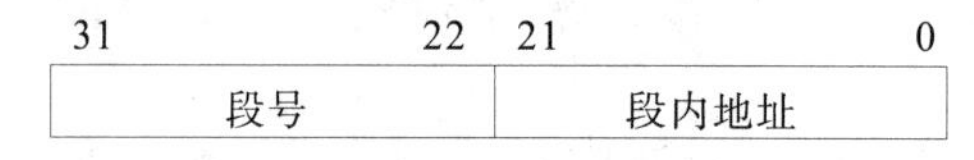

图 5-16　段的地址结构图

2. 地址变换

为了实现从进程的逻辑地址到物理地址的变换功能，在系统中设置了段表寄存器，用于存放段表始址和段表长度。在进行地址变换时，首先系统将逻辑地址中的段号与段表长度进行比较。若段号大于或等于段表长度（段号通常从 0 开始编号），表示段号太大，则访问越界，于是产生越界中断信号；若未超过，则根据段表的始址和该段的段号，计算出该段对应段表项的位置，从中读出该段在内存的始址。然后，再检查段内地址是否超过该段的段长。若超过，同样发出越界中断信号；若未超过，则将该段的基址与段内地址相加，即可得到要访问的内存物理地址。地址变换过程如图 5-17 所示。

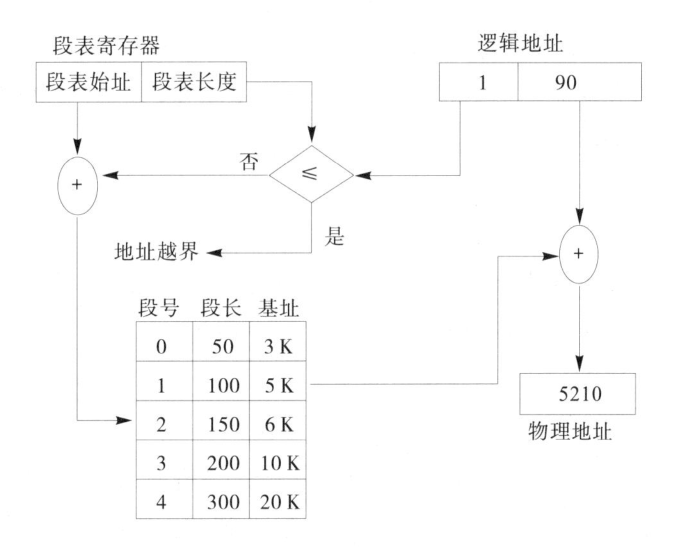

图 5-17 分段系统中的地址变换过程

与分页系统一样，段表也存储在内存中，取得一条指令或数据至少需两次访问内存。第一次是访问段表信息，第二次才是访问内存具体数据。为提高地址变换速度，同样可以在分段系统中设置联想寄存器，根据访问内容局部性特征，存储最近常用的段表项。

5.5.3 存储保护

现代操作系统中主存由多个用户程序共享。为了保证多个应用程序之间互不影响，必须确保每个程序只能在给定的存储区域内活动，称这种措施为“存储保护”。存储保护在采用连续分配方式管理或分段存储管理技术的系统中容易实现，因为被保护的对象是一个程序或一个程序的逻辑分段，但在页式系统中，由于页的划分是物理的分割，没有逻辑整体含义，所以存储保护效果不理想。

存储保护的目的是防止用户程序间的互相干扰。为防止相互影响，需采取一些隔离性措施，通常的保护方式有越界保护、越权保护两种。

①越界保护。越界保护是存储保护的一种手段。一种方法是硬件为分给应用程序的每一个连续的主存空间设置上、下界寄存器，由它们分别指向该存储空间的上、下界；另一种方法是采用基址、限长寄存器，基址寄存器存放的是当前正在执行的进程的地址空间所占分区的起始地址，限长寄存器存放的是该地址空间的长度。将进程运行时所产生的逻辑地址和限长寄存器的内容相比较，如超过限长，则发出越界中断信号。这种保护方案对于保护存储一组逻辑意义完整的分段的主存区域是十分有效的。

②越权保护。越权保护是对属于自己区域的信息，可读可写，对公共区域中允许共享的信息或获得授权可使用的信息，可读而不可修改；对未获授权使用的

信息不可读、不可写，只能执行；有的甚至禁止做任何操作。允许一个程序从主存块中接收数据的只读保护与只执行保护之间的主要差别是共享数据和共享过程之间的不同。完全读/写保护是大多操作系统进程所要求的。

5.5.4 分页与分段的主要区别

分页和分段系统有许多相似之处，比如，两者都采用离散分配方式，且都要通过地址映射机构来实现地址变换。但在概念上两者完全不同，主要表现在以下3个方面：

①页是信息的物理单位。分页是为实现离散分配方式，以消减内存的外零头，提高内存的利用率。或者说，分页仅仅是由于系统管理的需要而不是用户的需要。段则是信息的逻辑单位，它含有一组意义相对完整的信息。分段的目的是为了能更好地满足用户的需要。

②页的大小固定且由系统决定，由系统把逻辑地址划分为页号和页内地址两部分，是由机器硬件实现的，因此在系统中只能有一种大小的页面；而段的长度决定于用户所编写的程序，通常由编译程序在对源程序进行编译时，根据信息的性质来划分。

③分页的作业地址空间是一维的，即单一的线性地址空间，程序员只需利用一个记忆符，即可表示一个地址；而分段的作业地址空间则是二维的，程序员在标识一个地址时，既需给出段名，又需给出段内地址。

5.6 段页式存储管理方式

分页系统能有效地提高内存利用率，而分段系统则能很好地满足用户需要。如果能对两种存储管理方式“各取所长”，则可以将两者结合成一种新的存储管理方式系统。这种新系统既具有分段系统便于实现、分段可共享、易于保护、可动态链接等一系列的优点，又能像分页系统那样很好地解决内存的外部碎片、以及为各个分段离散地分配内存等问题。这种结合起来形成的新系统称为“段页式系统”。

5.6.1 工作原理

段页式系统的基本原理，是分段和分页原理的结合，即先将用户程序分成若干个段，由于段可能很长，所以再把每个段分成若干个页，并为每一个段赋予一个段名。图5-18给出了一个作业地址空间的结构。在段页式系统中，其地址结构由段号、段内页号和页内地址组成。

段号 s	段内页号 p	页内地址 d

图 5-18　段页式逻辑地址结构

每段分配与其页数相同的内存块，内存块可以连续也可以不连续。系统为每段建立页表，用来记录每页对应的块的信息，同时还为该程序建立段表，记录每段对应的页表，如图 5-19 所示。

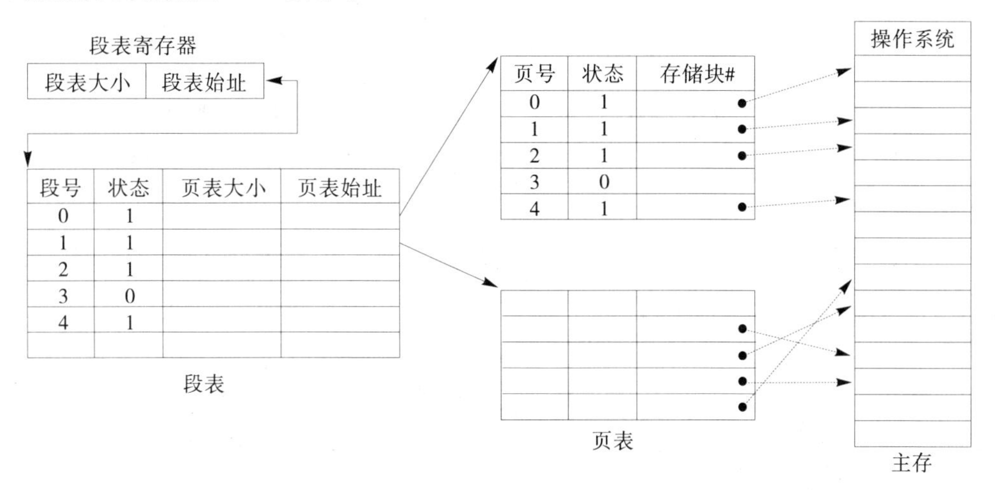

图 5-19　段页式地址映射

5.6.2　地址变换

在段页式系统中，为了便于实现地址变换，须配置一个段表寄存器，其中存放段表始址和段表长度。进行地址变换时，首先利用段号 s 与段表长度进行比较。若段号小于段表长度，表示未越界，于是利用段表始址和段号来求出该段所对应的段表项在段表中的位置，从中得到该段的页表始址，并利用逻辑地址中的段内页号 p 来获得对应页的页表项位置，从中读出该页所在的物理块号 b，再利用块号 b 和页内地址来构成物理地址。如图 5-20 所示为段页式系统中的地址变换机构。

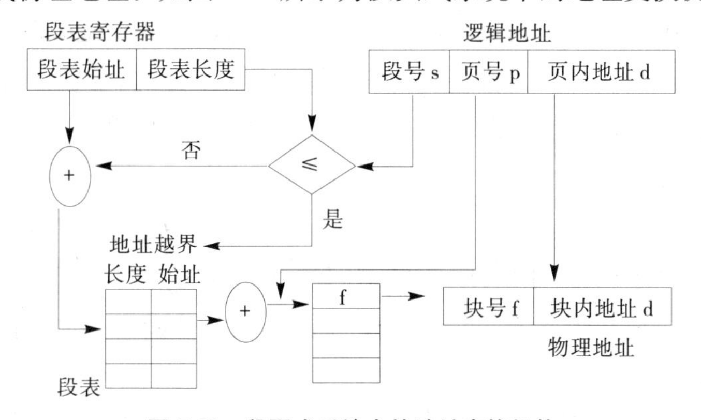

图 5-20　段页式系统中的地址变换机构

在段页式存储管理方式中，执行一条指令需要 3 次访问内存。第一次访问段表，从中得到页表的位置；第二次访问页表，得到该页所对应的物理块号；第三次按照得到的物理地址访问内存。为提高地址变换速度，同样可以和分页存储管理方式、分段存储管理方式一样，设置高速缓冲寄存器，利用段号和页号去检索该寄存器，得到相应的物理块号。

5.7 虚拟存储器

无论是单一连续分配、分区分配还是分页存储管理、分段存储管理方式，都有一共同特点，即需要将作业一次性装入内存。但在多道程序系统中，作业的运行可能会出现以下两种情况：

①若作业很大，其所要求的内存空间超过了内存总容量，作业不能全部被装入内存，致使该作业无法运行。

②有大量作业要求运行，但由于内存容量不足以容纳所有作业，只能将少数作业装入内存让它们先运行，而将其他大量的作业留在外存上等待。

以上两种情况都是因内存不足引起的，为解决这些内存不足的情况，有两种方法：一是从物理上扩充内存，但这无疑增加系统成本，所以此方法受到一定的限制；二是从逻辑上扩充内存，这也是下面要介绍的虚拟存储技术。

5.7.1 概述

1. 局部性原理

前面介绍的几种存储管理方式中，要求作业在运行前需一次性地全部装入内存，而正是这一特征导致了上述两种情况的发生。此外，还有许多作业在运行时，不是每次都会用到全部程序和数据。如果一次性地装入其全部程序，也是对内存空间的一种浪费。有时作业装入内存后，便一直驻留在内存中，直至作业运行结束。尽管运行中的进程会因I/O而长期等待，有的程序模块在运行过一次后就不再需要运行，但它们都仍继续占用宝贵的内存资源。这样，严重地降低内存的利用率和系统的吞吐量。程序运行时是否一定要求一次性装入，装入后是否一直要驻留在内存中呢？

经研究发现，程序在执行时呈现出局部性规律，即在一较短的时间内，程序的执行仅局限于某个部分；相应地，它所访问的存储空间也局限于某个区域。因为程序中有很多循环结构及定义的相关数据结构，对指令及数据结构的访问呈现出时间与空间的局限性，具体表现如下：

①时间局限性。如果程序中的某条指令一旦执行，则不久以后该指令可能再次执行；如果某数据被访问过，则不久以后该数据可能再次被访问。产生时间局

限性的典型原因是由于在程序中存在着大量的循环操作。

②空间局限性。一旦程序访问了某个存储单元，在不久之后，其附近的存储单元也将被访问，即程序在一段时间内所访问的地址，可能集中在一定的范围之内，其典型情况便是程序的顺序执行。

2. 虚拟存储器的概念

基于局部性规律，程序运行时没有必要一次性全部装入内存，也无需一块连续空间，部分程序段也无需一直驻留在内存中。否则，会浪费大量的资源，影响系统的吞吐量。换言之，可以将一个程序分多次装入内存，每次装入当前运行所需的部分，体现多次性；在程序执行过程中，可以把当前暂不使用的部分换出内存，待以后需要时再换进内存，将急需的内容从外存换进内存，体现对换性；程序在内存中可分段存储，段间地址无需连续（段内必须连续），体现离散性。通过技术改进后，给用户感觉好像内存空间增加了，实际是一种假象。

所谓“虚拟存储器”，是指仅把作业的一部分装入内存便可运行作业的存储器系统，具有请求调入功能和置换功能，能从逻辑上对内存容量进行扩充的一种存储器系统。将内存中暂时不用的内容调至外存，腾出足够的内存空间后，再将要访问的内容调入内存，使程序继续执行下去。这样，便可使一个大的用户程序能在较小的内存空间中运行；也可在内存中同时装入更多的进程使它们并发执行。从用户角度看，该系统所具有的内存容量，将比实际内存容量大得多，但其容量不是无限增大的，受计算机地址总线结构限制。但须说明，用户所感觉到的大容量只是一种感觉，是虚的，故人们把这样的存储器称为“虚拟存储器”。

虚拟存储器的运行速度接近内存速度，成本又接近于外存。可见，虚拟存储技术是一种性能非常卓越的存储管理技术，已被广泛应用于大、中、小型计算机中。

根据局部性规律可知，虚拟存储器表现的特征有多次性、对换性、虚拟性及离散性。其中，虚拟性是虚拟存储器所表现出来的最重要的特征，也是实现虚拟存储器的最重要的目标。

值得说明的是，虚拟性是以多次性和对换性为基础的，或者说，仅当系统允许将作业多次调入内存，并能将内存中暂时不运行的程序和数据换至外存时，才有可能实现虚拟存储器；而多次性和对换性又必须建立在离散分配的基础上才能实现。

5.7.2 分页虚拟存储管理

1. 基本原理

基于是否呈现虚拟性，分页式系统可分为分页虚拟存储系统和纯分页式系统。不具备对换功能的分页系统称“纯分页式系统”。为了使分页式系统具备虚拟存储器特征，在分页系统的基础上，增加了请求调页功能和页面置换功能。在进程装入内存时，并不是全部装入，而是先装入部分页面，之后根据进程运行时的需要，动态地装入其他页面。当内存空间用完时，要继续进程的运行就需要装入一些新的页面，则选择一种页面置换算法淘汰某个页面，以便腾出空间，装入新的页面。

为了实现分页虚拟存储管理技术，在页表原来的页号、物理块号基础上，又增加了状态位、访问位、修改位等内容。其中状态位表示该页是否已经调入内存，访问位表示该页在内存期间是否被访问过，修改位表示该页在内存中是否被修改过。若未被修改，则在置换该页时无需将该页写回外存，以减少系统的开销和启动磁盘的次数；若被修改，则在置换该页时必须把该页写回到外存，以保证外存中所保留的始终是最新的内容。这几个信息位为完成请求调页功能和页面置换功能提供了保证。

2. 缺页中断机构

在分页虚拟存储系统中，每当所要访问的页面不在内存时，便产生一缺页中断，请求操作系统将所缺之页调入内存。缺页中断作为中断，它们同样需要经历诸如保护CPU环境、分析中断原因、转入缺页中断处理程序进行处理、恢复CPU环境等几个步骤。但缺页中断又是一种特殊的中断，它与一般的中断相比，有着明显的区别，主要表现在下面两个方面：

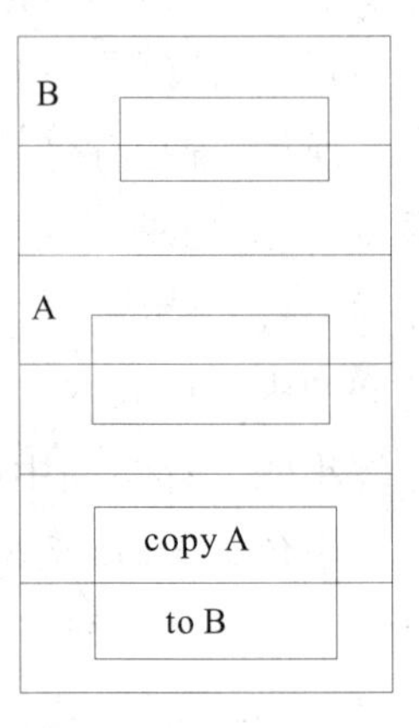

图 5-21 缺页中断示例

①在指令执行期间产生和处理中断信号。通常，CPU都是在一条指令执行完后，才检查是否有中断请求到达。若有，便去响应；否则，继续执行下一条指令。然而，缺页中断是在指令执行期间，发现所要访问的指令或数据不在内存时所产生和处理的。

②一条指令在执行期间，可能产生多次缺页中断。如图 5-21 所示，在执行一条指令 copy A to B 时，可能要产生 6 次缺页中断，其中指令本身跨了 2 个页面，A 和 B 又分别各是一个数据块，也都跨了 2 个页面。基于这些特征，系统中的硬件机构应能保存多次中断时的状态，并保证最后能返回到中断前产生缺页中断的指令处继续执行。

3. 地址变换机构

在请求分页式存储管理中，当作业访问某页时，硬件的地址转换机构首先查找快表。若找到，并且其状态位为 1，则按指定的物理块号进行地址转换，得到其对应的物理地址；若该页的状态位为 0，则由硬件发出一个缺页中断，按照页表中指出的辅存地址，由操作系统将其调入主存，并在页表中填上其分配的物理块号，修改状态位、访问位，对于写指令，置修改位为 1，然后按页表中的物理块号和页内地址形成物理地址，具体的地址变换原理如图 5-22 所示。

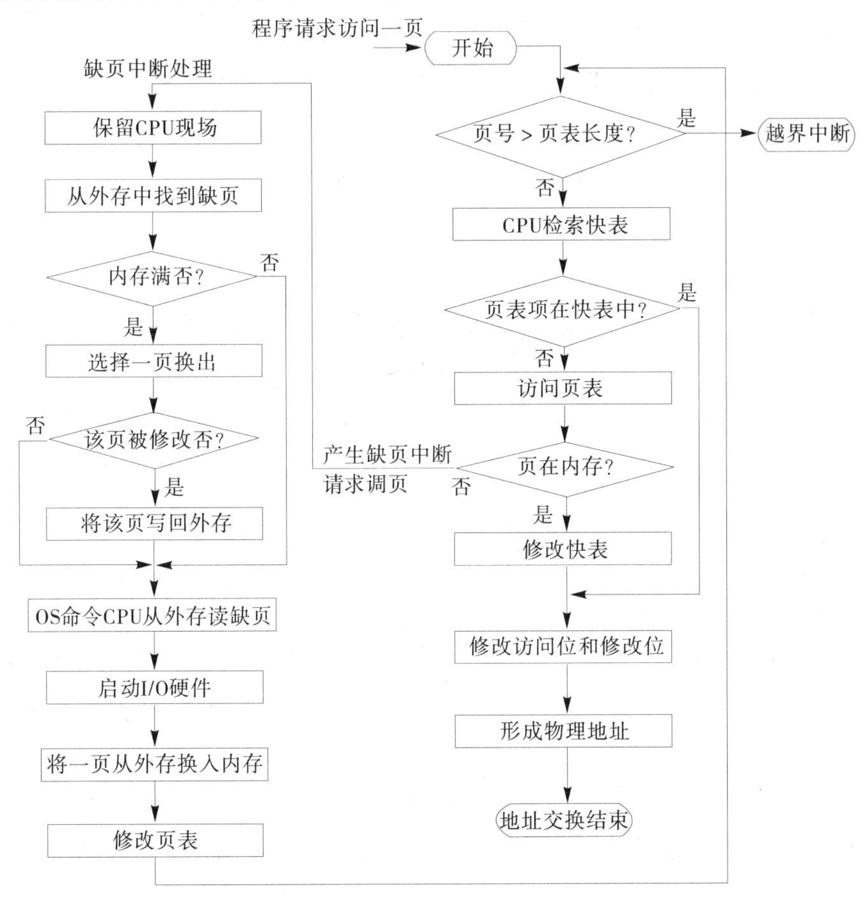

图 5-22 请求分页存储管理的地址变换示意图

4. 内存分配策略和分配算法

进程在运行时要获得相应的内存空间，内存块的多少与该进程运行的效率及时间开销有关，一般涉及 3 个问题：第一，最小物理块数的确定；第二，物理块的分配策略；第三，物理块的分配算法。

(1)最小物理块数的确定

这里所说的“最小物理块数”，是指能保证进程正常运行所需的最小物理块数。当系统为进程分配的物理块数少于此值时，进程将无法运行。进程应获得的最少物理块数与计算机的硬件结构有关，取决于指令的格式、功能和寻址方式。对于某些简单的机器，若是单地址指令且采用直接寻址方式，则所需的最少物理块数为 2。其中，一块用于存放指令的页面，另一块用于存放数据的页面。当该机器允许间接寻址时，即需至少一块缓冲的读取操作共享的空间，则至少要求有 3 个物理块。对于某些功能较强的机器，其指令长度可能是 2 个或多于 2 个字节，因而其指令本身有可能跨 2 个页面，且源地址和目标地址所涉及的区域也都可能跨 2 个页面。正如图 5-21 所示要发生 6 次中断的情况一样，对于这种机器，至少要为每个进程分配 6 个物理块，以装入 6 个页面。

(2)物理块的分配策略

在请求分页系统中，可采取 2 种内存分配策略，即固定分配和可变分配。在进行置换时，也可采取 2 种策略，即全局置换和局部置换。于是可组合出以下 3 种适用的策略。

①固定分配局部置换。固定分配局部置换是指基于进程的类型（交互型或批处理型等），或根据程序员的建议，为每个进程分配一定数目的物理块，在整个运行期间都不再改变。采用该策略时，如果进程在运行中发现缺页，则只能从该进程在内存中占用的 n 个页面中选出一页换出，然后再调入一页，以保证分配给该进程的内存空间不变。实现这种策略的困难在于：难以确定应为每个进程分配的物理块数。若太少，会频繁地出现缺页中断，降低系统的吞吐量；若太多，又必然使内存中驻留的进程数目减少，进而可能造成 CPU 空闲或其他资源空闲，而且在实现进程对换时，会花费更多的时间。

②可变分配全局置换。可变分配全局置换可能是最易于实现的一种物理块分配和置换策略，已用于若干个操作系统中。在采用这种策略时，先为系统中的每个进程分配一定数目的物理块，而操作系统自身保留一个空闲物理块队列。当某进程发现缺页时，由系统从空闲物理块队列中取出一个物理块分配给该进程，并将欲调入的页装入其中。这样，凡产生缺页的进程，都将获得新的物理块。仅当空闲物理块队列中的物理块用完时，操作系统才能从内存中全局范围的物理块中选择一页调出（该页应当是暂且不用的或优先级较低的进程）。

③可变分配局部置换。可变分配局部置换同样是基于进程的类型或根据程序员的要求，为每个进程分配一定数目的物理块，但当某进程发现缺页时，只允许从该进程在内存占有的页面中选出一页换出，这样就不会影响其他进程的运行。如果进程在运行中的缺页率达到一定值，则系统须再为该进程分配若干附加的物理块，直至该进程的缺页率降低到适当程度为止；反之，若一个进程在运行过程中的缺页率特别低，则此时可适当减少分配给该进程的物理块数，但不应引起其缺页率的明显升高。

(3)物理块的分配算法

在采用固定分配策略时，如何将系统中可供分配的所有物理块分配给各个进程，可采用下述几种算法。

①平均分配算法。平均分配算法是将系统中所有可供分配的物理块平均分配给各个进程。例如，当系统中有 200 个物理块，有 10 个进程在运行时，平均每个进程可分得 20 个物理块。这种方式表面上看上去很公平，但实际存在不合理

的地方，因为它未考虑到各进程对内存的需求量。如有一个进程其大小为100页，只分配给它20个内存块，这样，它必然会有很高的缺页率；而另一个进程只有10页，却有10个物理块闲置未用，将造成资源的浪费。

②按比例分配算法。按比例分配算法是根据进程的大小按比例分配物理块的算法。如果系统中共有 n 个进程，每个进程的页面数为 S_i，则系统中各进程页面数的总和 S 为：

$$S=\sum_{i=1}^{n}S_i$$

假定系统中可用的物理块总数为 m，则每个进程所得到的物理块数为 b_i，将有

$$b_i=\frac{S_i}{S}\times m$$

b_i 应该取整，它必须大于最小物理块数。

③考虑优先级的分配算法。上述两种分配方法都没有考虑到进程的优先级，高优先级的进程应当获得多一些的资源。为了能体现高优先级进程的优先程度，可以为其分配较多的物理块，这样该进程运行时，缺页率就会降低。在实际的操作系统中，往往采用优先级分配与按比例分配两种方法的结合，即部分物理块按比例分配，剩下的物理块采用优先级方法，高优先级的进程分得的物理块多一点，低优先级的进程分得的物理块少一点。

5.7.3　页面置换算法

在进程运行过程中，若其所要访问的页面不在内存，则需把它们调入内存，但此时若内存已无空闲空间，为了保证该进程能正常运行，系统必须从内存中调出一页内容到对换区中。但淘汰不同的页面，产生的缺页效果也可能有所不同，这一般要根据系统提供的相关页面置换算法来确定。置换算法的好坏，将直接影响到系统的执行效果。

一个好的页面置换算法，应产生较低的缺页率。从理论上讲，应将那些以后不再会访问的页面换出，或把那些在较长时间内不会再访问的页面调出。目前存在着许多种置换算法，它们都试图以较低缺页率为目标。下面介绍几种常用的置换算法。

1. 最佳置换算法

最佳置换算法（Optimal Replacement Algorithm，OPT）是一种理想化的算法，其所选择的被淘汰页面，是以后不再使用或者是最迟访问的页面，此算法可以保证获得最低的缺页率。由于人们对将来的事很难预料，所以此算法难以实现，但可以作为其他算法性能的衡量标准。举例说明如下：

假定某进程共有 8 页，且系统为之分配了 3 个物理块，并有以下页面调度序列：7、0、1、2、0、3、0、4、2、3、0、3、2、1、2、0、1、7、0、1。进程运行时，内存的物理块均为空，且系统分配 3 个物理块给该进程，所以应先将前 3 个不同的页面 7、0、1 调入内存并产生缺页中断。当进程访问 2 号页面时，必须要从 7、0、1 中选择一个页面淘汰，根据 OPT 方法，从当前点 2 开始向后搜索，搜索 7、0、1 在第几次访问时出现。由图 5-23 得，7 号在第 18 次访问时出现，0 号页为第 5 次，1 号页为第 14 次，显然 7 号页为最迟访问的页面，也即最佳淘汰页面，并用 2 号页代替 7 号页。第 5 次访问的 0 号页，因为 0 号页还在内存，所以不产生缺页中断。同理可得其他页面访问及置换的情况，如图 5-23 所示。可以看出，采用 OPT 算法只发生了 9 次页面置换，缺页率为 45%(缺页率＝缺页次数/访问总次数)，依次淘汰的页面为 7、1、0、4、3、2。

1	2	3	4	5	6	7	8	9	10	11	12	13	14	15	16	17	18	19	20
7	0	1	2	0	3	0	4	2	3	0	3	2	1	2	0	1	7	0	1
7	7	7	2		2		2			2			2				7		
	0	0	0		0		4			0			0				0		
		1	1		3		3			3			1				1		
√	√	√	√		√		√			√			√				√		

图 5-23　OPT 算法示例图

注：图 5-23 中，第 1 行显示的是第几次访问，第 2 行为访问的页面号，第 3、4、5 行显示页面置换情况，第 6 行显示是否产生缺页，若产生缺页则用"√"表示。

2. 先进先出算法

先进先出算法(First In First Out，FIFO)，该置换算法认为，刚被调入的页面在最近的将来被访问的可能性很大，而在主存中驻留时间最长的页面在最近的将来被访问的可能性最小。因此，FIFO 算法总是淘汰最先进入主存的页面，即淘汰在主存中驻留时间最长的页面。

为说明 FIFO 算法的实现，利用一队列来存储访问的页面，队列正好也有先进先出的特点，先进入队列的页面驻留内存的时间长，每次只要将队头的第一个页面调出并在队列中删除此页面号，再将最近调入的页面号插入队列的尾部。

利用同样的例子说明 FIFO 算法的运行过程。先将 7、0、1 三个不同的页面调入内存，当访问页面 2 时，删除队头 7 号页面并将 7 号页调出内存，用 2 号页面代替，同时将 2 号页插入队列的尾部；当第 5 次访问页为 0 号时，发现 0 号页在内存中，所以不产生中断；当第 6 次访问页为 3 号时，删除队头 0 号页并将 0 号页面调出内存，同时将 3 号页插入到队列的尾部。具体执行过程如图 5-24 所示。其中，辅助队列为7,0,1,2,3,0,4,2,3,0,1,2,7,0,1；有下划线的页面串为依次被淘汰的页面，即 7,0,1,2,3,0,4,2,3,0,1,2。总共产生了 15 次缺页中断，缺页率为 75%。

7	0	1	2	0	3	0	4	2	3	0	3	2	1	2	0	1	7	0	1
7	7	7	2		2	2	4	4	4	0			0	0			7	7	7
	0	0	0		3	3	3	2	2	2			1	1			1	0	0
		1	1		1	0	0	0	3	3			3	2			2	2	1
√	√	√	√		√	√	√	√	√	√			√	√			√	√	√

图 5-24　FIFO 算法示例图

FIFO 算法简单，易实现，但效率不高。因为在主存中驻留时间最久的页面未必是将来最长时间不被访问的页面。比如，含有全局变量、常用函数、例程等的页面，淘汰后可能立即又要使用，必须重新调入。

FIFO 算法存在一种异常现象。一般来说，对于任一个作业，系统分配给它的主存物理块数越接近于它所要求的页面数，发生缺页中断的次数会越少。如果一个作业能获得它所要求的全部物理块数，则不会发生缺页中断现象。但是，采用 FIFO 算法给进程分配内存块时，有时会出现这样的反常现象：随着分配的物理块数增多，缺页中断次数反而增加，这种现象称为"Belady 现象"，如图 5-25 所示。

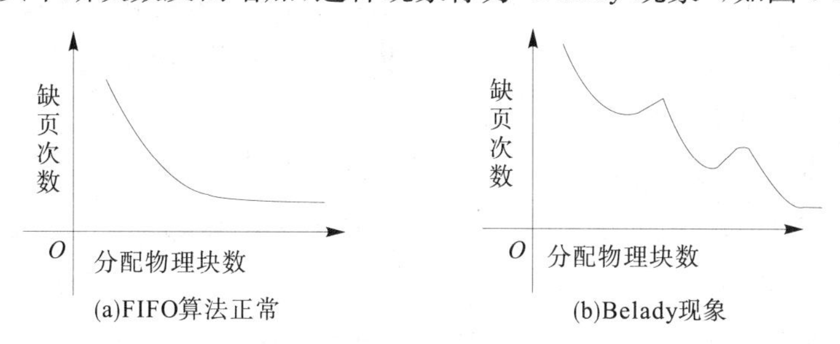

图 5-25　FIFO 算法正常与 Belady 现象对比图

现举例说明 FIFO 算法正常情况及 Belady 现象。继续引用上述例子，设系统为某进程分配 3 个物理块，访问的页面串如图 5-24 所示，此时的缺页率为 75%，若系统为进程分配 4 个物理块，采用 FIFO 置换算法时，具体过程如图 5-26 所示，得到的缺页率为 50%，比物理块为 3 时的缺页率有所下降。

7	0	1	2	0	3	0	4	2	3	0	3	2	1	2	0	1	7	0	1
7	7	7	7		3		3			3			3	2			2		
	0	0	0		0		4			4			4	4			7		
		1	1		1		1			0			0	0			0		
			2		2		2			2			1	1			1		
√	√	√	√		√		√			√			√	√			√		

图 5-26　FIFO 算法(物理块为 4)

这是一种正常情况的例子，下面介绍另一产生 Belady 现象的例子。某进程共有5页，依次访问页面的序列为：1，2，3，4，1，2，5，1，2，3，4，5。当系统为该进程分配的物理块数M=3时，缺页中断次数为9次，其缺页率为9/12=75%。但是如果为进程分配的物理块数M=4时，缺页中断次数为10次，其缺页率为10/12=83.3%（具体过程请读者思考）。先进先出算法产生Belady现象的原因在于它根本没有考虑程序执行的动态特征。

3. 最近最久未使用算法

最近最久未使用算法（Least Recently Used，LRU），是根据页面调入内存后的使用情况进行决策的，选择最近最久未使用的页面予以淘汰。由于无法预测各页面将来的使用情况，只能利用"最近的过去"作为"最近的将来"的近似。基于程序执行的局部性规律，即认为那些刚被访问的页面可能在最近的将来还会经常访问它们，而那些在较长时间里未被访问的页面，一般在最近的将来不会再被访问。为了解页面的访问情况，该算法赋予每个页面一个访问字段，用来记录一个页面自上次被访问以来所经历的时间t。当要淘汰一个页面时，选择现有页面中其t值最大的，即最近最久未使用的页面予以淘汰。

当访问某页时，先将该页与属于该进程的物理块中存储的页面号比较，若找到则不产生缺页，否则产生缺页。此时，可从当前页面开始向前查找，淘汰离当前页面距离最远的页面。

对于前述例子，使用LRU算法。前7，0，1号页面直接装入内存，当第4次访问2号页时，内存块已满，这时离第4次2号页最远出现的为7号页，所以淘汰7号页；第5次的0号页不产生淘汰；第6次访问的3号页，目前内存有2，0，1，离3较远的为1号页，所以淘汰1号页；同理，可得其他淘汰页，如图5-27所示。共产生了12次缺页，缺页率为60%，依次淘汰页面为7，1，2，3，0，4，0，3，2。

7	0	1	2	0	3	0	4	2	3	0	3	2	1	2	0	1	7	0	1
7	7	7	2		2		4	4	4			2	2		2		7		
	0	0	0		0		0	0	3			3	3		0		0		
		1	1		3		3	2	0			0	1		1		1		
√	√	√	√		√		√	√	√			√	√		√		√		

图5-27 LRU算法示例图

LRU方法缺页率接近OPT方法，但又比FIFO方法效果好。虽然LRU算法相比FIFO算法性能有所改善，但实现时需硬件支持，以便更快找到哪些是最近最久未被访问的页面。通常有两个硬件：移位寄存器和栈。

移位寄存器可表示为：

$$R=R_{n-1}R_{n-2}\cdots R_2R_1$$

当进程访问某页时，便将相应的寄存器的最高位 R_{n-1} 置1。此时，定时信号每隔一定时间将寄存器右移一位。如果把 N 位寄存器的值看作一个整数，则具有最小数的寄存器所对应的页面就是最近最久未使用的页。

利用栈来保存当前使用的各个页面号的方法是：每当进程访问某页面时，便将该页面的页面号从栈中移出，将它压入栈顶。因此，栈底是最近最久未使用的页面号。

4. 最近最不常用置换算法

最近最不常用置换算法（Least Frequently Used，LFU），总是选择被访问次数最少的页面调出，即认为在过去的一段时间里被访问次数多的页面可能经常需要访问。

一种简单的实现方法是为每一页设置一个计数器，页面每次被访问后其对应的计数器加 1，每隔一定的时间周期 T，将所有计数器全部清 0。这样，在发生缺页中断时，选择计数器值最小的对应页面被淘汰，显然它是最近最不常用的页面，同时把所有计数器清 0。这种算法的实现比较简单，但代价很高，同时有一个关键问题是如何选择一个合适的时间周期 T。

5. 第二次机会页面置换算法

FIFO 算法可能会把经常使用的页面置换出去，为了避免这一现象，对该算法做一个简单的修改：检查页面的 R 位。如果 R 位是 0，那么这个页面既老又没有被使用，可以立刻置换掉；如果是 1，就将 R 位清 0，并把该页面放到链表的尾端，修改它的装入时间使它就像刚装入的一样，然后继续搜索。

这一算法称为“第二次机会算法”，如图 5-28 所示。在图 5-28(a)中，页面 A 到页面 F 按照进入内存的时间顺序保存在链表中。

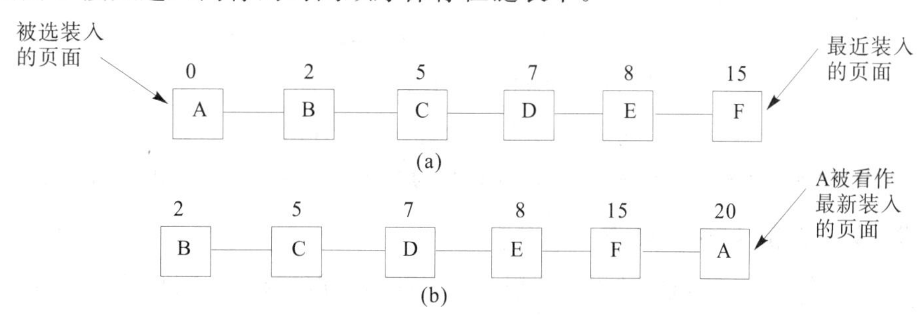

图 5-28　第二次机会页面置换算法示例

注：图 5-28 中，页面上方的数字是装入时间，(a)是按先进先出的方法排列的页面；(b)是在时间 20 发生缺页中断并且 A 的 *R* 位已经设置时的页面链表。

假设在时间 20 发生了一次缺页中断，这时最老的页面是 A，它是在时刻 0 到达的。一方面，如果 A 的 R 位是 0，则将它淘汰出内存，或者把它写回磁盘（如果它已被修改过），或者只是简单地放弃（如果它是“干净”的）；另一方面，如果其 R 位已经设置了，则将 A 放到链表的尾部并且重新设置“装入时间”为当前时刻

(20)，然后清除 R 位，最后从 B 页面开始继续搜索合适的页面。

第二次机会算法就是寻找一个最近的时钟间隔以来没有被访问过的页面。如果所有的页面都被访问过了，该算法就简化为纯粹的 FIFO 算法。假设图 5-28(a)中所有的页面的 R 位都被设置了，操作系统将会一个接一个地把每个页面都移动到链表的尾部并清除被移动的页面的 R 位。最后算法又将回到页面 A，此时它的 R 位已经被清除了，因此 A 页面将被淘汰，所以这个算法总是可以结束的。

6. 简单 Clock 置换算法

该算法只需为每页设置一位访问位，再将内存中的所有页面都通过链接指针链接成一个循环队列。当某页被访问时，其访问位被置 1。置换算法在选择一页淘汰时，只需检查页的访问位。如果是 0，就选择该页换出；若为 1，则重新将它置 0，暂不换出，给该页第二次驻留内存的机会，再按照 FIFO 算法检查下一个页面。当检查到队列中的最后一个页面时，若其访问位仍为 1，则再返回到队首去检查第一个页面。如图 5-29 所示为简单 Clock 置换的流程。

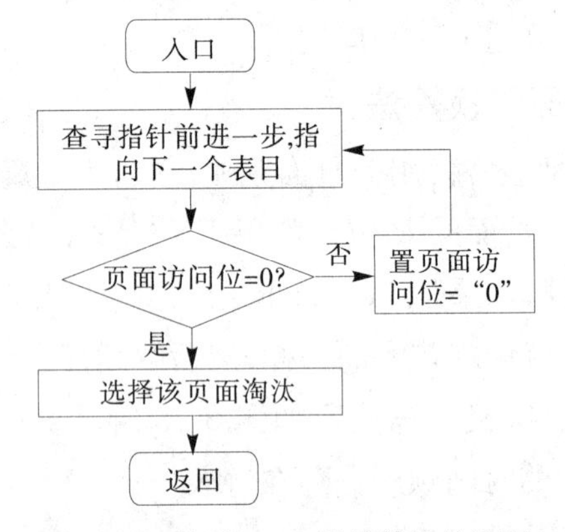

图 5-29 简单 Clock 置换算法的流程

由于该算法是循环地检查各页面的使用情况，故称为“Clock 算法”。但因该算法只有一位访问位，只能用它表示该页是否已经使用过，而置换时是将未使用过的页面换出去，故又把该算法称为“最近未用算法”(Not Recently Used，NRU)。

7. 改进型的 Clock 算法

在将一个页面换出时，如果该页已被修改过，便须将该页重新写回到磁盘上；但如果该页未被修改过，则不必将它拷回磁盘。在改进型 Clock 算法中，除须考虑页面的使用情况外，还须再增加一个因素，即置换代价，这样，选择页面换出时，既要是未使用过的页面，又要是未被修改过的页面。把同时满足这 2 个条件的页面作为首选淘汰的页面。访问位 A 和修改位 M 可以组合成下面 4 种类型的页面：

①1 类(A=0，M=0)。表示该页最近既未被访问，又未被修改，是最佳淘汰页。

②2 类(A=0，M=1)。表示该页最近未被访问，但已被修改，并不是最佳的淘汰页。

③3 类(A=1,M=0)。表示该页最近已被访问,但未被修改,该页有可能再被访问。

④4 类(A=1,M=1)。表示该页最近已被访问且被修改,该页可能再被访问。

内存中的每个页必定是这 4 类页面之一,在进行页面置换时,可采用与简单 Clock 算法相类似的算法,其差别在于该算法须同时检查访问位与修改位,以确定该页是 4 类页面中的哪一种。其执行过程可分成以下 3 步:

①从指针所指示的当前位置开始,扫描循环队列,寻找 A=0 且 M=0 的第一类页面,将所遇到的第一个页面作为所选中的淘汰页。在第一次扫描期间不改变访问位 A。

②如果第一步失败,即查找一周后未遇到第一类页面,则开始第二轮扫描,寻找 A=0 且 M=1 的第二类页面,将所遇到的第一个这类页面作为淘汰页。在第二轮扫描期间,将所有扫描过的页面的访问位都置 0。

③如果第二步也失败,亦即未找到第二类页面,则将指针返回到开始的位置,并将所有的访问位复 0。然后重复第一步,如果仍失败,必要时再重复第二步,此时就一定能找到被淘汰的页。

该算法与简单 Clock 算法比较,可减少磁盘的 I/O 操作次数。但为了找到一个可置换的页,可能须经过几轮扫描。换言之,实现该算法本身的开销将有所增加。

8. 综合应用

【例 5.1】 现有一进程,系统为之分配 3 个物理块,进程运行时访问的页面串为:2,3,2,1,5,2,4,5,3,2,5,2,试用 LRU、FIFO 和 Clock 算法进行调度,请计算各种算法产生的缺页率及淘汰的页面,并分析为什么在这 3 种算法中,Clock 算法应用得比较广泛。

解:LRU 算法:

2	3	2	1	5	2	4	5	3	2	5	2
2	2		2	2		2		3	3		
	3		3	5		5		5	5		
			1	1		4		4	2		
√	√		√	√		√		√	√		

缺页中断率为:7/12

FIFO 算法:

2	3	2	1	5	2	4	5	3	2	5	2
2	2		2	5	5	5		3		3	3
	3		3	3	2	2		2		5	5
			1	1	1	4		4		4	2
√	√		√	√	√	√		√		√	√

缺页中断率为:9/12

Clock 算法:

2	3	2	1	5	2	4	5	3	2	5	2
2*	2*	2*	2*	5*	5*	5*		3*	3*	3*	
	3*	3*	3*	3	2*	2*		2	2*	2*	
			1*	1	1	4*		4	4	5*	
√	√		√	√	√	√		√		√	

缺页中断率为:8/12

在页面置换算法中,OPT 算法理论最优但无法实现,LRU 算法性能几乎和 OPT 一样,但实现相当困难,且需要移位寄存器或栈的硬件支持,系统开销大,虽然 FIFO 算法简单易行,但性能较差。相比之下,Clock 算法是 LRU 算法的变种,通过为每块附加一个附加位记录该内存块的使用情况,系统开销小且性能接近 LRU 算法,故 Clock 算法相对而言应用比较广泛。

5.7.4 分段虚拟存储管理

分段虚拟存储管理原理以段式存储管理为基础,为用户提供比主存实际容量更大的虚拟空间。起初将作业的各个分段信息保留在磁盘上,当作业被调度进入主存时,首先把当前需要的一段或几段装入主存,便可启动执行,若所要访问的段已在主存,则将逻辑地址转换成绝对地址;如果所要访问的段尚未调入主存,则产生一个缺段中断,请求操作系统将所要访问的段调入。为实现分段虚拟存储管理,需要有一定的硬件支持,具体有段表机制、缺段中断机构、地址变换机构。

1. 段表机制

在分段虚拟存储管理中,段表是进行段调度的主要依据。在段表中需要增设一标志位,标明段是否在主存,各段在磁盘上的存储位置,已在主存的段需要指出该段在主存中的起始地址和占用主存区的长度,还可设置该段是否被修改,是否可扩充等标志信息。请求分段式存储管理的段表结构如下:

段名	段长	段的基址	存取方式	访问字段 A	修改位 M	状态位 P	扩充位	辅存始址

其中,"存取方式"标识本段的存取属性(只执行或只读或读/写);"访问字段 A"记录该段被访问的频繁程度;"修改位 M"表示该段进入主存后,是否已被修改,供置换段时参考;"状态位 P"表示本段是否已调入主存,若已调入,则"段的基址"给出该段在主存中的起始地址,否则在"辅存始址"中指示出本段在辅存中的起始地址;"扩充位"是请求分段式存储管理中所特有的字段,表示本段在运行过程中是否有动态增长。

2. 缺段中断机构

在分段虚拟存储管理中,当所要访问的段尚未调入主存时,则由缺段中断机构产生一个缺段中断信号，请求操作系统将所要访问的段调入主存。与缺页中断一样，执行一条指令过程中可能产生多次中断，两者不同之处在于段是信息的逻辑单位，所以不可能出现一条指令被分割在两个段内。具体处理过程如图 5-30 所示，可分几步完成。

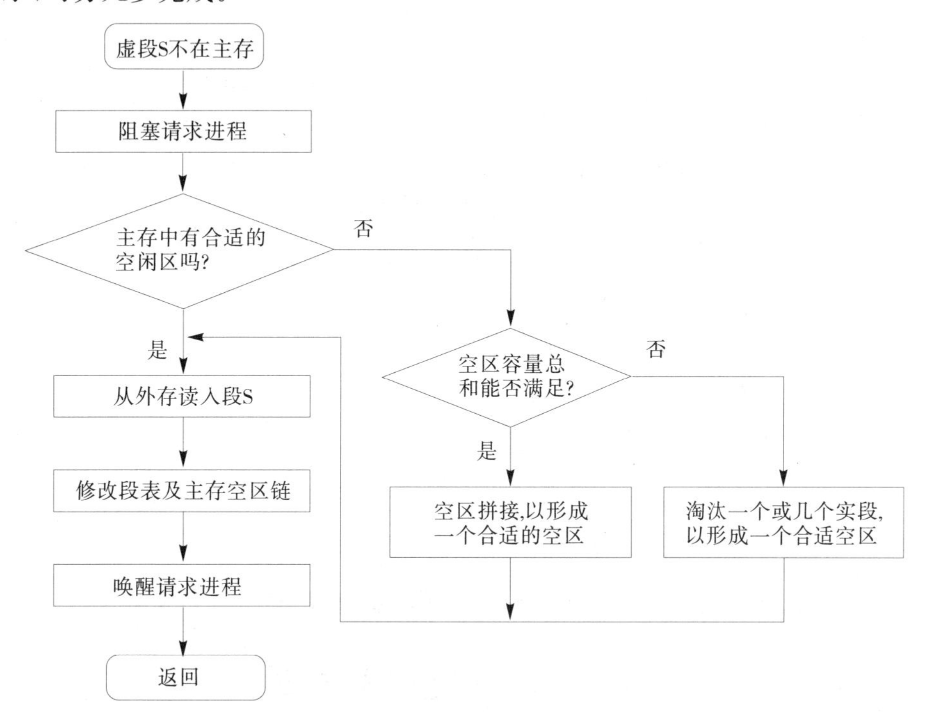

图 5-30 缺段中断处理过程

①空间分配。查主存分配表，找出一个足够大的连续区以容纳该分段。如果找不到足够大的连续区，则检查主存中空闲区的总和。若空闲区总和能满足该段要求，则进行适当移动，将分散的空闲区集中；若空闲区总和不能满足该段要求，则可选择将主存中的一段或几段调出，然后把当前要访问的段装入主存。

②修改段表。段被移动、调出和装入后都要对段表中的相应表目进行修改。

③新的段被装入后应让作业重新执行被中断的指令，这时就能在主存中找到所要访问的段，可以继续执行下去。

3. 地址变换机构

请求分段系统中的地址变换机构是在分段系统地址变换机构的基础上形成的。因为被访问的段并非全在主存，所以在地址变换时，若发现所要访问的段不在主存，必须先将所缺的段调入主存，并修改段表，然后才能再利用段表进行地址变换。为此，在地址变换机构中又增加了某些功能，如缺段中断的请求及处理等。如图 5-31 所示为分段虚拟存储系统的地址变换过程。

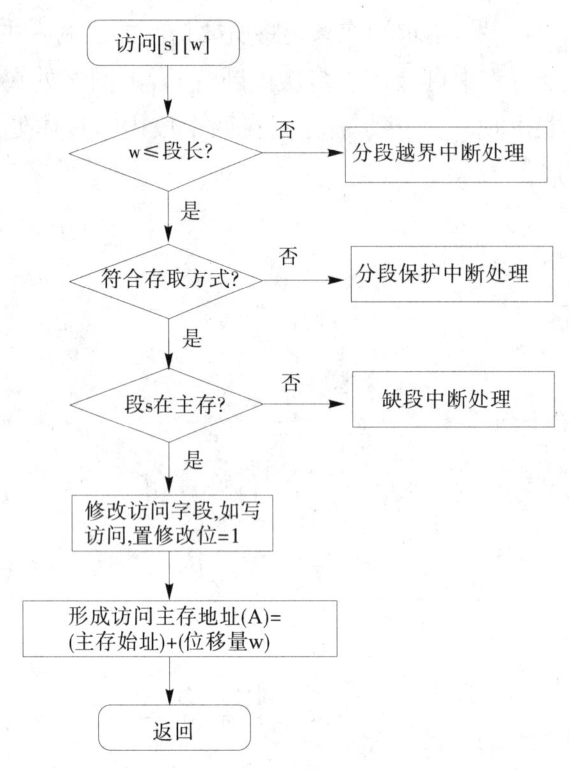

图 5-31　分段虚拟存储系统地址变换过程

5.8　Linux 的内存管理

内存管理单元是操作系统的核心部分，在整个系统的运行过程中发挥着举足轻重的作用。Linux 在其发展过程中不断地完善和优化内存管理单元的功能和性能。本章总结了 Linux 内核中存储管理子系统的总体框架，重点介绍存储管理子系统中各个模块的基本特点以及它们之间的联系，深入分析了内存管理的实现技术，对 Linux 内核中存储管理的重要算法、数据结构做了相应的分析描述。

5.8.1　Linux 地址空间及映射实现

1. Linux 地址空间

Linux 采用的是 32 位线性地址模式，将内存物理空间映射到虚拟地址空间。在 32 位线性地址中的 4 G 虚拟空间中，其中从 0XC0000000 到 0XFFFFFFFF，有 1 G 作为内核空间。每个进程都有自己的 3 G 用户空间，它们共享 1 G 的内核空间。

2. 地址映射

不管是用户程序还是系统内核程序，在运行之前首先必须装入物理内存，而

Linux 中的所有程序都是通过虚拟地址表示的。因此，建立物理地址空间和虚拟地址空间的映射关系，完成从虚拟地址到物理地址的转换，这是内存管理单元必须处理的事情。

在地址线宽度为 32 位的 CPU 中，Linux 可以直接映射 3 G 的内存空间，对于地址线宽度大于 32 位的 CPU，Linux 提供了三层映射方式，如图 5-32 所示。

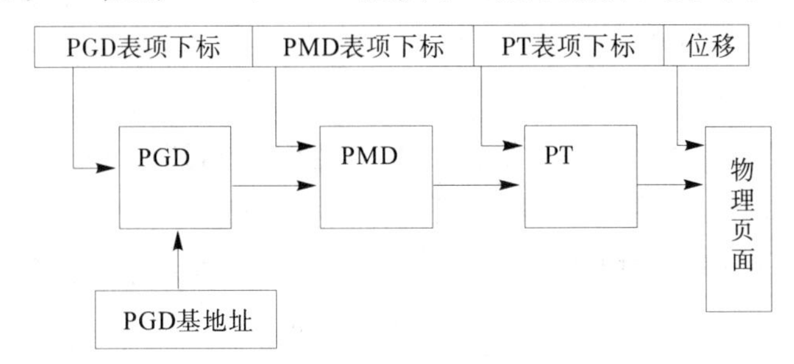

图 5-32　地址三层映射方式

其中 PGD 为页面目录，PMD 为中间目录，PT 为页面表。具体的映射过程为：

①从 CR3 寄存器中找到 PGD 基地址。

②以线性地址的最高位段为下标，在 PGD 的线性地址映射的 4 GB 的虚拟空间中，从中找到指向 PMD 的指针。

③以线性地址的次位段为下标，在 PMD 中找到指向 PT 的指针。

④同理，在 PT 中找到指向页面的指针。

⑤线性地址的最后位段为在此页中的偏移量，这样就完成了从线性地址到物理地址的映射过程。

32 位的微机平台，如 Intel 的 X86，采用段页式的两层映射机制，而 64 位的微处理器采用三级分页。对于传统的 32 位平台，Linux 让 PMD(中间目录)全 0 来消除中间目录域，这样就把 Linux 逻辑上的三层映射模型落实到 X86 结构物理上的二层映射，从而保证了 Linux 对多种硬件平台的支持。

5.8.2　Linux 虚拟内存管理

虚拟内存通过在竞争进程之间共享物理内存的方式使系统显得拥有比实际更多的内存。其基本思想是：把硬盘作为物理内存的扩展，将当前运行程序的一部分移动到硬盘，腾出内存给其他程序使用，当原来的内容又要使用时，再读回内存。这对用户全透明：运行于 Linux 的程序只看到大量的可用内存而不必关心程序的哪部分在硬盘上。

1. Linux 虚拟内存的实现机制

虚拟内存的具体实现机制如图 5-33 所示。首先内存管理程序通过映射机制把用户程序的逻辑地址映射到物理地址，在用户程序运行时，如果发现程序中要用的虚拟地址没有对应的物理地址，就发出请求分页要求（①），此时如果有空闲的内存可供分配，就请求分配内存（②），并把正在使用的物理页记录在页缓存中（③），如果没有足够的内存分配，就调用交换机制，腾出一部分内存（④、⑤）。另外在地址映射中要通过 TLB（翻译后援存储器）来寻找物理页（⑧），交换机制中要用到交换缓存（⑥），并且把物理页内容交换到交换文件中也要修改页表来映射文件地址（⑦）。

一个进程的虚拟地址映射靠 3 个数据结构来描述：mm_struct、vm_area_struct、page。其中 mm_struct 结构用来描述一个进程的虚拟内存；vm_area_struct 描述一个进程的虚拟地址区域，在这个区域中的所有页面具有相同的访问权限和一些属性；page 描述一个具体的物理页面。

当进程通过系统调用动态分配内存时，Linux 首先分配一个 vm_area_struct 结构，并链接到进程的虚拟内存链表，当后续指令访问这一内存区域时，产生缺页异常。系统处理时，通过分析缺页原因、操作权限之后，如果页面在交换文件中，则进入 do_page_fault()中恢复映射的代码，重新建立映射关系。如果页面不在内存中，则 Linux 会分配新的物理页，并建立映射关系。

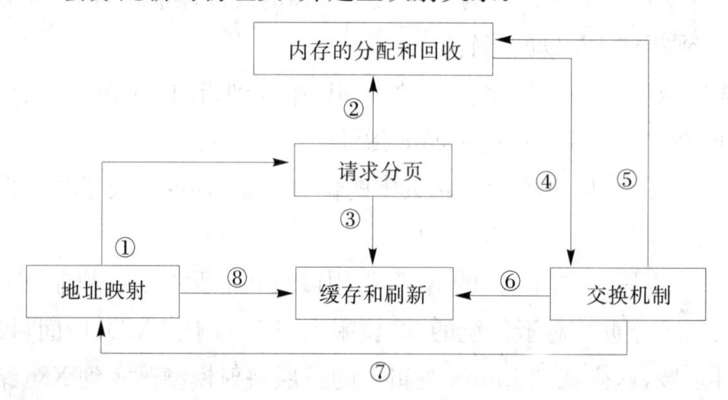

图 5-33 Linux 虚存内存的实现机制

2. 换页策略

当物理内存出现不足时，就需要换出一些页面。Linux 采用最近最久未使用（Least Recently Used，LRU）算法选择需要从系统中换出的页面。系统中每个页面都有一个“age”属性，这个属性会在页面被访问的时候改变。Linux 根据这个属性选择要回收的页面，同时为了避免页面“抖动”（即刚释放的页面又被访问），将页面的换出和内存页面的释放分两步来做，而在真正释放的时候仅仅只写回“脏”页面。这一任务由交换守护进程 kswapd 完成。free_pages_high，free_pages_low 是衡量系统中现有空闲页的标准，当系统中空闲页的数量少于 free_pages_high，甚至少于 free_pages_low 时，kswapd 进程会采用 3 种方法来减少系统正在使用的物理页的数量：

①调用 shrink_mmap()减少 buffer cache 和 page cache 的大小。

②调用 shm_swap()将 system V 共享内存页交换到物理内存。

③调用 swap_out()交换或丢弃页。

图 5-34 所示为页面置换管理框图。其中①代表 refill_inactive_scan()，它的任务是扫描活跃页面队列，从中找到可以转入不活跃状态的页面；②代表 page_launder()，负责将已经转入不活跃状态的“脏”页面“洗净”，使它们成为立即可以分配的页面；③代表 reclaim_page()，用于从页面管理区的不活跃净页面队列中回收页面。

kswapd 是被定期唤醒的，首先检查内存中可供分配或周转的物理页面是否短缺，若需要回收页面，则按顺序循环检查缓冲区、共享内存、进程独占的内存，遇到满足条件的页面，即将它释放。如果已释放了足够的页面，kswapd 重新睡眠，直到下一次被重新唤醒。

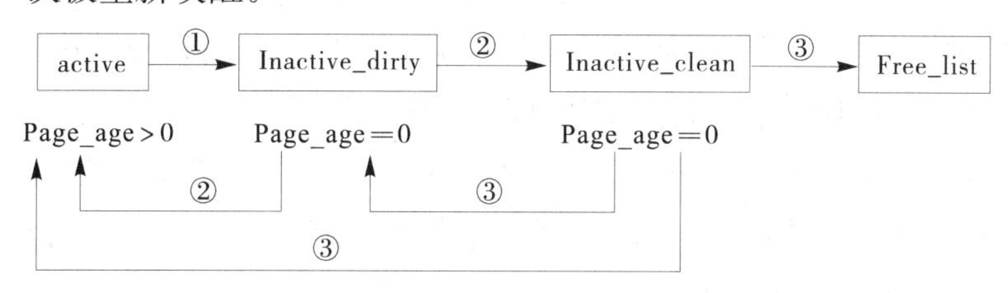

图 5-34 页面置换管理框图

5.8.3 Linux 物理内存管理

Linux 2.4 内核加入了对 NUMA 的支持，如果是 NUMA 结构的处理机系统，则物理内存被划分为 3 个层次来管理：存储节点(Node)，管理区(Zone)，页面(Page)。处理器的本地内存组成的区域称为节点(Node)，通过 pglist_data 数据结构来描述。各个节点的物理内存根据作用的不同又分为 ZONE_DMA、ZONE_NORMAL、ZONE_HIGH。ZONE_DMA 面积小且专供 DMA 使用，ZONE_NORMAL 供大多数的程序使用，ZONE_HIGH 仅供页面缓存以及用户进程使用。每个管理区对应一个 free_area 数组来组织空闲页面队列，该数组的每一项描述某一种页块的信息。第一个元素描述大小为 1 页的内存块的信息，第二个元素描述大小为 2 页的内存块的信息，依此类推，所描述的页块大小以 2 的倍数增加。free_area 数组可描述如下：

```
typedef struct free_area_struct{
  struct list_head free_list;
  unsigned int * map;
}free_area_t;
```

list_head是一个双向指针结构，在这里用于将物理页块结构 mem_map_t 连接成一个双向链表，而 map 则是记录这种页块组分配情况的位图。例如，位图的第 N 位为 1，表明第 N 个页块是空闲的。如图 5-35 所示为空闲区组织结构示意图。

页分配代码使用向量表 free_area 来分配和回收物理页。系统初始化时，free_area 数组也被赋了初值。也就是说，系统中所有可用的空闲物理页块都已经被加到了 free_area 数组中。

Linux 使用 Buddy 最先匹配算法来进行页面的分配和回收，并且必须按 2 的幂次方进行分配。比如要分配大小为 2k 的空闲块，如果系统中有足够的空闲块，页面分配代码首先在 free_area 中查找相应大小的空闲块。如果找到则分配；如果没有则查找下一尺寸(2 倍于请求大小)的页面块，继续这一过程直到找到可以分配的页面，按要求分配之后，将剩余的空闲块仍然按照 2 的幂次方划分后链入适当的空闲块中。与分配算法相反，页面回收时总是试图将相邻的空闲页面组合成更大尺寸的空闲块。这里先给出“伙伴”要满足的 3 种条件：两个块大小相同；两个块物理地址连续；两个块从同一大块中分离出来。在用户释放内存时，判断“伙伴”是否是空闲块。若不是空闲块，则只要将释放的空闲块简单地插入相应的 free_area 中；若是，则需要在 free_area 中删除其伙伴关系，然后再判断合并后的空闲块的伙伴关系。依次重复，直到归并后的空闲块没有伙伴关系或合并到最大块时将其插入到 free_area 中。

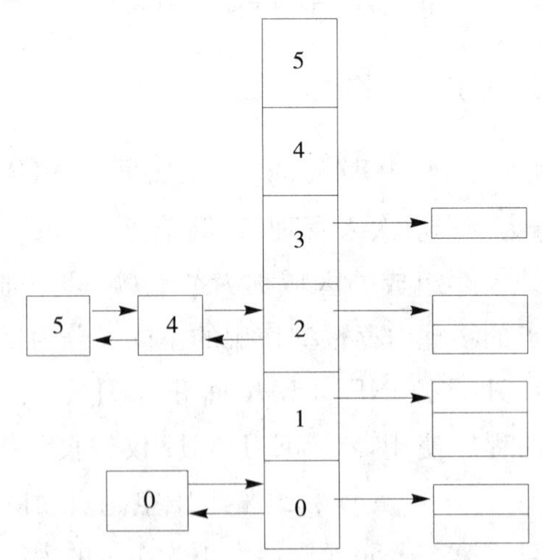

图 5-35　空闲区组织结构

Linux已成为世界上发展最快的操作系统。在 Linux2.6 内核中，对存储管理子系统进行了一系列的改进，提高了系统的可扩展性，包含了对大型服务器如 NUMA 服务器和 Intel 服务器的良好支持。此外，Linux2.6 还提供了对无 MMU 的支持。可见 Linux 正在不断的加强对高端服务器领域以及嵌入式领域的支持。

Linux 在其发展过程中不断地完善和优化内存管理单元的功能和性能。针对具体领域，可以根据自己的需要定制 Linux 内核。而内存管理单元作为 Linux 操作系统的核心部分，在整个系统的运行过程中发挥着举足轻重的作用。

习题 5

一、单项选择

1. 分页存储管理的存储保护是通过(　　)完成的。

A. 页表(页表寄存器)　　B. 快表

C. 存储器　　D. 索引动态重定位

2. 把作业地址空间中使用的逻辑地址变成内存中物理地址称为(　　)。

A. 加载　　B. 重定位　　C. 物理化　　D. 逻辑化

3. 在可变分区存储管理中的紧凑技术可以(　　)。

A. 集中空闲区　　B. 增加主存容量

C. 缩短访问时间　　D. 加速地址转换

4. 在存储管理中，采用覆盖与交换技术的目的是(　　)。

A. 减少程序占用的主存空间　　B. 物理上扩充主存容量

C. 提高 CPU 效率　　D. 在主存中共享代码

5. 存储管理方法中，(　　)中用户可采用覆盖技术。

A. 单一连续区　　B. 可变分区存储管理

C. 段式存储管理　　D. 段页式存储管理

6. 把逻辑地址转换成物理地址称为(　　)。

A. 地址分配　　B. 地址映射　　C. 地址保护　　D. 地址越界

7. 在内存分配的“最佳适应法”中，空闲块是按(　　)。

A. 始地址从小到大排序　　B. 始地址从大到小排序

C. 块的大小从小到大排序　　D. 块的大小从大到小排序

8. 分区管理和分页管理的主要区别是(　　)。

A. 分区管理中的块比分页管理中的页要小

B. 分页管理有地址映射而分区管理没有

C. 分页管理有存储保护而分区管理没有

D. 分区管理要求一道程序存放在连续的空间内而分页管理没有这种要求

9. 静态重定位的时机是(　　)。

A. 程序编译时　　B. 程序链接时　　C. 程序装入时　　D. 程序运行时

10. 通常所说的“存储保护”的基本含义是(　　)。

A. 防止存储器硬件受损　　B. 防止程序在内存丢失

C. 防止程序间相互越界访问　　D. 防止程序被人偷看

11. 虚存管理和实存管理的主要区别是(　　)。

A. 虚存区分逻辑地址和物理地址,实存不分

B. 实存要求一程序在内存必须连续,虚存不需要连续的内存

C. 实存要求一程序必须全部装入内存才开始运行,虚存允许程序在执行的过程中逐步装入

D. 虚存以逻辑地址执行程序,实存以物理地址执行程序

12. 在下列有关请求分页管理的叙述中,正确的是(　　)。

A. 程序和数据是在开始执行前一次性装入的

B. 产生缺页中段一定要淘汰一个页面

C. 一个被淘汰的页面一定要写回外存

D. 在页表中要有"中段位"、"访问位"和"改变位"等信息

13. LRU 置换算法所基于的思想是(　　)。

A. 在最近的过去用得少的在最近的将来也用得少

B. 在最近的过去用得多的在最近的将来也用得多

C. 在最近的过去很久未使用的在最近的将来会使用

D. 在最近的过去很久未使用的在最近的将来也不会使用

14. 在下面关于虚拟存储器的叙述中,正确的是(　　)。

A. 要求程序运行前必须全部装入内存且在运行过程中一直驻留在内存中

B. 要求程序运行前不必全部装入内存且在运行过程中不必一直驻留在内存中

C. 要求程序运行前不必全部装入内存但是在运行过程中必须一直驻留在内存中

D. 要求程序运行前必须全部装入内存但在运行过程中不必一直驻留在内存中

15. 在请求分页系统中,页表中的改变位是供(　　)参考的。

A. 页面置换　　B. 内存分配　　C. 页面换出　　D. 页面调入

16. 在请求分页系统中,页表中的访问位是供(　　)参考的。

A. 页面置换　　B. 内存分配　　C. 页面换出　　D. 页面调入

17. 在请求分页系统中,页表中的辅存始地址是供(　　)参考的。

A. 页面置换　　B. 内存分配　　C. 页面换出　　D. 页面调入

18. 在请求分页管理中,已修改过的页面再次装入时应来自(　　)。

A. 磁盘文件区　　B. 磁盘对换区　　C. 后备作业区　　D. I/O 缓冲池

19. 程序动态链接的时刻是(　　)。

A. 编译时　　B. 装入时　　C. 调用时　　D. 紧凑时

20. 虚存最基本的特征是(　　)。

A. 一次性　　B. 多次性　　C. 交换性　　D. 离散性

21. 在下列关于虚存实际容量的说法中，正确的是(　　)。

A. 等于外存(磁盘)的容量

B. 等于内、外存容量之和

C. 等于 CPU 逻辑地址给出的空间的大小

D. B 和 C 之中取小者

22. 实现虚存最主要的技术是(　　)。

A. 整体覆盖　　B. 整体对换　　C. 部分对换　　D. 多道程序设计

23. 首次适应算法的空闲区是(　　)。

A. 按地址递增顺序连在一起　　B. 始端指针表指向最大空闲区

C. 按大小递增顺序连在一起　　D. 寻找从最大空闲区开始

24. 采用(　　)不会产生内部碎片。

A. 分页式存储管理　　B. 分段式存储管理

C. 固定分区式存储管理　　D. 段页式存储管理

25. 系统“抖动”现象的发生是由(　　)引起的。

A. 置换算法选择不当　　B. 交换的信息量过大

C. 内存容量充足　　D. 请求页式管理方案

26. 采用段式存储管理的系统中，若地址用 24 位表示，其中 8 位表示段号，则允许每段的最大长度是(　　)。

A. 2^{24}　　B. 2^{16}　　C. 2^{8}　　D. 2^{32}

27. 实现虚拟存储器的目的是(　　)。

A. 实现存储保护　　B. 实现程序浮动

C. 扩充辅存容量　　D. 扩充主存容量

28. 在请求分页存储管理中，若采用 FIFO 页面淘汰算法，则当进程分配到的页面数增加时，缺页中断的次数(　　)。

A. 减少　　B. 增加

C. 无影响　　D. 可能增加也可能减少

29. 在固定分区分配中，每个分区的大小是(　　)。

A. 相同　　B. 随作业长度变化

C. 可以不同但预先固定　　D. 可以不同但根据作业长度固定

30. 在可变式分区分配方案中，某一作业完成后，系统收回其主存空间，并与相邻空闲区合并，为此需修改空闲区表，造成空闲区数减 2 的情况是(　　)。

A. 无上邻空闲区，也无下邻空闲区　　B. 有上邻空闲区，但无下邻空闲区

C. 有下邻空闲区，但无上邻空闲区　　D. 有上邻空闲区，也有下邻空闲区

31. 在一页式存储管理系统中，页表内容如下表所示。若页的大小为 4 K，则地址转换机构将逻辑地址 0 转换成物理地址为(　　)。

A. 8192　　B. 4096　　C. 2048　　D. 1024

页号	块号
0	2
1	1
2	6
3	3
4	7

32. 设内存的分配情况如下表所示。若要申请一块 40 K 字节的内存空间，若采用最佳适应算法，则所得到的分区首址为(　　)。

A. 100 K　　B. 190 K　　C. 330 K　　D. 410 K

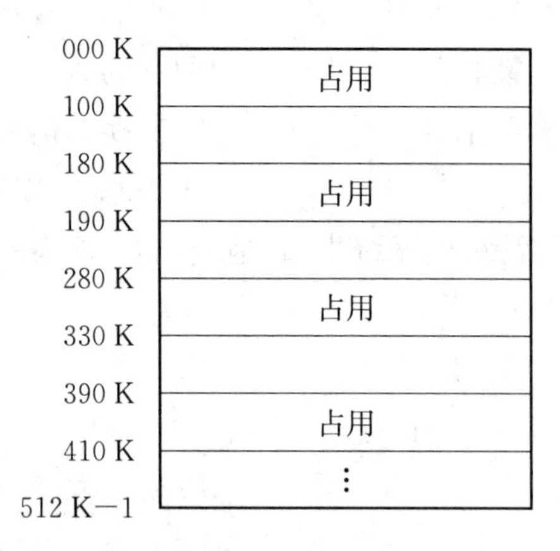

33. 在可变分区存储管理中的拼接技术可以(　　)。

A. 集中空闲区　　B. 增加主存容量

C. 缩短访问周期　　D. 加速地址转换

34. 页式虚拟存储管理的主要特点是(　　)。

A. 不要求将作业装入到主存的连续区域

B. 不要求将作业同时全部装入到主存的连续区域

C. 不要求进行缺页中断处理

D. 不要求进行页面置换

35. 虚存是(　　)。

A. 容量扩大了的内存　　B. 提高运算速度的设备

C. 不存在的存储器　　D. 充分利用了地址空间

二、多项选择

1. 使用(　　)存储管理方法可以实现虚拟存储器。

A. 分区　　B. 分段　　C. 段页　　D. 分页

2. 在页式存储管理中，块内位移量等于页内位移量是因为(　　)。

A. 页和块的大小都是 2 的整数次方

B. 一页是装入内存的连续空间内

C. 页和块大小相等

D. 页和块大小不等

3. 分段管理的主要优点有(　　)。

A. 可以实现有意义的共享　　B. 用户可以使用覆盖技术

C. 方便地址转换　　D. 程序不需要连续的内存

E. 可以实现动态链接　　F. 可以给不同段赋予不同存取权

4. 下列存储器可用来存储页表的是(　　)。

A. Cache　　B. 磁盘　　C. 主存　　D. 快表

5. 在请求分页管理中，一个首次装入内存的页面可能来自(　　)。

A. 磁盘文件区　　B. 磁盘对换区

C. 后备作业区　　D. I/O 缓冲池

6. 一个作业需要占用较大连续内存的存储管理是(　　)。

A. 可变分区存储管理　　B. 页式存储管理

C. 段式存储管理　　D. 段页式存储管理

7. 段式和页式存储管理的地址结构很类似，但是它们之间有实质上的不同，表现为(　　)。

A. 页式的逻辑地址是连续的，段式的逻辑地址可以不连续

B. 页式的地址是一维的，段式的地址是二维的

C. 分页是操作系统进行，分段是用户确定

D. 各页可以分散存放在主存，每段必须占用连续的主存空间

E. 页式采用静态重定位方式，段式采用动态重定位方式

8. (　　)存储分配方法可能使系统抖动。

A. 可变分区　　B. 页式　　C. 段式　　D. 段页式

9. 下列关于请求页式存储管理的说法中，正确的是(　　)。

A. 采用静态重定位　　B. 采用动态重定位

C. 内存静态分配　　D. 内存动态分配

10. (　　)是分页存储管理系统中使用到的。

A. 进程表　　B. 存储分块表　　C. 页表　　D. 文件映象表

三、判断正误

1. 虚拟地址是程序执行时所要访问的内存地址。（　）

2. 交换可以解决内存不足的问题，因此，交换也实现了虚拟存储器。（　）

3. 在请求分页式存储管理中，页面的调入、调出只能在内存和对换区之间进行。（　）

4. 请求分页存储管理中，页面置换算法很多，但只有最佳置换算法能完全避免进程的抖动，因而目前应用最广。虽然其他（如改进型 Clock）算法也能避免进程的抖动，但其效率一般很低。（　）

5. 虚拟存储器的实现是基于程序局部性规律，其实质是借助外存将内存较小的物理地址空间转化为较大的逻辑地址空间。（　）

6. 虚存容量仅受外存容量的限制。（　）

7. 静态页式管理可以实现虚存。（　）

8. 页表的作用是实现逻辑地址到物理地址的映射。（　）

9. 系统中内存不足，程序就无法执行。（　）

10. 用可变分区法可以比较有效地消除外部碎片，但不能消除内部碎片。（　）

四、简答题

1. 什么是动态链接？用何种内存分配方法可以实现这种链接技术？

2. 在什么时候只能使用交换的方法，而不能使用覆盖的方法？

3. 虚拟存储器的理论容量与什么有关，实际容量与什么有关？

4. 程序员如何识别系统采用的是分页式虚存还是段式虚存？

5. 设某进程分得的内存页面数为 m，其需访问的页面个数为 p，其中有 n 个不同的页面，对于任意置换算法，进行如下计算：

(1)求页面失效次数的下限；

(2)求页面失效次数的上限。

6. 在某分页虚存系统中，测得 CPU 和磁盘的利用率如下，试指出每种情况下的问题和措施。

(1)CPU 的利用率为 15%，磁盘利用率为 95%；

(2)CPU 的利用率为 88%，磁盘利用率为 3%；

(3)CPU 的利用率为 13%，磁盘利用率为 5%。

7. 存储管理的主要任务是什么？

8. 分页存储管理如何克服分区存储管理的缺点？

9. 快表的引入为何能明显改进系统的性能？

10. 操作系统中存储管理的主要对象是什么？

五、解答题

1. 分页存储管理与分段管理的主要区别是什么？提出分页管理和分段管理的目的分别是什么？

2. 虚存管理与实存管理的根本区别是什么？

3. 设某进程访问内存的页面走向序列如下：1,2,3,4,2,1,5,6,2,1,2,3,7,6,3,2,1,2,3,6,则在局部置换的前提下，分别求当该进程分得的页面数为1,2,3,4,5,6,7时，使用LRU、FIFO、OPT置换算法的缺页数。

4. 考虑一个有快表的请求分页系统，设内存的读写周期为1 μs，内外存之间传送一个页面的平均时间为5 ms，快表的命中率为80%，页面失效率为10%，求内存的有效存取时间。

第6章　文件管理

为了高效管理计算机的各类资源，操作系统在运行时要用到大量的程序和数据。但因内存容量有限，且不能长期保存，所以平时总是把这些程序和数据以文件的形式存放在外存中，当需要时再将它们调入内存。如果由用户直接管理外存上的文件，不仅要求用户熟悉外存特性，了解各种文件的属性，以及它们在外存上的位置，而且在多用户环境下，还必须能保持数据的安全性和一致性。显然，若要求用户承担这些工作是不现实的。于是，人们就在操作系统中增加了文件管理功能，即构成一个文件系统，负责管理在外存上的文件，并把对文件的存取、共享和保护等手段提供给用户。这不仅方便了用户，保证了文件的安全性，还可有效地提高系统资源的利用率。

6.1　概述

6.1.1　文件与文件系统

现代操作系统是通过文件系统来管理计算机中的大量程序和数据的，文件管理的主要工作是管理用户信息的存储、检索、更新、共享和保护，并为用户提供按名存取的功能。

1. 文件的组成

文件系统的管理功能，是通过把它所管理的程序和数据组织成一系列文件的方法来实现的。而文件则是指具有文件名的若干相关元素的集合。元素通常是记录，而记录又是一组有意义的数据项的集合。可见，基于文件系统的概念，可以把数据组成分为数据项、记录和文件三级。

(1)数据项

在文件系统中，数据项是最低级的数据组织形式，可把它分成以下两种类型：

①基本数据项。它用于描述一个对象的某种属性的字符集，是数据组织中最小的逻辑数据单位，即原子数据（不可再分），又称为数据元素或字段。文件系统的基本数据项与某些高级语言中的基本数据类型相似，如C语言中的整型、字符型、浮点型等。

②组合数据项。它是由若干个基本数据项组成的。例如，经理便是个组合数据项，它由正经理和副经理两个基本项组成。又如，工资也是个组合数据项，它可

由基本工资、工龄工资和奖励工资等基本项所组成。它与某些高级语言中的构造类型相似，如C语言中的结构体、共用体等。

(2)记录

数据项是较小的数据单位，描述事物的某个特征。记录是一组相关数据项的集合，用于描述一个对象在某方面的属性。一个记录包含的数据项取决于需要描述的对象所处的环境，不同的环境具备不同的特征，包含不同的数据项。例如，学生若作为学校的一名学习者，描述时可由学号、姓名、年龄及专业等数据项组成。但若把学生作为一个医疗对象时，对他描述的数据项则应使用诸如病历号、姓名、性别、出生年月、身高、体重、血压及病史等项。

在诸多记录中，为了能唯一标识一个记录，必须在描述记录的诸数据项中，确定出一个或几个数据项，把它们的集合称为关键字。例如，前面的病历号或学号便可用来从诸多记录中标识出唯一的记录。

(3)文件

文件是具有标识符(文件名)的一组在逻辑上有完整意义的相关信息的集合，可分为有结构文件和无结构文件。在有结构的文件中，文件由若干个相关记录组成；而无结构文件则被看成一个字符流。

文件在文件系统中是一个最大的数据单位，它描述了一个对象集。例如，一个班级的学生在某学期期末的考试成绩表中有学号、姓名、操作系统成绩、数据库成绩、计算机网络成绩几项，整个表构成了学生成绩表，表中每一行代表一位学生的相关信息，即记录，具体的某行、列对应一个具体的学生相关信息。图6-1展示了文件、记录、数据项之间的层次关系。

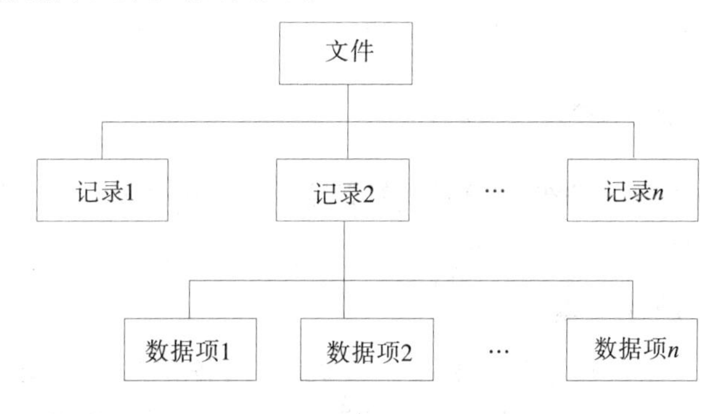

图6-1 数据项、记录、文件之间的关系图

一个文件必须要有一个文件名，它通常是由一串字符构成的，名字的长度因系统不同而异。如在有的系统中把名字规定为8个字符，而在有的系统中又规定可用14个字符。用户利用文件名来访问文件。

此外，文件应具有自己的属性，属性包括以下几种：

①文件类型。文件类型可以从不同的角度进行分类，如按文件中的数据形式

分类，有源文件、目标文件及可执行文件等。

②文件长度。文件长度指文件的当前长度，长度的单位可以是字节、字或块，也可以是最大允许的长度。

③文件的物理位置。该项属性通常用于指示文件在哪一个设备上及在该设备的哪个位置。

④文件的建立时间。指文件被创建的时间。

⑤文件的存取控制。指文件的存取权限，包括读、写和执行操作。

2. 文件系统

文件系统是操作系统中负责存取和管理文件信息的软件。它由管理文件所需的数据结构（如文件控制块，存储分配表等）和相应的管理程序以及访问文件的一组操作组成。具体应具备以下功能：

①文件存储空间的管理。基本任务是在建立文件时进行文件存储空间的分配，在删除文件时进行文件存储空间的回收。

②实现文件名到物理地址的映射。这种映射对用户是透明的，用户不必了解文件存放的物理位置和查找方法等，只需指出文件名就可找到相应的文件。

③实现文件和目录的管理。文件的建立、读、写和目录管理等基本操作是文件系统的基本功能。文件操作管理负责根据各种操作的要求，完成各种操作所规定的任务。

④提供文件共享和安全措施。文件共享是指多个用户可以使用同一个文件，安全是防止文件被盗窃或被破坏。通常采用多级保护措施来实现文件的共享和安全。

⑤文件系统向用户提供了有关文件和目录操作的接口。

6.1.2 文件的分类

在文件系统中，为了方便用户有效管理文件，需要对文件进行分类，不同的角度有不同的分类方法。

1. 按文件的用途分类

①系统文件。该类文件主要由操作系统核心、各种系统应用程序等组成，一般不允许对其进行读、写和修改，只允许用户通过系统调用来执行。

②库文件。该类文件允许用户对其进行读和执行，但一般不允许修改，如 C 语言子程序库等。

③用户文件。该类文件一般只能被其拥有者及被授权的其他用户使用，如源程序、目标程序和用户数据库等。

2. 按组织形式和处理方式分类

①普通文件。指组织格式为系统中所规定的一般格式的文件，包括用户文件、目标代码文件、库文件、实用程序文件等，它们通常存储在外存储设备上。

②目录文件。由文件目录信息构成的特殊文件，用来管理和实现文件系统功能的系统文件，通过目录文件可以对其他文件的信息进行检索。

③特殊文件。特指系统中的各类I/O设备。为了便于统一管理，系统将所有的输入/输出设备都视为文件，按文件方式提供给用户使用。对此特殊文件的操作与普通文件相同，如查找目录、存取操作等。不过对这些文件的操作是和设备驱动程序紧密相连的，系统将这些操作转为对具体设备的操作。

3. 按文件中的数据形式分类

①源文件。指由源程序和数据构成的文件，该类文件一般是指利用某种程序设计语言或编辑工具编辑的文件，大多数文件内容是由ASCII码构成，可正常显示。

②目标文件。在编译、翻译程序或工具的控制下，由源文件转换来的文件可在本环境下执行，它属于二进制文件。目标文件所使用的后缀名是“. obj”。

③可执行文件。该类文件允许用户对其直接执行，不需要其他语言或支撑环境的支持。

4. 按存取控制权限分类

①只读文件。该类文件只允许授权用户对其执行读操作，对于写操作将拒绝执行并给出错误提示。

②读写文件。该类文件允许授权用户对其进行读和写操作，但拒绝其他操作。

③执行文件。该类文件允许授权用户对其进行执行操作，但拒绝其他操作，如扩展名为. exe的文件。

④不保护文件。指不加任何访问限制的文件。

5. 按文件存在时限分类

①临时文件。该类文件是用户在某次操作过程中建立的中间文件，保存在存储介质上，是该用户的私有文件，随用户撤离系统而消失，因此不能共享。

②永久文件。该类文件是用户经常要使用的文件，可保留文件副本。

③档案文件。该类文件仅被保留在作为“档案”的存储介质上，以备查证及恢复。

6. 按文件的输入流向分类

①输入文件。该类文件只允许用户对其执行读操作，如读卡机或键盘上的

文件。

②输出文件。该类文件只允许用户对其进行写操作，如打印机上的文件。

③输入/输出文件。该类文件允许用户对其进行读和写操作，如磁盘、磁带上的文件。

6.2 文件的结构和存取方式

文件的组织结构是指文件的构造方式，对待同一个文件可以从用户和文件系统两个方面考虑。事实上，任何一个文件都存在两种形式的结构：文件的逻辑结构和物理结构。

①文件的逻辑结构。由用户构造的文件称为文件的逻辑结构，又称逻辑文件。用户从使用的角度按信息的使用和处理方式组织文件。它独立于文件的物理特性，是用户可观察到的、可以直接处理的数据及结构的文件组织形式。

②文件的物理结构。文件系统从文件的存储和检索的角度，根据用户对文件的存取方式和存储介质的特性组织文件，决定用户文件在存储介质上的存储方式。这种文件在存储介质上的组织方式称为文件的物理结构，又称物理文件。

用户可以不关心文件的物理结构，但它对文件系统来说却是至关重要的，因为它直接影响存储空间的使用和检索文件信息的速度。根据用户对文件的存取方式和存储介质的特性的不同，文件系统按相应的要求将文件存储到存储介质上，大大减轻用户的负担。当用户请求读/写文件时，文件系统必须实现文件的逻辑结构与物理结构之间的转换。

6.2.1 文件的存取方式

用户通过对文件的存取来完成对文件的各种操作。存取方法的选择与文件的逻辑结构及物理结构都相关。常用的存取方法有：顺序存取、随机存取和按键存取。

①顺序存取。顺序存取是指严格按照文件中的逻辑信息单位排列的逻辑地址顺序依次存取，后一次存取总是在前一次存取的基础上进行的。对于记录式文件，若当前存取的为第 i 条记录，则下次存取的被自动确定为第 i+1 条记录号；对于流式文件，顺序存取完当前一段信息后，读/写指针自动加上该信息长度，以便指出下次存取位置。磁带是典型的顺序存取设备。

②随机存取。又称直接存取，可以按任意次序随机地读/写文件中的信息，即根据存取命令直接把读/写指针移到想要读/写的信息处。在存取时先确定要存取时的起始位置，再根据起始位置来直接存取文件中的任意一条记录，而无需存

取其前面的记录。磁盘是典型的直接存取设备。

③按键存取。按键存取是一种用于复杂文件系统,特别是数据库管理系统的存取方法,是根据给定的键或记录名进行的文件存取方式。使用该存取方法必须先检索到要进行存取的记录的逻辑位置,再将其转换到存储介质上的相应物理地址后进行存取。

选择文件存取方式时要考虑以下因素:

①文件的性质。文件的性质决定了文件的使用,也决定了存取方式的选择。流式文件的存取一般采用顺序存取的方式;记录式文件的存取一般采用随机存取的方式。

②存储设备的特性。存储设备的特性既决定了文件的存取方式,也与文件采用何种存储结构密切相关。磁带机是一种从磁头的当前位置开始顺序读/写的设备,适合顺序存取;磁盘机是一种可按指定的块地址进行信息存取的设备,适合随机存取。

6.2.2　文件的逻辑结构

一般情况下,文件系统选择逻辑结构时要从用户角度考虑,所以应遵循以下原则:

①便于修改,即便于在文件中插入、修改和删除数据。当用户对文件信息进行修改时,文件的逻辑结构应尽可能减少对已存信息的变动。

②有利于检索效率的提高,即当用户需要对文件进行访问时,文件的逻辑结构应使文件系统在尽可能短的时间内找到所需信息。

③有利于减少文件所占的存储空间。

④便于用户操作。

根据以上原则,文件的逻辑结构一般分为两类:一类是指由一个以上的记录构成的有结构文件,又称记录式文件;另一类是指由字符流构成的无结构文件,又称流式文件。

1. 有结构文件

在记录式文件中,每个记录都用于描述实体集中的一个实体,各记录有着相同或不同数目的数据项。根据记录的长度可分为定长记录文件和变长记录文件。

①定长记录文件。这是指文件中所有记录的长度都是相同的,所有记录中的各数据项都处在记录中相同的位置,具有相同的顺序和长度。文件的长度用记录数目表示。定长记录处理方便、开销小,所以这是目前较常用的一种记录格式,被广泛用于数据处理中。对于定长记录,除了可以方便地实现顺序存取外,还可根据长度较方便地实现直接存取。

②变长记录文件。这是指文件中各记录的长度不相同。产生变长记录的原因，可能是由于一个记录中所包含的数据项数目并不相同，如学生的姓名、论文中的关键词等；也可能是由于数据项本身的长度不定，例如，病历记录中的病因、病史，科技情报记录中的摘要等。

由于变长记录文件中各个记录长度不同，查找时，必须从第一个记录开始逐个查找，直至找到所需记录为止，故对变长记录文件处理相对复杂，开销较大。

不论是哪一种记录式文件，在处理前，每个记录的长度必须是可知的。

根据用户和系统管理上的需要，为了便于文件管理、提高检索效率，可采用多种方式来组织这些记录，形成下述的几种文件：

①顺序文件。按某种顺序排列的一系列记录组成的文件就是顺序文件。其中的记录通常是定长记录，因而能用较快的速度查找文件中的记录。

顺序文件的最佳应用场合是在对诸记录进行批量存取时，即每次要读或写一大批记录时。此时，对顺序文件的存取效率是所有逻辑文件中最高的。此外，也只有顺序文件才能存储在磁带上，并能有效地工作。

顺序文件有两个缺点，首先，顺序查找性能差。如果要查找一个含10000个记录的文件，平均需查找5000次才能到要查的记录。其次，如果想增加或删除一个记录也比较困难，因为要保持文件原来的有序性，修改记录后要重新排序，系统开销大。

②索引文件。当记录为可变长度时，通常为之建立一张索引表，并为每个记录设置一个表项，以加快对记录检索的速度。索引表通常是按记录的关键字排序的，索引表本身是一个定长记录的顺序文件，所以也方便直接存取，缺点是建立索引表需大量的空间。

③索引顺序文件。这是上述两种文件构成方式的结合。它为文件建立一张索引表，将顺序文件中的所有记录分为若干组，为每一组记录中的第一个记录建立一个索引项，所有组的索引项构成索引表。索引顺序文件可能是最常见的一种逻辑方式，它有效地克服了变长记录文件不便于直接存取的缺点，并且系统开销也不大。

2. 无结构文件

无结构文件又称流式文件，是有逻辑意义的、无结构的一串字符的集合，以字节或字作为基本信息单位。由于流式文件结构简单，故管理也很简单，用户可方便地在其上进行各种操作。有些文件较适合采用字符流的无结构方式，例如，源程序文件、目标代码文件等。UNIX文件的逻辑结构就是采用此方式。

对流式文件的访问采用读/写指针来指出下一个要访问的字符，要查找其中的某段信息只能顺序检索，花费较大。因此，一般流式文件只适合于存储在各种慢速字符型存储设备中，如磁带。流式文件对操作系统而言，管理较方便；对用户而言，适于进行字符流的正文处理，也可不受约束地、灵活地组织其文件内部的逻辑结构。

6.2.3　存储介质和块

1. 存储介质

存储介质是可用来记录信息的媒体。常用的存储介质有磁带、硬磁盘组、软磁盘片、光盘及闪存等。存储介质的物理单位是卷。例如，一盘磁带、一张软盘片、一个磁盘组都可称为一个卷。一个卷上只保存一个文件的，称为单文件卷；一个卷上保存了多个文件的，称为多文件卷；若把一个文件保存在多个卷上，则称为多卷文件；把多个文件保存在多个卷上，则称为多卷多文件。存储介质和存储设备是不同的概念。存储介质可以被从存储设备上卸下来，也可以被装到相应的存储设备上。

2. 块

块又称物理记录，是存储介质上连续信息所组成的一个区域，是辅存与主存之间进行信息交换的基本物理单位。文件系统每次总是把一块或几个整数块信息读入主存，或是把主存中的信息写到一块或几块中。块大小的划分应综合考虑用户要求、存储设备类型、信息传输效率等多种因素。不同类型的存储介质，块的大小常常各不相同，甚至同一类型的存储介质，块的大小也可不同。在 MS-DOS 和 UNIX 系统中，磁盘上的块长一般都定为 512 B。

6.2.4　文件的物理结构

文件的物理结构是指逻辑文件在物理存储空间中的存放方法和组织关系，又称文件的存储结构。在为文件分配外存空间时所要考虑的主要问题是：怎样才能有效地利用外存空间和如何提高对文件的访问速度。为解决这类问题，人们提出了很多种存储方法，究竟选择哪种，取决于存储设备类型、存储空间、响应时间、应用目标等多种因素。常见的文件物理结构有顺序结构、链接结构和索引结构三种。通常，在一个系统中，仅采用其中的一种结构来为文件分配外存空间。

1. 顺序结构

将一个文件中的所有逻辑上连续的信息存放在存储介质相邻的物理块上，这类文件叫“顺序文件”，又称“连续文件”。在顺序结构的文件中，所有信息之间的逻辑顺序与物理顺序完全一致。操作系统为文件分配连续一组块号相邻的盘块。如第一个盘块的块号为 n，则第二个盘块的块号为 $n+1$……

其实，磁带是典型的顺序结构存储介质。一切组织在磁带上的文件都采用顺序结构，磁带上的每个文件都由文件头标、文件信息和文件尾标 3 个部分组成。其中文件头标用来表示一个特定的文件和说明文件的属性，包括用户名、文件名、文件的块数、块长度等信息。文件信息是用户逻辑文件中的信息，将此类信息存放在若干个块中，使其顺序与逻辑文件的信息顺序一致。文件尾标是个特定的文件结束标志。

磁带中文件的组织形式如图 6-2 所示。为了能方便、快速地检索磁带文件，在磁带上的各类信息之间用一个称为“带标”的特殊字符（＊）将其隔开，最后用两个带标表示磁带上的有效信息到此结束。通常，根据要访问的文件的大小计算出该文件需占据的磁带的块数。

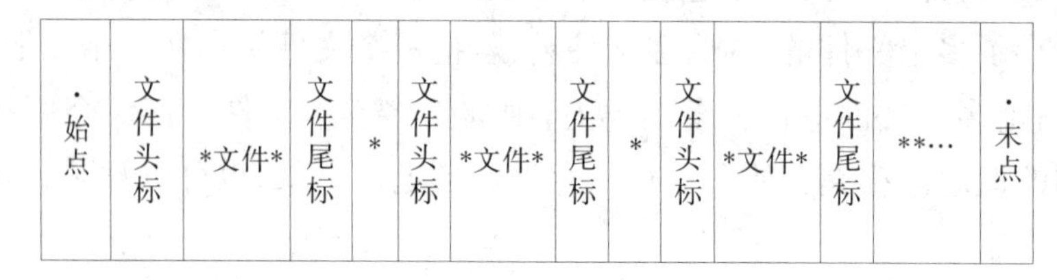

图 6-2　磁带文件的组织形式

由于文件是连续存储的，因此只要确定了文件在磁带上的起始地址，结束地址也就确定了。用户访问该文件时，总是按照文件内容的先后顺序依次访问，不必每次都对内容进行定位。因此顺序文件的优点是访问容易、速度快。但也存在以下问题：

①需要一块连续的存储空间。对于一个很大的文件，可能没有足够的连续空闲空间供其使用，文件无法存放。另外长期要求连续空间，会产生大量的外部碎片，严重降低外存空间的利用率，虽然可以用紧凑技术将碎片拼接成大块空间，但系统开销大。

②不利于文件的插入、删除或动态增长。当对文件进行插入、删除或动态增长操作时，为了保持文件信息的逻辑顺序与物理顺序一致，系统需移动大量数据，效率低下。

③必须事先知道文件的长度。对于辅存而言，要将一个文件存入一个连续的存储区中，就必须先知道文件的大小，否则可能会导致文件在一个连续空间存不下。但新建一个文件时却很难事先知道文件的大小，这给顺序文件的存储带来困难。

2. 链接结构

文件采用顺序结构存储会带来一系列的负面影响，为了减少上述连续存储产生碎片的现象，现采用一种链接存放方式，将一个文件装入到多个离散的盘块中。

一个文件中的信息可以存放在若干不相邻的物理块中，各块之间通过指针链接，前一个物理块的链接指针指向后一个物理块的块号地址，则此文件的物理组织形式称为链接结构,链接结构的文件称“链接文件”或“串联文件”。由于链接结构采用离散分配方式,因此减少了碎片的产生,大大提高了外存空间的利用率。

根据文件中下一盘块的指针存放位置的不同,链接方式可分为隐式链接和显式链接两种。

(1)隐式链接

在采用隐式链接分配方式时,在文件目录的每个目录项中,都须含有指向链接文件第一个盘块和最后一个盘块的指针,如图 6-3 所示。

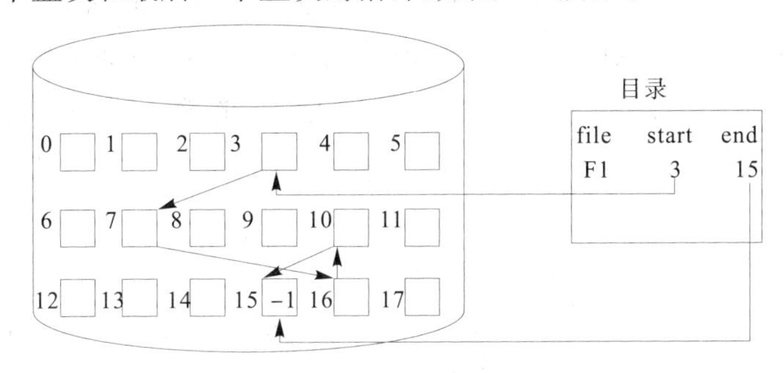

图 6-3　隐式链接分配方式

图 6-3 描述的是一个含 5 个盘块的文件,文件的起始位置从 3 号盘块开始,3 号盘块的下一个盘块为 7 号盘块,15 号盘块为最后一个盘块,没有存入其他盘块的地址,以－1 作为标志。

隐式链接分配只适合于顺序访问,直接访问效率较低。此外,只通过链接指针来将一大批离散的盘块链接起来,其可靠性较差,因为只要其中的任何一个指针出现问题,都会导致整个链的断开。

为了提高检索速度和减小指针所占用的存储空间,可以将几个盘块组成一个簇。比如,一个簇可包含 4 个盘块,在进行盘块分配时,是以簇为单位进行的。在链接文件中的每个元素也是以簇为单位的。这样将会成倍地减小查找指定块的时间,而且也可减小指针所占用的存储空间,但却增大了内部碎片,并且这种改进也是非常有限的。

(2)显式链接

这是指把用于链接文件各物理块的指针,显式地存放在内存的一张链接表中。该表在整个磁盘仅设置一张。表中记录的项数与磁盘的块数是一致的,表的序号是物理盘块号,从 0 开始,直至 $N-1$,N 为盘块总数。在每个表项中存放链接指针,即下一个盘块号,如表 6-1 所示。

表 6-1　磁盘文件存放链接指针

第几项	0	1	2	3	4	5	6	7	8	9	10	11	12	…
内容	－1	－1	4	6	7	9	1	5	0	－1	12	0	－1	…

表 6-1 中有一文件从 2 号盘块开始，该文件的盘块号依次为 2、4、7、5、9。其中图中的－1表示文件结束，无下一个盘块。

在该表中，凡是属于某一文件的第一个盘块号，或者说是每一条链的链首指针所对应的盘块号，均作为文件地址被填入相应文件的 FCB 的“物理地址”字段中。由于查找记录的过程是在内存中进行的，因而不仅显著地提高了检索速度，而且大大减少了访问磁盘的次数。由于分配给文件的所有盘块号都放在该表中，故把该表称为文件分配表 FAT。FAT 表浪费会占用大量的磁盘空间。例如，设盘块的大小为 1 KB，硬盘的大小为 16 GB，采用显式链接分配时，该硬盘共有16 M个盘块，故 FAT 中共有 16 M 个表项，若要描述最大的盘块号 16 M，该 FAT 表项至少需 24 位，每 8 位为一个字节，则每个 FAT 表项需 3 个字节，FAT 需占用的存储空间大小为 3 B×16 M＝48 MB。

显式链接方式存在以下两个问题：

①不支持高效的直接存取，要对一个较大的文件进行直接存取，也必须首先在存放链接指针的表中查找许多盘块。

②因为要存放大量的链接指针，所以 FAT 表需占用大量的空间。

3. 索引结构

为每个文件分配一个索引块(表)，再把分配给该文件的所有盘块号都记录在该索引块中，该索引块就是一个含有许多盘块号的数组，按照此分配方式存储的文件称索引文件。由于索引块就是一个存有多个盘块号的盘块，所以在建立一个文件时，只需在为之建立的目录项中填上该文件索引块的盘块号，如图 6-4 所示。

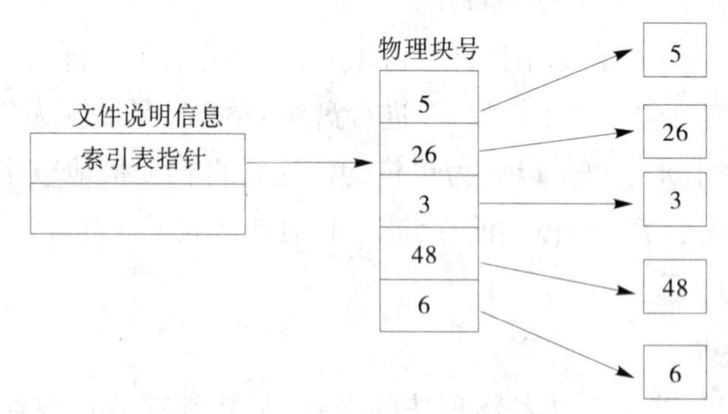

图 6-4　一级索引分配图

索引分配方式支持直接访问。当要读文件的第 i 个盘块时，可以方便地直接从索引块中找到第 i 个盘块的盘块号。此外，索引分配方式也不会产生外部碎片。当文件较大时，索引分配方式无疑要优于链接分配方式。索引分配方式的主要问题是：可能要花费较多的外存空间。每当建立一个文件时，便须为之分配一个索引块，将分配给该文件的所有盘块号记录于其中。索引块需要一块连续空间存储，当一个文件很大时，需很多个盘块装入信息，若采用索引分配方式，将要用很多个索引项表达，这样索引块也需大量的空间，索引项多了也影响查找效率，此时，应为这些索引块再建立一级索引，即一个索引项里内容标明的不是具体的文件存储的盘块号，依然是一个逻辑盘块号与物理盘块号的对应关系。对于特别大的文件，若二级索引不能满足要求，还可采用三级、四级索引等。

图 6-5 展示了二级索引分配方式下各索引块之间的链接情况。如果每个盘块的大小为 1 KB，每个盘块号占 8 B(现在多为 64 位机器)空间，则在一个索引块中可存放 128 个盘块号。这样，在二级索引时，最多可包含的存放文件的盘块的盘块号总数 $N=128\times128=16$ K 个盘块号。由此可得出结论：采用二级索引时，所允许的文件最大长度为 16 MB。倘若盘块的大小为 8 KB，在采用单级索引时所允许的最大文件长度为 8 KB×8 KB/8 B＝8 MB；而在采用二级索引时所允许的最大文件长度可达 8 GB。

在一般情况下，中、小型文件较大，有的文件只需 1～2 个盘块，此时不采用索引，或者采用一级索引，若采用二级或多级索引会导致索引块的利用率低，浪费空间。一个操作系统中往往有多种类型的文件，其大小不一，为了满足多方面需要，通常采用混合索引分配方式，即有直接寻址、一级索引、多次间接索引等。

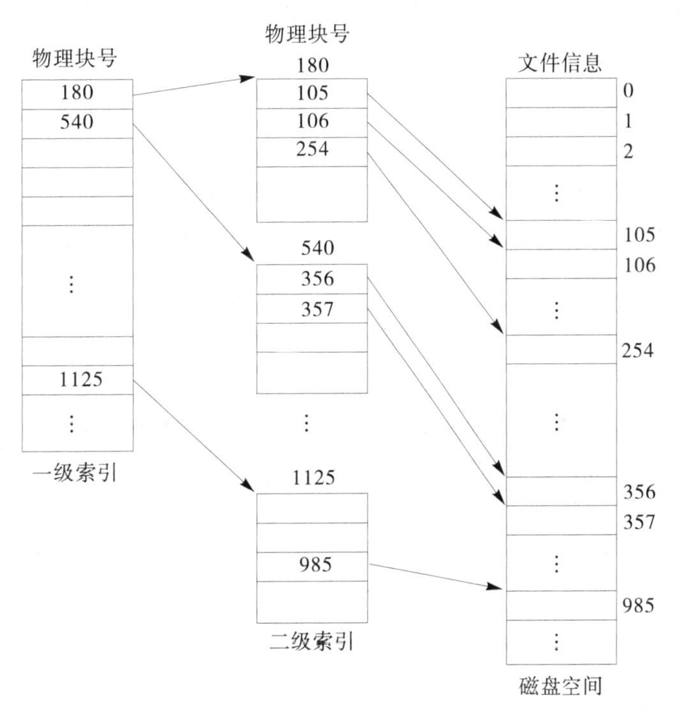

图 6-5　二级索引分配图

以上直接寻址、一级索引、多次间接索引等不同的索引，对应直接地址、一次间接地址、多次间接地址等不同的寻址方式。

(1)直接地址

为了提高对文件的检索速度，在索引结点中可设置多个直接地址项，在这里的每项中所存放的是该文件数据所在盘块的盘块号。假如每个盘块的大小为4 KB，现有10个直接地址项，当文件不大于40 KB时，便可直接从索引结点中读出该文件的全部盘块号。

(2)一次间接地址

一次间接地址，即一级索引分配方式，利用索引结点中的地址项来提供一次间接地址。对于大、中型文件，只采用直接地址是不现实的。一次间址块也就是索引块，系统将分配给文件的多个盘块号记入其中。在一次间址块中可存放1 K个盘块号，若每个盘块的大小为4 KB，则允许文件长达4 MB。

(3)多次间接地址

当文件长度大于4 MB+40 KB时(一次间址与10个直接地址项)，系统还须采用二次间址分配方式。该方式的实质是二级索引分配方式。系统此时是在二次间址块中记入所有一次间址块的盘号。在采用二次间址方式时，一个二级索引项可登记1 K×1 K=1 M个盘块，文件最大长度可达1 M×4 KB=4 GB。

同理，可得出N次间接地址分配方式允许文件的最大长度。例如，设每个盘块大小为xB，每个索引项占用空间yB，则每个盘块可存储x/y个索引项，一个一次间接地址可表达的最大空间为$x\times(x/y)$B，依此类推，可得一个N次间接地址最大空间为$x\times(x/y)^N$B。

若采用混合索引方式，文件允许的最大长度就是这些索引项表达的最大空间。例如，现有一索引块，包含7个地址项，每个地址项占用4 B空间，每个盘块大小为1 KB，其中有4个直接地址、2个一次间接地址、1个二次间接地址，则支持的最大文件空间是多少？解决此类问题，首先求出一个盘块可记录多少个地址项，即1 KB/4 B=256个，这样一个二次间接地址可记录$256\times256=2^{16}$个地址项，这样4个直接地址可指向4个盘块，2个一次间接地址可指向2×256个盘块，1个二次间接地址可指向2^{16}个盘块，总空间为1 KB×$(4+512+2^{16})$=66052 KB，即文件允许的最大空间。

6.3 文件目录

在计算机系统中，通常要存储大量的文件。可借助文件目录来有效组织、管理这些文件。文件目录也是一种数据结构，用于标识系统中的文件及其物理地址，供检索时使用。有了文件目录，用户只要通过文件名就可以快速、准确地找到指定文件。对文件目录管理的具体要求如下：

①实现按名存取。即用户只需向系统提供所需访问文件的名字,便可对文件进行存取。按名存取既是目录管理的最基本功能,也是文件系统为用户提供的基本服务。

②提高检索目录的速度。即通过合理组织目录结构,加快目录的检索速度,从而提高文件的存取速度。这也是设计大、中型文件系统所追求的主要目标。

③实现文件共享。即在多用户系统中允许多个用户共享一个文件,但必须在外存中保留共享文件的一份副本,供不同用户访问,以提高存储空间的利用率。

④允许文件重名。即允许不同用户按照各自的使用习惯给不同文件取相同的文件名而不会产生冲突。

6.3.1　文件控制块

为了能对一个文件进行正确的存取,必须为文件设置用于描述和控制文件的数据结构,称为"文件控制块"(File Control Block,FCB)。文件管理程序可借助于文件控制块中的信息,对文件施以各种操作。FCB随着文件的建立而产生,随着文件的删除而消失,其内容是动态变化的。文件目录由若干个目录项组成,每一个目录项对应一个文件的有关信息。通常,一个文件目录也被看作一个文件,称为目录文件。

为了能对系统中的大量文件施以有效的管理,在文件控制块中,除了有文件名和文件存储位置外,还应包括如何控制和管理文件的信息。通常应含有三种信息,即基本信息、存取控制信息和使用信息。

(1)基本信息

基本信息包括文件名、文件物理位置、文件的逻辑结构和文件的物理结构。

①文件名。指用于标识一个文件的符号名。在每个系统中,每一个文件都必须有唯一的名字,用户利用该名字进行存取。

②文件的物理位置。指文件在外存上的存储位置。

③文件的逻辑结构。指明文件是流式文件还是记录式文件、记录数;文件是定长记录还是变长记录等。

④文件的物理结构。指明文件是顺序文件,还是链接式文件或索引文件。

(2)存取控制信息

存取控制信息包括:文件的存取权限、核准用户的存取权限以及一般用户的存取权限。

(3)使用信息

使用信息包括:文件的建立日期和时间、文件上一次修改的日期和时间及当前使用信息。应该说明,对于不同操作系统的文件系统,由于功能不同,可能只含有上述信息中的某些部分。

6.3.2 文件目录结构

文件目录结构组织的好坏，直接关系到文件存取速度的快慢，关系到文件共享程度的高低和安全性能的好坏。因此，组织好文件目录，是设计好文件系统的重要环节。常用的文件目录结构有一级目录、二级目录和多级目录。

1. 一级目录结构

所谓一级目录结构是指在整个文件系统中只建立一张目录表，所有文件都登记在该目录表中，每个文件占据其中的一项。目录项中一般包含文件名、文件扩展名、文件长度、文件类型、文件物理地址以及其他文件属性。

当要建立一个新文件时，先将新的文件名在目录项中检索，看是否与已有信息有冲突，若无冲突，则从目录表中找出一个空项，将新文件的相关信息添入其中，否则重新命名。删除文件时，先从目录表中找到该文件对应的目录项，从中找到该文件存储的物理地址，对它们进行回收，然后再清除所占用的目录项。

单级目录是最简单的目录结构，其优点是实现容易、管理简单，能实现目录管理的基本功能——按名存取，但存在着以下缺点：

①查找速度慢。当系统中管理的文件数量太多时，会导致文件目录表也很大，使得查找一个文件的目录检索时间增加很多。

②不允许文件重名。所有的文件都登记在同一张目录表中，不可能出现同名的文件。但在多用户环境下，用户都有自己的命名习惯，相互独立的用户对文件命名重名是不可避免的。

③不能实现文件共享。通常，每个用户都有各自的文件命名习惯，应允许不同用户使用不同的文件名访问同一文件。但一级目录结构只能要求所有用户以同一文件名访问同一文件，因而不能实现多道程序设计的文件共享功能，只适宜单用户的操作系统。

单级目录只满足目录管理条件中的“按名存取”一条，其余都不满足。为了解决上述问题，操作系统往往采用二级或多级目录结构。

2. 二级目录结构

为每一个用户建立一个单独的用户文件目录(User File Directory，UFD)，加上系统为各用户建立的用户目录形成二级目录。在二级目录中，第一级目录为主文件目录(Master File Directory，MFD)，用于管理所有用户信息，包括用户名、用户文件目录地址等，每个用户占一个目录项。第二级目录为用户文件目录(User File Directory，UFD)，为该用户的每个文件建立一个目录项。UFD 与 MFD 的结构相同，如图 6-6 所示。

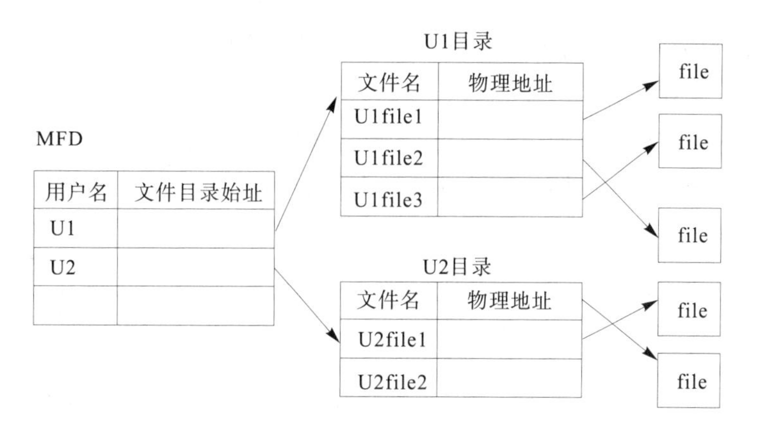

图 6-6 二级目录结构

当用户需要访问某文件时，系统根据用户名从 MFD 目录中找出该用户的 UFD 物理位置，再根据相关的文件名在该用户的 UFD 中查找对应的物理地址。当某个用户要建立一个新文件时，若该用户是一个新用户，则操作系统为其先在 MFD 表中分配一个目录项，再分配存储该用户目录表的存储空间并创建 UFD 表，然后把用户名及指向该用户目录表起始地址的指针登入 UFD 中，同时为新建的文件在下一级用户目录表中分配一个目录项、文件存储块，并把文件有关信息登入目录项。否则，根据用户名检索 MFD 表，找到该用户的 UFD 表，先判断新文件名与现有文件名是否重名。若不重名，则从用户目录表中找出一个空项，分配文件存储块并将文件相关信息添入其中；否则，重新命名后再完成后续过程。当某个用户要删除一个文件时，先按用户名在 MFD 表中找到该用户的下一级 UFD 表，然后从 UFD 表中按文件名找到该文件对应的目录项，从中找到该文件存储的物理地址，对它们进行回收，并清除所占用的目录项。

二级目录结构基本克服了一级目录结构的缺点，具有以下优点：

①提高了查找速度。若系统中管理的所有文件隶属于 n 个用户，每个用户最多管理 m 个文件，则采用一级目录结构检索文件时最多需检索目录项 $m\times n$ 次，但采用二级目录管理，只需检索目录项 $m+n$ 次。特别当 m 和 n 都很大时，可以大大提高检索速度。

②允许文件重名。不同用户可以使用相同的文件名，因为每个用户管理的文件都登记在自己的目录表中，只要 UFD 表中的文件名唯一即可，与 MFD 表无关。

③可实现文件共享。允许不同用户使用不同的文件名访问同一共享文件。

3. 多级目录结构

大型文件系统往往采用三级或三级以上的多级目录结构。在多级目录中，系统可以按其任务的不同领域、不同层次建立多层次的分目录结构，达到提高目录的检索速度和文件系统的性能的目的。

多级目录结构又称为树形目录结构，树根为 MFD，有且仅有一个。其他目录按层次分级，分别称为一级子目录、二级子目录等。数据文件可放于任何一层目录下管理，树叶部分均表示数据文件。显然，树形目录结构具有二级目录的所有优点。图 6-7 所示的为树形目录结构，其中用矩形框代表目录，用圆圈代表文件。

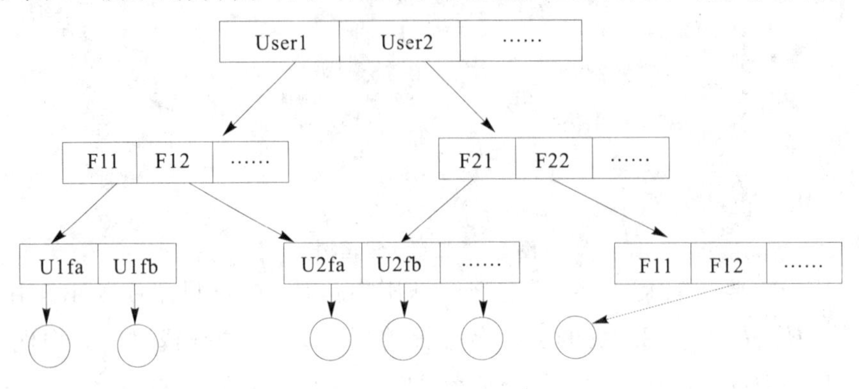

图 6-7　树形目录结构

(1)绝对路径

在树形目录结构中，从根目录开始访问任何文件，都只有唯一的路径。从根目录出发到某个具体文件经过的所有各级子目录名的顺序组合称为文件的路径名，又称为绝对路径名。用户存取文件时必须给出文件所在的路径名，文件系统根据用户指定的路径名检索各级目录，从而确定文件所在的位置。UNIX 中用“/”隔开文件名和目录名，Windows XP 系列以“\”隔开。

(2)当前目录

引入路径名后，查找文件时总是从根目录开始经过若干子目录，因而查找的时间较长。事实上，根据访问的局部性原理，用户在一段时间内会经常访问某一子目录下的文件。为了提高文件检索速度和方便用户，文件系统引进了“当前目录”的概念。当前目录是文件系统向用户提供的当前正在使用的目录。系统初始启动后，当前目录就是根目录。当前目录可根据需要任意改变。

(3)相对路径

相对路径是指从当前目录出发到指定文件的路径名。若要检索的文件就在当前目录中，则存取文件时不需指出相对路径，只要指出文件名就行，文件系统将在当前目录中寻找该文件；若不在当前目录中，但在当前目录的下级目录中，则可用相对路径名指定文件，文件系统就从当前目录开始沿着指定的路径查找该文件。因此，使用相对路径名可以减少查找文件所花费的时间。

多级目录的优点可以概括以下几点：

①解决了文件重名问题。

②查询速度比二级目录更快，同时层次结构更加清晰，能够更加有效地进行

文件的管理和保护。

③在多级目录中，不同性质、不同用户的文件可以构成不同的目录子树，不同层次、不同用户的文件分别呈现在系统目录树中的不同层次或不同子树中，可以容易地赋予不同的存取权限。

6.3.3 目录的查找和改进

1. 目录的查找

文件查找是文件目录管理的重要工作之一，"按名存取"实质就是系统根据用户提供的文件名来查找文件目录，直至找到该文件。实现用户"按名存取"，系统要从以下几步着手：

①系统利用文件名，对文件目录进行查找，获得该文件的 FCB 或索引结点。

②根据第一步得到记录的文件物理地址，转换成磁盘上的物理地址。

③启动磁盘驱动程序，将所得文件读到内存中。

对目录进行查找的方式有两种：线性检索和哈希检索。

(1)线性检索

在单级目录中，利用用户提供的文件名，用顺序查找法直接从文件目录中找到指定文件的目录项。在树型目录中，若要查找一个文件都必须从根目录开始，顺着文件名所在的目录逐级查找。无论是什么类型的目录，其查找都按某种顺序进行，所以线性检索又称顺序检索。

假设要查找绝对路径名为"\user\layer1\OS. ppt"的文件，运用线性检索查找过程如下：

首先，从根目录查找，把根目录文件信息读到内存，按给定的路径名中第一个分量 user 逐一与内存目录表中的目录项进行比较，若找不到，则继续将根目录中其他信息读入内存再比较，直至找到为止，若依然找不到，则弹出出错对话框。

其次，找到 user 后，再将 user 下的子目录信息读入内存，重复第一步，找到 layer1 目录项。

再次，找到 layer1 后，再根据这个目录内容把 layer1 下的部分目录文件信息读到内存，将 OS. ppt 与内存中目录项逐一比较，直至找到具体文件为止，如果在顺序查找过程中发现有一个文件分量名未能找到，则应停止查找，并返回"文件未找到"信息。

显然，上述使用绝对路径名查找速度较慢，通常采用相对路径查找有较理想的效果。

(2)哈希检索

系统利用用户提供的文件名并将它变换为文件目录的索引值，再利用该索引值到目录中去查找，这将显著地提高检索速度。在进行文件名的转换时，有可能把n个不同的文件名转换为相同的哈希值，出现了地址“冲突”的问题。一种处理此“冲突”的有效规则是：

①在利用哈希法索引查找目录时，如果目录表中相应的目录项是空的，则表示系统中并无指定文件。

②如果目录项中的文件名与指定文件名相匹配，则表示该目录项正是所要寻找的文件所对应的目录项，故而可从中找到该文件所在的物理地址。

③如果在目录表的相应目录项中的文件名与指定文件名并不匹配，则表示发生了“冲突”，此时须将其哈希值再加上一个常数（该常数与解决地址冲突有关），形成新的索引值，再返回到第一步重新开始查找。

哈希检索方法优点是检索速度快，但难点是选择合适的哈希表长度及哈希函数的构造，且插入和删除目录时，要考虑两个目录的冲突问题。

2. 目录的改进

一个文件目录项一般要占用大量空间，这样会导致目录文件也较大。查找目录时，常常要将存放在目录文件的多个物理块逐一读入内存查找，效率较低。其实，在进行文件查找时，只用到文件名及相应的文件号，其余信息只有到读取时才用到，所以没有必要提前将大量对查找无帮助的信息一同装入内存。为了加快目录查找速度，可采用目录项分解法，即将目录项分为两部分：符号目录项（包含文件名及相应的文件号）和基本目录项（包含除了文件名外的FCB的其余信息）。

例如，设一个文件目录项占用64 B空间，符号目录占8 B，基本目录项占64 B－16 B＝48 B。若物理块大小为1024 B，目录文件有256个目录项，此时，对于不采用目录分解方法的情况，一个盘块存放[1024/64]＝16个目录项，256个目录项需16个盘块空间存储，查找一个文件的平均访问盘块数为(1＋16)/2＝8.5次。采用分解法后，一个盘块存储[1024/8]＝128个目录项，256个目录项需2个盘块空间存储，查找一个文件的平均访问盘块数为(1＋2)/2＝1.5次。可见，采用目录项分解可减少访问硬盘的次数，提高文件目录检索的速度。

6.4 文件系统的实现

操作系统中负责管理和存储文件信息的软件机构称为文件管理系统，简称文件系统。用户要新建文件时，就必须申请存储空间，删除文件时要回收空间，这涉及对存储空间的管理。用户通过何种方式访问文件与文件系统的实现方式有关。

6.4.1 打开文件表

文件存储在外存中，当要访问文件时，必须从外存将文件调入主存。根据对程序操作的局部性原理，一个文件被访问后，可能还要反复被多次访问。为了防止每次访问都执行I/O操作，降低系统效率，各系统都提供了主存打开文件表供系统调用。其中，为整个系统提供一张系统打开文件表，为每个用户提供一张用户打开文件表。

1. 系统打开文件表

系统打开文件表，用于保存已打开文件的相关信息，如 FCB、文件号、共享计数及修改标志等，存储在内存中，如表 6-2 所示。

表 6-2　系统打开文件表

FCB	文件号	共享计数	修改标志	…
…	…	…	…	…

2. 用户打开文件表

用户打开文件表，用于保存文件描述符、打开方式、读写指针及系统打开文件表入口地址等，如表 6-3 所示。

表 6-3　用户打开文件表

文件描述符	打开方式	读写指针	系统打开文件表入口地址	…
…	…	…	…	…

用户每一次访问该文件时，就把用户打开文件表的位置记录到进程控制块中，同时利用该表中的系统打开文件表的入口地址找到要访问的文件信息，以备访问。

由以上两张表的结构可知，用户打开文件表指向系统打开文件表。若多个进程共享同一个文件，则多个用户打开文件表时必须对应系统打开文件表的同一入口地址，它们之间的关系如表 6-4 所示。

其中，系统打开文件表中的共享计数值即为共享某文件的进程数，当共享计数为非 0 时，系统要删除此共享文件是不可以的，必须等共享计数值为 0 时，方可删除此共享文件。

表 6-4　文件表之间的关系

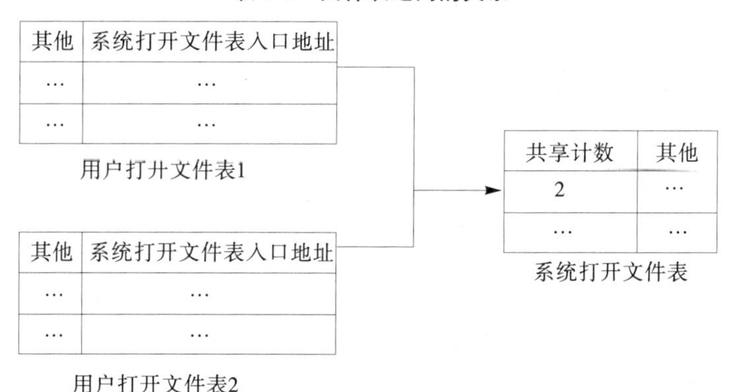

6.4.2 外存空间管理

文件管理要解决的重要问题之一是如何为新创建的文件分配存储空间。不同的存储方式，会直接影响对文件的访问速度及存储空间的利用率。外存的分配方式与内存的分配方式有许多相似之处，也可采取连续或离散的分配方式。连续分配有较高的文件访问速度，但可能产生较多的外存零头；离散分配能有效地利用外存空间，但访问速度较慢。为了实现存储空间的分配，系统首先必须记住存储空间的使用情况。首先，系统应为分配存储空间而设置相应的数据结构；其次，系统应提供对存储空间进行分配和回收的策略。下面介绍几种常用的文件存储空间的管理方法。

1. 空闲块表法

(1)空闲块表

系统为外存上的所有空闲区建立一张空闲块表，该表记录外存上所有空闲区的使用情况。空闲块表法属于连续分配方式，它与内存的动态分配方式相同，它为每个文件分配一块连续的存储空间，即连续相邻的空闲区构成一个空闲块表项，空闲块表项中还记录了一组连续空闲块的首块号和块数等信息。空闲块数为“0”的登记项为“空”登记项。为了查找方便，再将所有空闲区按其起始盘块号递增的次序排列，具体如表 6-5 所示。

表 6-5　空闲块表

序号	首块号	空闲盘块数
1	8	3
2	15	4
3	23	5
4	空	0

(2)存储空间的分配与回收

空闲块表法属于连续分配方式，适合采用顺序结构的文件，一般采用首次适应等算法。外存空间上的空闲块区的分配和回收过程与主存的可变分区方式类似，具体如下：

①分配过程。用户创建新文件时，首先系统顺序检索空闲块表中的登记项，直到找到第一个大小能满足文件要求的空闲块区；其次，将该连续块区分配给用户文件使用，同时修改空闲块表，将剩下的空闲块仍写回空闲登记项。

②回收过程。当用户文件从外存上被删除时，系统将对用户释放的外存空间进行回收。首先，根据被删文件的名字查找文件目录中对应的目录项，找到文件

的存储地址并回收；其次，考虑回收物理地址上、下是否有相邻空闲块，若有，则按照类似主存可变分区方式的回收方法对相邻的块区进行前后合并。

空闲块表法可减少访问外存 I/O 操作次数，因此具有较高的分配速度。但该方法在反复分配时会产生较多的外部碎片，不利于外存空间的利用。

2. 空闲链表法

空闲链表法是将所有空闲块链接成一链表，每一个空闲块中都设置一个指向下一空闲块的指针。根据构成链的基本元素的不同，分为空闲盘块链表和空闲盘区链表。

(1)空闲盘块链表

以盘块为基本元素，将磁盘上所有空闲盘块链接成一链表。当用户创建一个新文件时，系统将为该文件分配若干不连续的空闲盘块。分配时系统从空闲盘块链首指针开始，顺序分配满足文件请求的若干个物理块给用户。当用户文件从外存上被删除时，系统将对用户释放的外存空间进行回收。回收时，将被删除文件的物理块号顺序插入到空闲块链的末尾。

此方法的优点是分配与回收过程简单、易实现；缺点是分配物理空间时要多次访问外存。

(2)空闲盘区链表

以一组相邻的空闲块为一空闲区，将磁盘上的所有空闲块形成若干个空闲区链接成一链表，每个区上除含有用于指示下一个空闲区起始地址的指针外，还有关于空闲区块数大小的信息。分配盘区的方法与内存的动态分区分配类似，通常采用首次适应算法。在回收盘区时，同样也要将回收区与相邻接的空闲盘区相合并。在采用首次适应算法时，为了提高对空闲盘区的检索速度，可以采用显式链接方法，亦即，在内存中为空闲盘区建立一张链表。

此方法的优点是可以减少访问辅存的 I/O 次数；缺点是分配与回收过程较复杂。

3. 位示图法

位示图法是一种比较通用的方法。因为磁盘被分块后，每块大小相同，所以对其分配与回收都可以用相同的方法处理。为了方便磁盘盘块的分配与回收，用一张二维表来表示磁盘块的使用情况，此二维表称为位示图。位示图中只有“0”和“1”，且磁盘块的每个块与位示图中的每一位对应，若某个单元格的值为“1”，表示该位对应的磁盘块已被占用，否则为空闲块。

若位示图为 m 行 n 列，则位示图中共有 $m\times n$ 位，也即磁盘共有 $m\times n$ 个磁盘块。在位示图中把 n 个位组织成一个字，即根据系统特点，定义一个足够大的字，字长为 n，一共有 m 个字。

若已知字号 i 和位号 j，则对应磁盘块号的一般计算公式为：

块号－起始块号＝(i－起始字号)×位示图中的字长＋(j－起始位号)

假定有一个磁盘共有 6400 个磁盘块，若用字长为 32 位的字来构造位示图，共需 200 个字。磁盘块号、字号和位号均从 0 开始编号，则位示图中第 i 个字的第 j 位对应的块号为：$b=i\times 32+j$，如表 6-6 所示。

表 6-6　位示图示例

	0 位	1 位	…	30 位	31 位
第 0 字	0	0	1	0	0
第 1 字	1	0	0	1	0
…	…	…	…	…	…
第 199 字	1	0	1	0	1

创建文件时，要为文件分配磁盘空间，删除文件时要回收空间。分配与回收时，均需将磁盘块号与位示图中的信息进行相应改动。具体过程如下：

分配过程：

①当用户创建一个新文件时，根据文件的大小，系统顺序扫描位示图。若图中剩余的二进制空闲位总数大于文件长度，则从中找出一组值为 0 的二进制空闲位进行分配。

②将所找到的一个或一组二进制位转换成与之相应的盘块号。假定找到的其值为“0”的二进制位位于位示图的第 i 行、第 j 列，则其相应的盘块号应按下式计算：$b=n\times i+j$，式中 n 代表每行的位数。

③将文件存入磁盘指定地址块上，同时修改位示图，将找到的空闲二进制位的值置 1，表示占用，并修改剩余的空闲块位总数。

回收过程：

①当用户删除一个文件时，根据要回收的具体磁盘物理块号，找到对应在位示图中的位置，即位示图中的字号和位号。

字号＝(块号－起始块号)div 字长＋起始字号

位号＝(块号－起始块号)mod 字长＋起始位号

②修改位示图，将计算出的二进制位的值改为零，并修改剩余的空闲块位总数。

【例 6.1】 设某系统的磁盘文件空间共有 600 块，用字长为 32 位的位示图管理磁盘空间，块号、字号、位号均从 1 开始编号。若要创建一新文件，空间为一个磁盘块大小，位示图中第一个为“0”的位置：字号为 9，位号为 16，试描述文件分配过程，并描述回收块号为 399 的磁盘块的过程。

解：

分配过程：

首先检查新文件的空间要求，若满足要求则搜索相应位为“0”的位置，结果第一个为“0”的位置：字号为9，位号为16。

计算对应的块号：$b-1=(9-1)\times32+(16-1)$

$b=272$

将位示图的第9行第16列修改为“1”，表示对应的磁盘块已占用。

回收过程：

因为要回收的磁盘块号为399，所以要先在位示图中找到块号为399的磁盘块对应的位置。

根据公式：字号＝(块号－起始块号)div字长＋起始字号

位号＝(块号－起始块号)mod字长＋起始位号

得：字号＝(399－1)div 32＋1＝13

位号＝(399－1)mod 32＋1＝15

将位示图中的第13行第15列修改为“0”，表示对应的磁盘块空闲。

用位示图管理磁盘空间时，占用的空间很小，因此可将位示图直接装入主存，从而减少了频繁启动磁盘的次数。另外，此算法也容易实现，只需根据文件的大小快速找到值为0的空闲位并置1即可。

6.5 文件的使用

从用户使用文件角度来看，文件系统提供的系统调用方式允许用户实施对文件的操作。常见的基本操作有：建立文件、打开文件、读/写文件、关闭文件、删除文件等。

6.5.1 文件的基本操作

1. 建立文件

当用户要建立一个新文件并存储到存储介质上时，首先文件系统利用“建立”文件的系统调用命令新建一个文件。用户在调用此操作命令时，通常要向系统提供一些必要的参数：用户名、文件名、文件属性和存取控制信息等。

系统接收到创建文件的命令后，先检索相关参数的合法性，如文件名是否重名、用户名是否存在、系统是否有足够的空间等，具体建立过程如下：

①检查建立参数的合法性。若合法，则按照用户名检索主文件目录表，找到用户文件目录表。

②检查用户文件目录表中是否重名。若无重名，则在目录表中空闲位置处建

立一个空的目录项。

③为新文件分配必要的外部存储空间。

④将用户提供的参数及分配到的外部空间物理地址填入目录项中。

⑤返回一个文件描述符。

建立文件操作实质上是建立文件目录项，目的是建立系统与文件的联系，真正的文件内容必须由随后的写命令写入外存中。

2. 打开文件

用户要使用外存上的文件时，首先必须调用文件系统提供的打开文件操作命令向系统提出"打开"要求。当然为了完成打开文件任务，也要提供一些相应的参数，如用户名、文件名、打开方式及口令等。具体步骤如下：

①根据文件路径名查找文件目录树，找到该文件的文件控制块。

②根据打开方式、共享说明和用户身份检查访问合法性。

③根据文件号检索系统打开文件表，看文件是否已被打开。若已打开，则将表中的共享计数值加 1；否则将外存中的文件控制块等信息填入系统打开文件表空表项，并置共享计数为 1。

④在用户打开文件表中取一空表项，填写打开方式等，并指向系统打开文件表对应表项。

文件打开后，用户便可直接向系统提出读/写操作请求。在文件关闭前，每次操作无需多次重复打开，这样可大大提高对文件的操作速度。一般地，通过打开命令来打开文件的方式称为显式打开方式；有些系统中也可通过读/写命令隐含地向系统提出打开要求，称为隐式打开方式。

3. 读/写文件

文件的读和写是文件系统中最重要、最基本的操作，是通过系统调用来实现的。读文件是指把文件中的数据从外存空间读入主存，但要保证文件是打开的。用户在调用此操作命令时，必须提供一些主要参数。若该文件采用随机方式存储，则参数包括文件名、起始逻辑记录号及记录数、数据读入的主存起始地址等；若采用顺序方式，则参数中不需包含起始逻辑记录号，只需将记录数换成字节数即可。具体步骤如下：

①根据文件名查找文件目录，确定该文件在目录中的位置及存储地址。

②根据隐含参数中的 PCB 信息和该文件的存取权限数据，检查访问的合法性。

③根据文件控制块参数中指出的存储方式、起始地址和长度等信息，确定对应的存储块号和块数。

④向设备管理程序发出 I/O 请求，完成数据交换工作。

当用户要求插入、添加或更新文件内容，并把修改后的内容存入存储物理块时，可以执行写操作，但一般须先执行打开或建立文件操作。除增加了外存空间参数外，写文件操作与读文件类似，同样也必须先查目录，根据找到的文件控制块信息，将主存数据区中的数据写入物理块中。

4. 关闭文件

若用户不再需要对主存中的文件进行其他操作，则可以执行关闭操作将文件关闭，从而切断与该文件的联系，向系统归还对该文件的使用权。用户不能再对关闭后的文件进行读/写操作，除非该文件重新被打开，这样就能有效地保护文件，避免误操作。

文件关闭操作的参数同打开文件操作的参数，其基本步骤如下：

①查找用户打开文件表，删除该表中的对应表项。

②检索系统打开文件表，将该文件对应表项中的共享计数值减1，若结果为0，则表明已无用户再需使用该文件，可直接删除该表项。

③若系统打开文件表中该文件对应表项内容被用户修改过，则在删除该表项前必须要把该表项内容写回文件目录表的相应文件控制块中去，以使文件目录保持最新数据。

5. 删除文件

当一个文件完成了任务且不再被需要时，可将它从文件系统中删除。该操作只需提供完整的文件路径名参数，其主要步骤如下：

①根据文件路径名查找文件目录项。

②根据该文件目录项信息，回收该文件所占据的辅存空间。

③删除文件目录树中对应的目录项。

但执行删除文件操作前必须注意以下事项：

①删除该文件前应先关闭该文件。

②若此文件对另一文件执行了连接访问，则应先将被连接文件中的连接数减1。

③只有当被删除文件的当前用户数为0时，该文件才能被删除。

6.5.2 文件共享

所谓文件共享，是指允许多个用户同时使用一个文件。若不提供共享方式，则每个用户保留一份共享文件的副本，这样会造成存储空间的浪费。文件共享不仅可以节省大量辅存空间和主存空间，减少I/O操作次数，还能够使用户根据自己的习惯使用自己的命名访问共享文件，为用户提供了极大的方便。

共享是衡量文件系统性能好坏的主要标志，如何实现文件的共享？下面介绍目前常用的几种文件共享方法和实现技术。

1. 绕道法

在该方法中，系统允许每个用户获得一个当前目录，用户对所有文件的访问都是相对于当前目录进行的。当所访问的共享文件不在当前目录下时，可以从当前目录出发向上返回到与共享文件所在路径的交叉点，再沿路径向下到达共享文件，如图 6-8 所示。

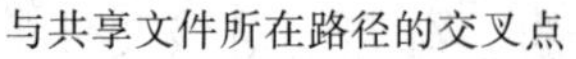

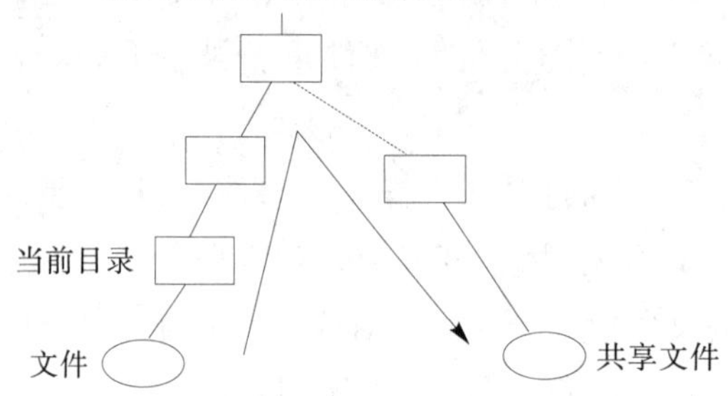

图 6-8　绕道法共享文件

绕道法要求用户指定到达共享文件的路径，并要回溯访问多级目录，因此，共享其他目录下的文件搜索速度较慢。

2. 链接法

当用户想要共享其他用户的文件，只要该用户被允许共享，并且知道该共享文件的路径名，就可以通过此路径名访问该文件。根据链接对象的不同，链接法有 3 种不同形式。

（1）目录链接

在树形目录结构中，当有多个用户需要经常对某个子目录或文件进行访问时，用户必须在自己的用户文件目录表中对想要共享的文件建立相应的目录项，称为链接。链接可在任意两个子目录之间进行，因此链接时必须特别小心，链接后的目录结构已不再是树形结构，而成为了网状复杂结构，文件的查找路径名也不再唯一。

在图 6-9 所示文件中如何建立 D 目录与 E 目录之间的链接呢？由于在文件目录项中记录了文件的存储地址和长度，因此链接时，只需将共享文件 d2 的存储地址和长度复制到 E 的目录项中即可。

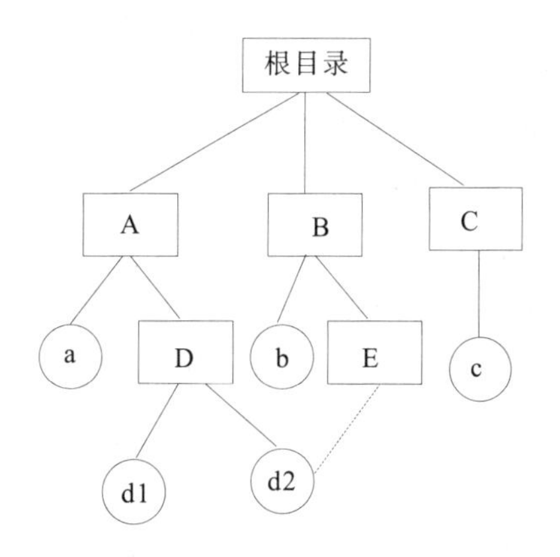

图 6-9 目录链接法示意图

但引入了目录链接方式后，文件系统的管理就变得复杂了。由于链接后的目录结构变成了网状结构图，当要删除某个共享文件时情况就变得特别复杂，必须考虑目录链接情况。如果被删除的共享文件还有其他子目录指向了它，则会出现链接指针指向一个不复存在的目录项的情况，从而引起文件访问出错。另外，由于目录项中只记录了当前链接时共享文件的存储地址和长度，若之后其中一个用户要对共享文件进行修改并向该文件添加新内容，则该文件的长度也必然随之增加。但增加的文件存储块只记录在执行了修改的用户目录项中，其他共享用户目录项中仍只记录原内容，从而这部分新增加的内容就不能被其他用户共享了，这显然不能满足共享需求。

(2)基于索引结点的共享方式

为了解决目录链接共享方式中存在的问题，不能将共享文件的存储地址、长度等文件信息记录在文件目录项中，而应放在索引节点中。目录项中只是存放文件名及指向索引节点的指针，如图 6-10 所示。

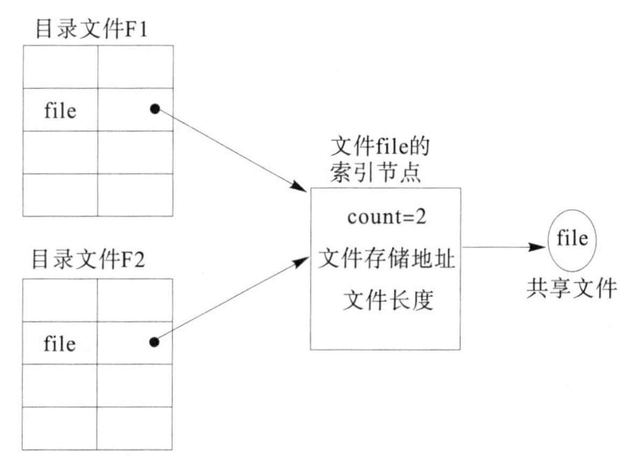

图 6-10 基于索引结点的共享方式

从图 6-10 中可以看出，若某用户对共享文件进行了修改，则所引起的文件内容的改变将全部存入该共享文件的索引节点中，但共享用户文件目录项并不做任何改变。因此，引入索引节点后，共享文件内容不管做何改变，共享用户都是可见的。另外，为了有效管理共享文件，在该文件对应的索引节点中应该设置一个链接计数器 count，用于记录链接到本索引节点文件上的用户目录项的个数。图中 count 的值为 2，则表示一共有 2 个用户共享该索引节点指向的共享文件。

例如，当用户 F1 创建了一个新文件后，F1 便是该文件的所有者，此时 count 为 1。当有用户 F2 要共享此文件时，只需在 F2 的用户目录中添加一目录项，同时设置一个指针指向该文件的索引节点。这时，count 的值增加到 2，但所有者仍为 F1。若 F1 不再需要该文件，则必须一直等待 F2 使用完而且不再需要时才能删除该文件；否则索引节点必然随着共享文件的删除而删除，致使 F2 目录项中的指针悬空。此时，若 F2 正在使用该文件，则必将半途而废。因此，此共享方式可能会导致共享文件所有者为等待其他用户完成而付出高昂的代价。

(3)基于符号链实现文件共享

用户 U1 为了共享用户 U2 的一个文件 file，可以由系统创建一个 LINK 类型的新文件，将新文件写入 U1 的用户目录中，在新文件中只包含被链接文件 file 的路径名，称这样的链接方法为符号链接。当 U1 要访问被链接的文件 file 且正要读 LINK 类型的新文件时，被操作系统截获，操作系统根据新文件中的路径名去读文件，于是就实现了用户 U1 对 file 文件的共享。

在利用符号链方式实现文件共享时，只有文件主才拥有指向其索引结点的指针；而共享该文件的其他用户只有该文件的路径名，并不拥有指向其索引结点的指针。这样，也就不会发生在文件主删除一共享文件后留下一悬空指针的情况。当文件的拥有者把一个共享文件删除后，其他用户试图通过符号链去访问一个已被删除的共享文件时，会因系统找不到该文件而使访问失败，于是再将符号链删除，此时不会产生任何影响。

符号链接方式也存在着一些不足，具体有：

①在每次访问共享文件时，都可能要多次地读盘。因为当其他用户去读共享文件时，系统根据给定的文件路径名，逐个分级地去查找目录，直至找到该文件的目录项，每一级目录可能不在同一个盘块中。

②为共享文件配置一个目录项，将消耗一定的磁盘空间。

当然，符号链接方式也有其优点：它能够用于链接（通过计算机网络）世界上任何地方的计算机中的文件，此时只需提供该文件所在机器的网络地址以及该机器中的文件路径即可。

上述链接方式都存在这样一个共同的问题，即每一个共享文件都有几个文件名。换言之，每增加一条链接，就增加一个文件名。这在实质上就是每个用户都使用自己的路径名去访问共享文件。当用户试图去遍历整个文件系统时，将会多次遍历到该共享文件。例如,当有一个程序员要将一个目录中的所有文件都转储到磁带上去时,就可能对一个共享文件产生多个拷贝。

6.6 文件系统的安全性和数据的一致性

操作系统提供了大量的重要文件供用户共享使用,给人们的工作和生活带来了极大的好处和方便,但同时也存在着潜在的安全隐患。影响文件系统安全的主要因素有以下几个方面。

①人为因素。使用者在使用过程中有意或无意的行为使文件系统中的数据遭受破坏、丢失或窃取。

②系统因素。系统出现异常情况,特别是系统存储介质出现故障或损坏,造成数据受到破坏或丢失。

③自然因素。不可抗拒的自然现象或事件导致存储介质或介质上的数据遭受破坏。

为了确保文件系统的安全,可针对上述的原因采取以下相应措施:

①采用存取控制机制来防止人为因素造成的文件不安全性。

②采用磁盘容错技术来防止系统故障造成的文件不安全性。

③采用备份技术来防止自然因素造成的文件不安全性。

6.6.1 防止人为因素造成的文件不安全性

文件在被共享时,涉及文件的安全性问题,而人为因素造成的不安全性具体表现为文件保护和文件保密。文件保护重点防止文件被破坏,而文件保密指未经文件所有者同意使用文件的情况,它们都涉及用户对文件的使用权限。一个好的文件系统必须具有良好的保护机构,方可使管理的文件具备更好的安全性。为了增强文件的安全性,一般在使用文件时,都要对使用权限进行审核。目前,常见的安全措施有:设置口令、文件加密、制定用户访问权限等。

1. 设置口令

保护文件不被破坏的另一个简便的方法是,文件拥有者为自己的每个文件设置一个使用口令并写入文件控制块中。凡是要求访问该文件的用户都必须先提供使用口令,若用户输入的口令与文件控制块中的口令相一致,就可以使用文件。当然,用户在使用中必须遵照文件拥有者分配的存取控制权限进行访问。

口令有两种方式:一是文件口令,系统要求文件的建立者为它需要保密的文件设置一口令,文件在使用前要核对口令,口令相符方可使用,否则拒绝访问;另一个是用户口令,指的是用户通过终端使用计算机时,核对用户的口令,在多用户操作系统中，通常为每位用户设置各自的口令，口令相符方可使用计算机，进入相应的目录中。

口令一般是由字母、数字或字母和数字混合而构成的。文件拥有者为了方便记忆，通常把口令设置成如生日、住址、电话号码及某人或宠物的名字等，并且设置的口令很短，这样的口令很容易被攻击者猜中。此外，口令保存在文件中，系统管理员可以设法获取所有文件的口令，从而使可靠性变得很差。当文件拥有者将口令告诉给其他用户后，就无法拒绝该用户继续使用该文件，否则，只有更改口令，但同时必须通知所有有关的用户。

2. 文件加密

对于高度机密的文件，可将文件中的所有字符，按某种变换规则重新编码，对文件进行加密保存，使用时再把内容进行解密，即使文件被盗，没有解密的方法也看不到文件原来的信息。编码时，通常简单的做法是当用户创建并存入一个文件时，利用一个代码键来启动一个随机发生器产生一系列随机数，然后由文件系统将这些相继的随机数依次加入到文件内容中去，从而翻译成密码；译码时，顺序减去这些随机数，文件就还原成正常形式，从而可以正常使用。

对于文件加密时采用的编码和译码方法，文件拥有者只告诉允许访问的用户，系统管理员和其他用户并不知道，这样他们就窃取不到文件信息。但这种方法会大大增加文件编码和译码的开销。

3. 制定用户访问权限

文件主建立文件时，可以规定所有用户对该文件的访问权限，且随着实际需要的变化将文件的访问权限随时修改。对文件的存取权限一般有以下 4 类：

①E：表示可执行。

②R：表示可读。

③W：表示可写。

④一：表示不能执行任何操作。

描述用户使用文件权限的方法有多种，下面介绍常用的两种：存取控制矩阵、存取控制表。

(1)存取控制矩阵

这种矩阵是由系统中的全部用户和全部文件组成的二维矩阵。在此矩阵中，每行代表一个用户，每列代表一个文件，具体某单元格的内容为用户对某文件具备的权限，如表6-7所示。

表 6-7 存取控制矩阵

权限 用户	文件 1	文件 2	…	文件 n
用户 1	ER	R	…	W
用户 2	WER	E	…	EW
…	…	…	…	…
用户 n	WR	—	…	R

此方式只适用于用户较少或文件较少的情况，若用户数和文件数都较多时，矩阵就会相当庞大，查找时间和存储空间的开销较大。

(2)存取控制表

存取控制矩阵可能会由于文件太大而无法实现，特别是，在某个文件可能只是把访问权赋予部分特定用户的场合，存取控制矩阵将会产生大量空白项，导致空间浪费。一个改进的办法是按用户对文件的访问权限的差别对用户进行分类，然后将访问权限直接赋予各类用户，而不必考虑每个用户。通常可分为以下几类用户：

①文件拥有者。表示创建该文件的用户，显然每个文件的拥有者只能是一个用户。

②同组用户。与文件拥有者同属于某一特定小组，同一小组中的用户一般都应与该文件有关。

③其他用户。与文件拥有者不在同一个小组的用户，因此与该文件一般关系不大。

按用户类别赋予存取权限时，可将存取控制矩阵改造为按列划分权限，即为每个文件建立一张存取控制表。在每个文件存取控制表中只存储被赋予了 3 种存取权限中至少一种的用户类名，不必考虑所有的用户名，具体如表 6-8 所示。显然，与存取控制矩阵相比，存取控制表大大减少了所需的存储空间，提高了空间的利用率。

表 6-8 存取控制表

文件 用户	文件 1	文件 2	…	文件 n
文件拥有者	ER	R	…	W
同组用户	WER	E	…	EW
其他用户	W	—	…	WR

6.6.2 防止系统、自然因素造成的文件不安全性

1. 磁盘容错技术

对文件系统而言，它必须保证在系统硬件、软件发生故障的时候，文件不会遭到破坏，这就是文件的完整性。为了保证文件的完整性，文件系统应当提供适当的机构，以保存所有文件的双份拷贝，一旦发生系统故障毁坏了文件，可通过另一拷贝将文件恢复。同时，文件系统还要具有能抵御和预防各种物理性破坏和人为性破坏的能力，以提高文件系统的可靠性。

容错技术是在系统中通过设置冗余部件的方法来提高系统完整性和可靠性的一种技术。磁盘容错技术则是通过增加冗余的磁盘驱动器、磁盘控制器等方法来提高磁盘系统完整性和可靠性的典型技术，通常又称系统容错技术（System Fault Tolerance，SFT）。它可分成 3 个级别：第一级是低级磁盘容错技术；第二级是中级磁盘容错技术；第三级是高级磁盘容错技术，它基于集群技术实现容错。目前，该技术广泛用于中小型机系统和网络系统中，可大大提高和改善磁盘系统的可靠性。

(1)第一级容错技术

第一级容错技术是最基本的一种磁盘容错技术，主要用于防止因磁盘表面缺陷所造成的数据丢失。它包含双份目录和双份文件分配表、热修复重定向及写后读校验等措施。

①双份目录和双份文件分配表。文件目录表和文件分配表是文件管理的重要数据，一旦被破坏，会导致存储空间的部分或所有文件不可访问，从而导致文件丢失。为了防止此情况发生，可在磁盘不同区域或不同磁盘上分别建立文件目录表和文件分配表，即双份文件目录表和双份文件分配表，其中一份作为备份。当磁盘表面出现缺陷造成文件目录表和文件分配表损坏时，系统会自动启动备份，以保障数据仍可访问，同时将损坏区标识出来并写入坏块表中，然后再在磁盘其他区域建立新的文件目录表和文件分配表作为新的备份。采用此手段，系统每次启动时，都必须对主表与备份表进行检查，以验证它们的一致性。

②热修复重定向。当磁盘表面出现部分损坏时，可采取补救措施防止将数据写入损坏的物理块中，使得该磁盘能继续使用。热修复重定向措施就是其中的一个补救措施。热修复重定向技术是将磁盘的一小部分容量作为热修复重定向区，专门存储有缺陷磁盘物理块待写的数据，并对该区中的所有数据进行登记，以便日后访问的一种技术。当需要访问该数据块时，系统就不再到有缺陷的磁盘块区读取数据，而是转向热修复重定向区对应的磁盘物理块。

③写后读校验。为了保证所有写入磁盘的数据都能写入到完好的盘块中，应

在每次从内存缓冲区向磁盘中写入一个数据块后，又立即从磁盘上读出该数据块，并送至另一缓冲区中，再将该缓冲区内容与内存缓冲区中在写后仍保留的数据进行比较。若两者一致，便认为此次写入成功，可继续写下一个盘块；否则，再重写。若重写后两者仍不一致，则认为该盘块有缺陷，此时，便将应写入该盘块的数据，写入到热修复重定向区中。

（2）第二级容错技术

一级容错技术一般只能防止磁盘表面损坏造成的数据丢失。若磁盘驱动器发生故障，则数据无法写入磁盘中，仍可能造成数据丢失。为避免在这种情况下产生数据丢失，可采取磁盘镜像和磁盘双工等二级容错技术。

①磁盘镜像。为了避免磁盘驱动器发生故障而丢失数据，便增设了磁盘镜像功能。为实现该功能，须在同一磁盘控制器下再增设一个完全相同的磁盘驱动器，如图 6-11 所示。当采用磁盘镜像方式时，在每次向主磁盘写入数据后，都需要将数据再写到备份磁盘上，使两个磁盘上具有完全相同的位像图。备份磁盘可看作主磁盘的一面镜子，当主磁盘驱动器发生故障时，由于有备份磁盘的存在，在进行切换后，主机仍能正常工作。磁盘镜像虽然实现了容错功能，但未能使服务器的磁盘 I/O 速度得到提高，却使磁盘的利用率降至仅为原来的 50%。

②磁盘双工。如果控制这两台磁盘驱动器的磁盘控制器发生故障，或主机到磁盘控制器之间的通道发生了故障，磁盘镜像功能便起不到数据保护的作用。因此，在第二级容错技术中，又增加了磁盘双工功能，即将两台磁盘驱动器分别接到两个磁盘控制器上，同样使这两台磁盘机镜像成对，如图 6-12 所示。

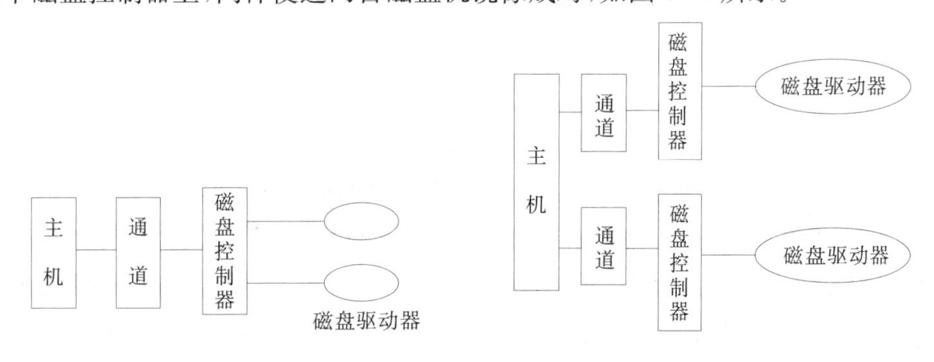

图 6-11　磁盘镜像　　　　图 6-12　磁盘双工

在磁盘双工时，文件服务器同时将数据写到两个处于不同控制器下的磁盘上，使两者有完全相同的位像图。如果某个通道或控制器发生故障，另一通道上的磁盘仍能正常工作，不会造成数据的丢失。在磁盘双工时，由于每一个磁盘都有自己的独立通道，故可同时（并行）地将数据写入磁盘，或读出数据。

由于在磁盘中可能保存了许多有用的数据，因此，任何误操作都可能造成数据丢失，甚至使硬件损坏。磁盘镜像和磁盘双工技术是目前经常使用的行之有效的数据保护手段，但技术都比较复杂。

2. 数据转储

文件系统中不论是硬件或是软件都可能发生错误和损坏。自然界的一些自然现象，如雷电、水灾和火灾等，可能会导致磁盘损坏；电压不稳会引起数据奇偶校验错误。因此，为了使系统中重要数据万无一失，应该对保存在存储介质上的文件采取一些保险措施。下面介绍几种常采用的措施。

(1)建立副本

建立副本是指把同一个文件保存到多个存储介质上。因此，当某个介质上的文件被破坏时，仍然可用其他存储介质上的备用副本来替换。

此措施实现简单，但系统开销大，并且当文件进行更新时必须更新所有的副本，这也增加了系统的负担。因此，该措施仅适用于容量较小且极重要的文件。

(2)转储

定时将文件转储到其他存储介质上，使重要文件有多个副本。当系统出现故障，文件受到破坏时，就可以将存储在其他设备上的副本文件调到系统中，系统可照常运行。常用的转储方法主要有如下两种：

①海量转储。海量转储是指定期把存储介质上的所有文件转储到后援大容量存储器中，如磁带等。该方法实现简单，并且转储期间系统会重新组织存储介质上的文件，将介质上不连续存放的文件重新组织成连续文件并存入备份存储介质上。但该方法有3个缺点：一是转储时系统必须停止其他一切工作；二是转储时间长，特别是要转储大容量数据时；三是当系统发生故障时，只能恢复上次转储的信息，导致转储以后的数据丢失。由于海量转储要转储全部信息会浪费大量的时间，所以最好利用空闲时间进行转储。

②增量转储。增量转储是指每隔一段时间把系统中所有被修改过的文件及新文件转储到后援大容量存储器中。实现时，系统通常要对修改过的文件和新文件做标记，当用户退出后，将列有这些文件名的表传给系统进程并完成转储过程。与海量转储相比，增量转储只转储修改过的文件，减少了系统开销。文件被转储后，一旦系统出现故障，就可以用转储文件来恢复系统，提高了系统可靠性。系统损失最多是从上一次备份到发生故障阶段的信息，使损失降到最低。

6.6.3 文件系统的数据一致性

大多数文件系统对数据的修改是先读取磁盘块内容，修改后再写回磁盘。若在将修改过的内容写回磁盘前，系统发生故障，就会使文件信息处于不一致状态。为解决文件系统不一致问题，一些系统常常配有一个实用程序以检验文件系统的一致性。系统启动时，特别是系统故障之后重启，可以运行该程序。一致性检查分两种:盘块的一致性检查和文件的一致性检查。

1. 盘块的一致性检查

为了描述盘块的使用情况,通常利用空闲盘块表(链)来记录所有尚未使用的空闲盘块的编号。文件分配表 FAT 则是用于记录已分配盘块的使用情况。由于操作系统经常访问这些数据结构,也对它们进行修改,而如果正在修改时,机器突然发生故障,此时也会使盘块数据结构中的数据产生不一致性现象。因此,在每次启动机器时,都应检查相应的数据结构,看它们是否具备数据的一致性特点。

为了保证盘块数据结构的一致性,可利用软件方法构成一个计数器表,每个盘块号占一个表项,每一个表项中包含两个计数器,分别用作空闲盘块号计数器和数据盘块号计数器。计数器表中的表项数目等于盘块数(设为 N)。在对盘块的数据结构进行检查时,应先将计数器表中的所有表项初始化为 0,然后,用 N 个空闲盘块号计数器所组成的第一组计数器来对从空闲盘块表(链)中读出的盘块号进行计数;再用 N 个数据盘块号计数器所组成的第二组计数器去对从文件分配表中读出的、已分配给文件使用的盘块号进行计数。如果情况正常,则上述两组计数器中对应的一对(计数器中的)数据应该互补,亦即,若某个盘块号在被第一组计数器进行计数后,使该盘块号计数器为 1,则在第二组计数器中相应盘块号计数器中的计数必为 0;反之亦然。如果情况并非如此,则说明发生了某种错误。

表 6-9(a)展示了在正常情况下,在第一组计数器和第二组计数器中的盘块号计数值是互补的;而表 6-9(b)示出的则是一种不正常的情况,对盘块号 1 的计数值在两组计数器中都未出现(即均为 0)。当检查出这种情况时,应向系统报告。该错误的影响并不大,只是盘块 1 未被利用。其解决方法也较简单,只需在空闲盘块表中增加一个盘块号 1。表 6-9(c)中展示了另一种错误,即盘块号 3 在空闲盘块表(链)中出现了两次,其解决方法是从空闲盘块表(链)中删除一个空闲盘块号 3。表 6-9(d)中所示出的情况是相同的数据盘块号 7 出现了两次(或多次),此种情况影响较严重,必须立即报告。

表 6-9　盘块一致性检查情况表

盘块号 / 计数器组	0	1	2	3	4	5	6	7	8
空闲盘块计数组	1	0	0	1	1	1	0	0	1
数据盘块计数组	0	1	1	0	0	0	1	1	0

(a)正常情况

计数器组＼盘块号	0	1	2	3	4	5	6	7	8
空闲盘块计数组	1	0	0	1	1	1	0	0	1
数据盘块计数组	0	0	1	0	0	0	1	1	0

(b)盘块丢失

计数器组＼盘块号	0	1	2	3	4	5	6	7	8
空闲盘块计数组	1	0	0	2	1	1	0	0	1
数据盘块计数组	0	1	1	0	0	0	1	1	0

(c)空闲盘块号重复出现

计数器组＼盘块号	0	1	2	3	4	5	6	7	8
空闲盘块计数组	1	0	0	2	1	1	0	0	1
数据盘块计数组	0	1	1	0	0	0	1	2	0

(d)数据盘块重复出现

6.7 磁盘调度

文件系统存储的物理基础是磁盘，磁盘的性能，如速度和可靠性都直接影响文件系统管理文件的效果。为减少因磁盘性能对文件系统管理产生的影响，设计文件系统时，应尽可能减少对磁盘访问的次数。

除此之外，还应从其他方面考虑，提高文件系统的性能，常见的措施有：块高速缓存、合理分配磁盘空间和优化磁盘调度算法。

①块高速缓存。块高速缓存的方法是：在系统内存中保存一些存储块，这些存储块在逻辑上属于磁盘。工作时，系统检查所有的读“请求”，若所需的文件块在高速缓存中，可直接在内存中进行读操作；否则，先将块读到高速缓存中，再复制到所需的位置。若内存中的高速缓存已满，则需按照一定的算法淘汰一些较少使用的文件块，腾出空间。

②合理分配磁盘空间。在磁盘空间中分配块时，应该把有可能顺序存取的块放在一起，最好放在同一柱面上。这样，可以有效地减少磁头的移动次数，加快文件的读写速度，从而提高文件系统的性能。

③优化磁盘调度算法。为降低若干个磁盘访问执行输入输出操作的总时间，增加单位时间内的输入输出操作次数，从而提高系统效率，计算机系统往往采用一定的策略来决定各等待访问磁盘的执行次序，这就涉及磁盘调度算法的优化。

6.7.1 磁盘I/O时间

磁盘的访问时间与磁头的移动距离有关，下面介绍磁盘的类型：

磁盘可以从不同的角度进行分类。最常见的有：将磁盘分成硬盘和软盘、单片盘和多片盘、固定头磁盘和移动头(活动头)磁盘等。下面仅对固定头磁盘和移动头磁盘做些介绍。

①固定头磁盘。这种磁盘在每条磁道上都有一读/写磁头，所有的磁头都被装在一刚性磁臂中。通过这些磁头可访问所有各磁道，进行并行读/写，有效地提高磁盘的I/O速度。这种结构的磁盘主要用于大容量磁盘上。

②移动头磁盘。每一个盘面仅配有一个磁头，也被装入磁臂中。为能访问该盘面上的所有磁道，该磁头必须能移动以进行寻道。可见，移动磁头仅能以串行方式读/写，致使其I/O速度较慢，但由于其结构简单，故仍广泛应用于中小型磁盘设备中。在微型机上配置的硬盘和软盘都采用移动磁头结构，故本节主要针对这类磁盘的I/O进行讨论。

其实，磁盘的I/O时间也即是传输数据花费的时间。磁盘设备在工作时以恒定速率旋转。为了读/写数据，磁头必须能移动到所要求的磁道上，并等待所要求的扇区的开始位置旋转到磁头下，然后再开始读/写数据。故可把对磁盘的访问时间分成以下三部分：

(1)寻道时间 T_s

寻道时间 T_s 是指把磁臂(磁头)移动到指定磁道上所经历的时间。该时间是启动磁臂的时间 s 与磁头移动 n 条磁道所花费的时间之和，即 $T_s=m\times n+s$，其中，m 是一常数，与磁盘驱动器的速度有关。对于一般磁盘，$m=0.2$；对于高速磁盘，$m\leqslant 0.1$。磁臂的启动时间约为2 ms。这样，对于一般的硬盘，其寻道时间将随寻道距离的增加而增多，大体上是5～30 ms。

(2)旋转延迟时间 T_r

旋转延迟时间 T_r 是指定扇区移动到磁头下面所经历的时间。在不同的磁盘类型中，旋转速度至少相差一个数量级，如软盘一般为300 r/min，硬盘一般为7200～15000 r/min，甚至更高。对于磁盘旋转延迟时间而言，如硬盘，旋转速度为7200 r/min，每转需时8.3 ms，平均旋转延迟时间 T_r 为4.15 ms；而软盘，其旋转速度为300 r/min或600 r/min，这样，平均旋转延迟时间为50～100 ms。

(3)传输时间 T_t

传输时间 T_t 是指从磁盘读出数据或向磁盘写入数据所经历的时间。T_t 的大小与每次所读/写的字节数 b 和旋转速度有关：$T_t=\dfrac{b}{rN}$，其中，r 为磁盘每秒钟的转数；N 为一条磁道上的字节数，当一次读/写的字节数相当于半条磁道上的字节数时，T_t 与 T_r 相同。因此，可将访问时间 T_a 表示为 $T_a = T_s + \frac{1}{2r} + \frac{b}{rN}$

由上式可以看出，在访问时间中，寻道时间和旋转延迟时间基本上都与所读/写数据的多少无关，并且它通常占据了访问时间中的大部分。例如，假定寻道时间和旋转延迟时间平均为 15 ms，而磁盘的传输速率为 20 MB/s，如果要传输 10 KB的数据，此时总的访问时间为 15.5 ms，可见传输时间所占比例是非常小的。当传输 100 KB 数据时，其访问时间也只是 20 ms。目前磁盘的传输速率已达 80 MB/s 以上，数据传输时间所占的比例更低。可见，适当地集中数据传输，将有利于提高传输效率。

6.7.2 磁盘的移臂调度

当有多个进程都要求访问磁盘时，应采用一种最佳调度算法，以使各进程对磁盘的平均访问时间最小。由于在访问磁盘的时间中，主要是寻道时间，即磁头移动到指定的位置所需的时间。磁盘调度的目标是使磁盘的平均寻道时间最少。目前常用的磁盘调度算法有先来先服务、最短寻道时间优先及扫描、循环扫描、N 步扫描和 FSCAN 调度等算法。

1. 先来先服务调度算法

先来先服务调度(First Come First Served，FCFS)算法，它根据进程请求访问磁道的先后次序进行调度。例如，当前磁头正处于 70 号磁道处，要访问的磁道号按时间先后依次为：100、56、78、23、81、160、43、180、15，按 FCFS 方法进行调度，处理顺序与访问的顺序一致，分别为 70→100→56→78→23→81→160→43→180→15。每次磁头移动的距离分别为：30、44、22、55、58、79、117、137、165，总共移动距离 707，共移动 9 次，所以平均移动距离为 78.6。具体磁头移动情况如图 6-13 所示。

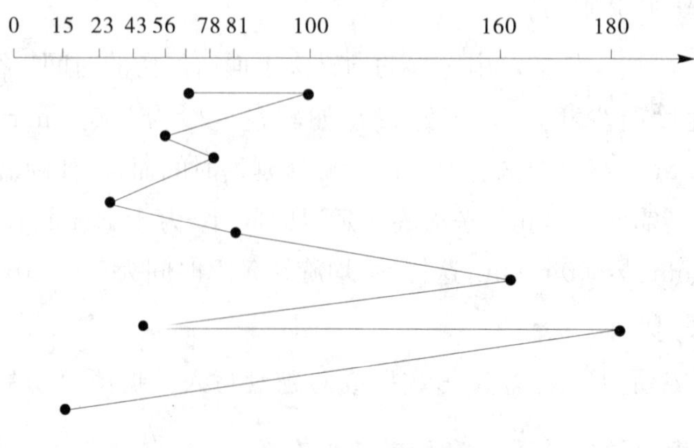

图 6-13 FCFS 调度算法示例

FCFS 调度算法是磁盘调度的最简单的一种策略，优点是容易实现、公平；缺点是效率低，相邻两次请求磁头移动距离可能太大，增加了寻道时间，且影响机械的使用寿命。

2. 最短寻道时间优先算法

最短寻道时间优先（Shorted Seek Time First，SSTF）算法，每次选择离当前磁头较近的磁道访问，基本出发点是以磁头移动距离的大小作为优先因素。

例如，引用前面的请求队列，开始的磁头仍在 70 号磁道处。SSTF 方法要求每次查找离当前磁头较近的磁道，为提高查找效率，将要访问的磁道号进行排序，方便每次查找。访问的磁道号按从小到大排序结果为：15、23、43、56、70、78、81、100、160、180，这样每次比较只要将当前访问的磁道号与排序好的左右磁道号比较即可，可节省大量的时间。依次访问的磁道号分别为：70、78、81、100、56、43、23、15、160、180，每次磁头移动的距离分别为：8、3、19、44、13、20、8、145、20，总共移动距离 280，共移动 9 次，所以平均移动距离为 31.1。具体磁头移动情况如图 6-14 所示。

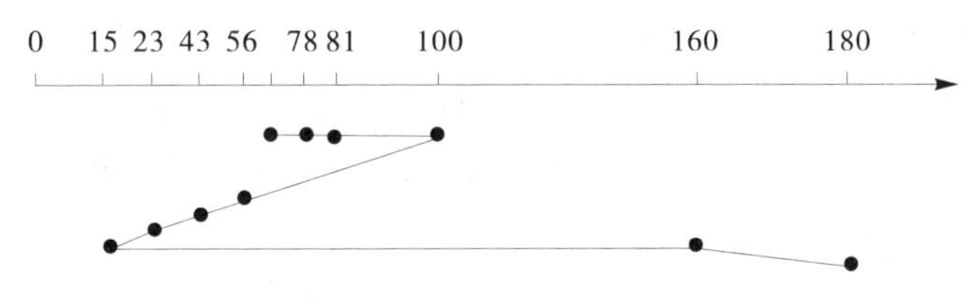

图 6-14　SSTF 调度算法示例

该算法与先来先服务算法相比，大幅度地减少了寻找时间，从而缩短了为各请求访问者服务的平均时间，提高了系统效率。但它并未考虑访问者到来的先后次序，可能存在某进程由于距离当前磁头较远而致使该进程的请求被大大地推迟，即发生“饥饿”现象。

3. 扫描算法(SCAN)

SSTF 方法虽然有较好的寻道效果，但常伴随着“饥饿”现象的发生，这对部分进程是不公平的。为了减少类似的情况发生，人们常用“扫描算法”，该算法不仅考虑到欲访问的磁道与当前磁道间的距离，更优先考虑的是磁头当前的移动方向，因为此算法借助于电梯调度原理，所以又称“电梯调度算法”。

SCAN 算法从移动磁头当前位置开始，沿着磁头的移动方向选择距离当前磁头最近的那个访问者进行调度，若沿磁头的移动方向暂无访问请求，则改变移动磁头的方向再选择，其目的是尽量减少移动磁头移动所花的时间。

仍以上面的请求序列为例，设当前的磁头移动方向为从小号到大号，使用 SCAN 方法时，为了寻道方便，同样也将要访问的磁道号排序，要访问的磁道次序分别为：78、81、100、160、180、56、43、23、15，磁头移动的距离分别为：8、3、19、60、

20、124、13、20、8，总共移动距离 275，平均移动距离为 30.6。具体磁头移动情况如图 6-15 所示。

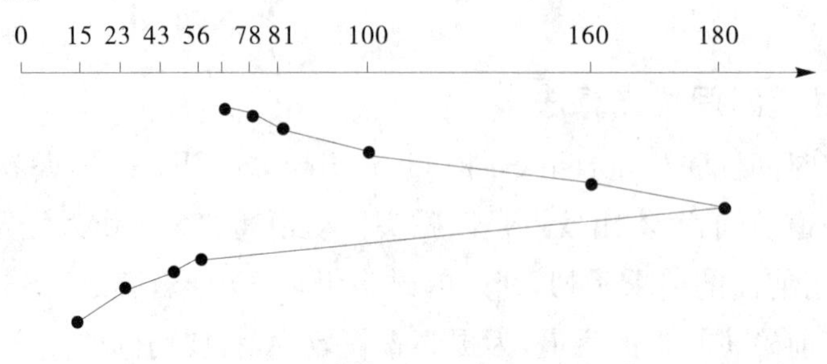

图 6-15　SCAN 调度算法示例

SCAN 调度算法的优点是简单、实用且高效，可获得较好的寻道性能，又能防止“饥饿”现象，但是实现时需要增加开销，除了要记住读/写磁头的当前位置外，还必须记住移动臂的移动方向。SCAN 调度算法被广泛应用于大、中、小型计算机和网络的磁盘调度中。

4. 循环扫描算法(CSCAN)

CSCAN 与 SCAN 方法类似，不同之处在于单向反复扫描。自里向外移动，当磁头移到最外的磁道并访问后，磁头立即返回到最里的欲访问的磁道，亦即将最小磁道号紧接着最大磁道号构成循环，进行循环扫描。采用循环扫描方式后，上述请求进程的请求延迟将从原来的 $2T$ 减为 $T+S_{max}$，其中，T 为由里向外或由外向里单向扫描完要访问的磁道所需的寻道时间，而 S_{max} 为将磁头从最外面被访问的磁道直接移到最里面欲访问的磁道(或相反)的寻道时间。

仍以上面的请求序列为例，设当前的磁头移动方向为从小号到大号，使用 CSCAN 方法时，为了寻道方便，同样也将要访问的磁道号排序，要访问的磁道次序分别为：78、81、100、160、180、15、23、43、56，磁头移动的距离分别为：8、3、19、60、20、165、8、20、13，总共移动距离 316，平均移动距离为 35.1。具体磁头移动情况如图 6-16 所示。

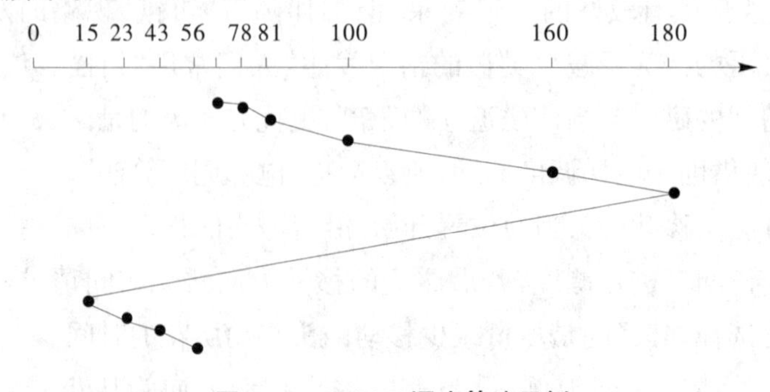

图 6-16　CSCAN 调度算法示例

5. N 步扫描算法和 FSCAN 调度算法

(1)*N* 步扫描算法

在 SSTF、SCAN 及 CSCAN 几种调度算法中，都可能会出现磁臂停留在某处不动的情况，例如，有一个或几个进程对某一磁道有较高的访问频率，即这个(些)进程反复请求对某一磁道的 I/O 操作，从而垄断了整个磁盘设备，这一现象称为“磁臂粘着”(Armstickiness)。在高密度磁盘上容易出现此情况。

N 步 SCAN 算法是将磁盘请求队列分成若干个长度为 *N* 的子队列，磁盘调度将按 FCFS 算法依次处理这些子队列。而每处理一个队列时又是按 SCAN 算法，对一个队列处理完后，再处理其他队列。当正在处理某子队列时，如果又出现新的磁盘 I/O 请求，便将新请求进程放入其他队列，这样就可避免出现粘着现象。当 *N* 值取得很大时，会使 *N* 步扫描法的性能接近于 SCAN 算法的性能；当 $N=1$ 时，*N* 步 SCAN 算法便蜕化为 FCFS 算法。

(2)FSCAN 调度算法

FSCAN 调度算法实质上是 *N* 步 SCAN 算法的简化，即 FSCAN 只将磁盘请求队列分成两个子队列。一个是由当前所有请求磁盘 I/O 的进程形成的队列，由磁盘调度按 SCAN 算法进行处理。在扫描期间，将新出现的所有请求磁盘 I/O 的进程放入另一个等待处理的请求队列。这样，所有的新请求都将被推迟到下一次扫描时处理。

6.8 Linux 文件系统

在 PC 领域中，一个文件系统的变异是普遍存在的。事实上，每个操作系统都有它自己的文件系统。每个文件系统都声称比它的前身“更快、更好、更安全”。

由 Linux 支持的大量文件系统，无疑是 Linux 在它短暂的生命中如此迅速得到认可的主要原因之一，但并非每个用户都赞成投入时间和精力将旧数据转换为一个新的文件系统的做法。

Linux 内核的统一界面使得所支持的文件系统能在尽可能大的范围内被使用。这就是虚拟文件系统(Virtual File System，VFS)。它不是一个独立的文件系统，而是一个界面，它提供了操作系统内核和不同的文件系统之间定义的链接，如图 6-17 所示。

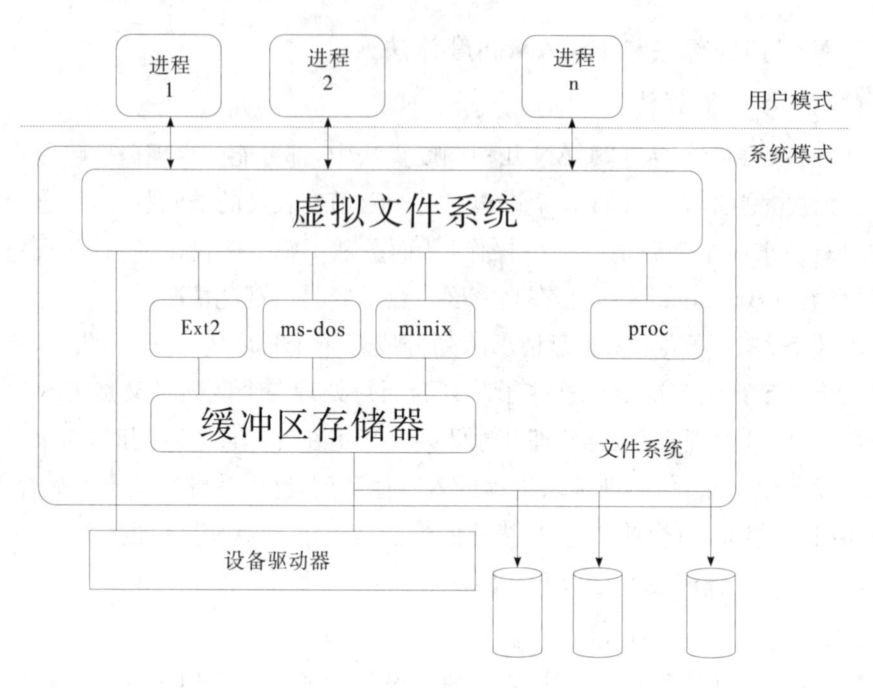

图 6-17　文件系统的层面

VFS 为应用程序提供了系统调用，以进行文件管理，维持内部结构，以及将任务传递给适当的、目前的文件系统。VFS 的另一项重要任务是执行默认动作。例如，作为一条规则，没有文件系统实现工具将真正提供一个 seek()函数，因为 seek()的函数是由 VFS 的一个默认的动作来提供的。因此，将 VFS 称为一个文件系统是合理的。

本节关注 VFS 的工作原理，以及它如何与确定的文件系统实现工具进行交互。同时，学习保存为标准的 Linux 文件系统的 Ext2 文件系统的设计和结构。

6.8.1　VFS 的超级块、dentry 和节点结构

Linux 的目录和文件实际上都是一种文件，目录应称为目录文件，一个目录文件就是一个目录项的列表，其中的每一个目录项都有一个数据结构来描述。每个目录的头两项总是标准目录项“.”和“..”，分别指向目录、父目录的 inode。

VFS 超级块登记具体文件系统类型、起始级块操作函数、根目录、设备序号、等待队列、具体文件系统信息等与文件系统有关的数据。

inode 是管理文件系统的最基本单位，是文件系统连接任何子目录、任何文件的桥梁。每个子目录或文件只能有唯一的 inode 描述。它包括节点的各种信息（如时间戳等）、结构操作函数、文件操作函数、等待队列、对应块设备及逻辑块的描述等。

为保持从目录访问 inode 的高效率，Linux 维护了表达路径与 inode 对应的关系的 dentry 结构。dentry 结构描述了路径信息并链接到节点 inode。它包括了各种目录链表，还指向了 inode 和超级块。每个文件都有一个 dentry 结构，被文件

系统使用过的目录将会存入 dentry 结构中。这样,同一目录被再次访问时,可直接从 dentry 中得到,不必重复访问存储文件系统的设备。

超级块是在这些文件系统中用来描述整个文件系统信息的全局数据结构。VFS 超级块是各种逻辑文件系统在安装时建立,并在这些文件系统卸载时自动删除的。可见,VFS 超级块确实只存在内存中,同时提到 VFS 超级块,也应该说明是哪个逻辑文件系统的 VFS 超级块。

结构 dentry 将文件系统的路径与节点 inode 联系起来,一般通过文件系统的路径可查找生成 dentry 结构,dentry 结构生成后,通过文件的路径的 hash 值可直接查找到对应的 dentry,进而可找到对应的 inode 结构。

VFS 的索引节点结构存有文件或目录文件的信息,具体文件系统的索引节点根据文件系统的不同处理方法不同。Ext2 文件系统的 inode 是存储在磁盘上的一种静态结构。如果要使用它,必须调入内存。而 FAT 文件系统则根据逻辑硬盘上的数据动态生成 inode 结构。它们填写 VFS 的索引节点,因此,也称 VFS 索引节点为动态节点。

VFS 中的每个文件、目录文件等都用唯一的 VFS inode 表示。每个 VFS inode 中的信息通过文件系统从实际文件系统中得到。

6.8.2 VFS 的超级块、dentry 和节点操作

VFS 毕竟是虚拟的,它无法涉及具体文件系统的细节,所以,在 VFS 和具体结构文件系统之间必然有一些接口。VFS 的数据结构就好像是一个标准,具体文件系统要想被 Linux 支持,就必须提供 VFS 标准应具有的结构及操作函数。实际上,具体文件系统在使用前,必须将自己的结构及操作函数映射到 VFS 中,这样才能被访问到。下面分析 VFS 中的操作函数集的结构。

1. 超级块操作

在向量 s_op 中,超级块结构为访问文件系统提供了许多函数,这些构成了进一步处理文件系统的基础。

```
struct super_operations{
  // 读 VFS 索引节点,对文件或目录的访问需要首先读取节点,
  // 文件或目录的其他结构需要通过这个函数来填充
  void( * read_inode)(struct inode * );
  // 当将节点信息写回磁盘时调用
  void( * write_inode)(struct inode * ,int);
  void( * put_inode)(struct inode * );                //移走一个节点
  void( * delete_inode)(struct inode * );             //删除节点
  void( * put_super)(struct super_block * );          //释放超级块
```

```
// 当将超级块信息写回磁盘时调用
void( * write_super)(struct super_block * );
// 得到文件系统的一些统计信息
int( * statfs)(struct super_block * ,struct statfs * );
// 重新挂接文件系统
int( * remount_fs)(struct super_block * ,int * ,char * );
void( * clear_inode)(struct inode * );                //清除节点
void( * umount_begin)(struct super_block * );         //拆下文件系统
};
```

super_operations 结构中的函数用以读取和编写 i 节点个体、编写超级块以及读取文件系统信息。这就意味着，超级块操作因此包含函数以将数据媒体上的超级块和 i 节点的特定表示法转换为它们在内存中的一般形式，反之亦然。结果，这个层完全隐藏了真实的表示。严格地说，i 节点和超级块甚至不必存在。

2. dentry 操作

就像（或多或少）一个文件系统的每个必要的结构一样，dentry 也有它自己的操作。新的 dentry 可以被创建、管理和删除。

```
struct dentry_operations{
  //更新局部 dentry 副本的信息
  int( * d_revalidate)(struct dentry * ,int);
  //计算列表在 dentry 中地址的散列表中的位置以及 qstr 的散列数值
  int( * d_hash)(struct dentry * ,struct qstr * );
  //VFS 调用该函数来比较 name1 和 name2 这两个文件名，
  //使用该函数需要加 dcache_lock 锁
  int( * d_compare)(struct dentry * ,struct qstr * ,struct qstr * );
  //当目录项对象的 d_count 计数值等于 0 时，
  //VFS 调用该函数，使用该函数需要加 dcache_lock 锁
  void( * d_delete)(struct dentry * );
  void( * d_release)(struct dentry * );  //释放一个 dentry 的内存
  //打开一个 i 节点的信息
  void( * d_iput)(struct dentry * ,struct inode * );
  };
```

3. 节点操作

i 节点结构也有它自己的操作，这些操作保存在 inode_operations 结构中，主要用于文件管理。通常这些函数从正确的系统调用的实现工具中被直接调用。如果遗漏了一项 i 节点操作，那么调用函数就执行默认的行为。但是，结果通常只返回一个错误。

因为并非每个文件类型的所有操作都是有意义的，所以文件系统实现工具定

义了各种操作，例如，对于简单的文件或者目录就有一些特殊的操作。

下面列出了结构 inode_operations 定义了的部分节点操作函数：

```
struct inode_operations{
  // 创建节点，代表目录的节点才提供这个函数
  int( * create)(struct inode * ,struct dentry * ,int );
  // 当 VFS 在目录中寻找节点时调用
  struct dentry * ( * lookup)(struct inode * ,struct dentry * );
  int( * mkdir)(struct inode * ,struct dentry * ,int);            // 创建子目录
  int( * mkdir)(struct inode * ,struct dentry * );                // 删除子目录
  // 用来创建设备文件、命名管道或套接字等的索引节点
  int( * mknod)(struct inode * ,struct dentry * ,int ,int);
  int( * setattr)(struct dentry * ,struct iattr * );              // 设置属性
  int( * getattr)(struct dentry * ,struct iattr * );              // 得到属性
  …
};
```

6.8.3 目录缓存器

目录缓存器来自于 Ext2 文件系统。自 Linux 1.1.37 版本以后，它能够被用于所有的文件系统实现工具。为了通过阅读目录来加速访问，目录表目就被保存在这个缓存器内，因为需要它们来打开文件。用户使用文件名，但是程序内核使用 i 节点，应该为这个老问题提供一种解决方案。内核必须决定 i 节点的名称，在下一次访问时依然如此。比起永久存在于硬设备上的 i 节点，目录缓存器中的表目是纯粹地基于 RAM 的。这个缓存器中的表目有以下结构：

```
struct dentry {
  atomic_t d_count;                      // 目录项对象使用计数器
  unsigned int d_flags;                  // 目录项标志
  struct inode * d_inode;                // 与文件名关联的索引节点
  struct dentry * d_parent;              // 父目录的目录项对象
  struct list_head d_hash;               // 散列表表项的指针
  struct list_head d_lru;                // 未使用链表的指针
  struct list_head d_child;              // 父目录中目录项对象的链表的指针
  //对目录而言，表示子目录目录项对象的链表
  struct list_head d_subdirs;
  struct list_head d_alias;              // 相关索引节点（别名）的链表
  int d_mounted;                         // 对于安装点而言，表示被安装文件系统根项
  struct qstr d_name;                    // 文件名
  struct dentry_operations * d_op;       // 目录项方法
```

```
  struct super_block * d_sb;            // 文件的超级块对象
  void * d_fsdata;                      // 与文件系统相关的数据
  ...
  };
```

它的文件名及其长度和散列数值被保存在另外一个结构中：

```
struct qstr{
  const unsigned char * name;           // 名称
  unsigned int len;                     // 长度
  unsigned int hash;                    // 列表值
  };
```

目录缓存器是一个键入了双重链接列表的全局(散列)列表。子列表在全局散列列表中的位置决定了名称的散列数值,以及父目录的 dentry 表目的地址。

```
static struct list_head * dentry_hashtable;
```

使用 d_alloc()产生一个新的 dentry,程序内核为新的 dentry 分配内存。余下的由d_add()完成操作。

最重要的函数是 d_lookup(),用以查找名称。它得到开始的目录 dentry 和以 qstr 形式表示的作为一个参量的名称,但是它仅仅搜索现有的缓存器。

6.8.4 文件的操作

结构 file_operations 是使用文件的一般界面,它包含打开、关闭、读取和写入文件的函数。这些函数不是保存在 inode_operations 中,而是在一个独立的结构中。原因是它们需要对文件结构做出更改。i 节点的结构 inode_operations 也包含 default_file_ops,其中标准的文件操作已被指定。

```
struct file_operations{
  struct module * owner;  // 文件拥有者的文件系统模块
  // 文件操作指针在文件中定位
  loff_t( * llseek)(struct file * ,loff_t,int);
  // 读文件函数
  ssize_t( * read)(struct file * ,char * ,size_t,loff_t * );
  //写文件函数
  ssize_t( * write)(struct file * ,const char * ,size_t,loff_t * );
  ...
  };
```

6.8.5 Ext2 文件系统

对文件系统而言,文件仅是一系列可读写的数据块。文件系统并不需要了解数据块应该放到物理介质上的位置。只要文件系统需要从包含它的块设备中读取信息或数据，它就要请求底层的设备驱动读取一个基本块大小整数倍的数据块。Ext2 文件系统将它所使用的逻辑分区划分成数据块组。每个数据块组将那些对文件系统完整性最重要的信息复制出来，同时将实际文件和目录看作信息与数据块。

在 Linux 中，普通文件和目录文件保存在称为块物理设备的磁盘或磁带上。每个文件系统由逻辑块的序列组成，一个逻辑盘空间一般划分为几个用途各不相同的部分，即引导块、超级块、inode 区及数据区。

①引导块。在文件系统的开头通常为一个扇区，其中存放引导程序，用于读入并启动操作系统。

②超级块(super_block)。用于记录文件系统和管理信息。特定的文件系统定义了特定的超级块。Ext2 文件系统由很多块组成。每个块组最前面的是超级块，文件系统首先要获取的是块组 0 的超级块，其实每个块组的超级块相同。但没有办法首先获取其他的超级块。第一个超级块＝start_sect(分区表里 Ext2 文件系统的开始扇区)＋2。

③inode 区(索引节点)。一个文件(或目录)占据一个索引节点。第一个索引节点是该文件系统的根节点。利用根节点，可以把一个文件系统挂载在另一个文件系统的非叶节点上。

④数据区。它存放文件数据或者管理数据(如一级间址块、二级间址块等)。

通过 VFS 的超级块(struct ext2_sb_info ext2_sb)可以访问 Ext2 的超级块，通过 VFS 的 inode(struct ext2_inode_info ext2_I)可以访问 Ext2 的 inode。

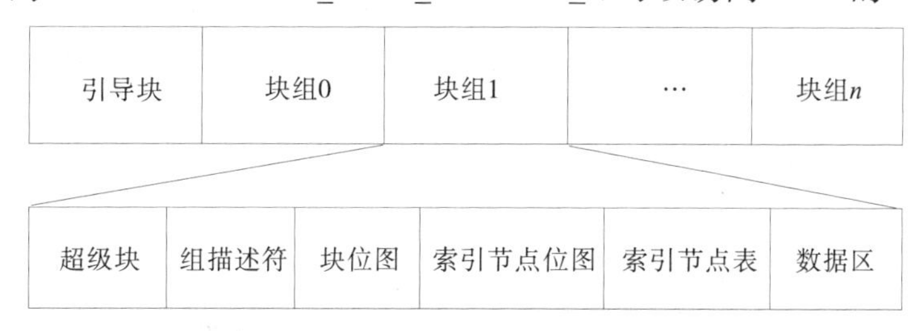

图 6-18　Ext2 磁盘布局在逻辑空间的映像

逻辑文件系统管理的是一个逻辑空间，这个逻辑空间就像一个大的数组，数组的每个元素就是文件系统操作的基本单位——逻辑块。逻辑块是从 0 开始编号，而且逻辑块是连续的，逻辑块相对的是物理块。通常，Ext2 的物理块占一个或几个连续的扇区，如图 6-18 所示。

一般地，只有块组 0 的超级块才读入内存，其他块组的超级块仅仅作为备份。在系统运行期间，要将超级块复制到内存系统缓冲区内。

1. 位图块和索引节点位图块

在 Ext2 文件系统中，采用位图来描述数据块和索引节点的使用情况，每个块组中占用两个块，即一个用来描述该数据块的使用情况，另一个描述该组索引节点的使用情况。这两个块分别称为“数据位图块”和“索引节点位图块”。数据位图块中的每一位表示该块组中的每一个块的使用情况，如果为0，则表示相应数据块空闲，如果为1，则表示相应数据块已被分配。索引节点位图块的使用情况一样。一个块组的最大可能空间就是一个块大小的8 K倍。即如果块大小为1 KB，则块组大小为8 K×1 KB=8 GB，节点个数也最多为8 K个。

Ext2文件系统安装后，内核用两个高速缓存管理这两个位图块。每个高速缓存最多只能同时装入Ext2_MAX_GROUP_LOADED个位图块或索引节点块，当前该值定义为8。因而必须采用一些算法管理这两个高速缓存，Ext2文件系统中采用的算法类似于LRU算法。

2. 索引节点表

每个块组中的索引节点都存储在各自的索引节点表中，并且按索引节点号依次存储。索引节点表通常占好几个数据块，索引节点表所占的块使用时也像普通的数据块一样被调入块高速缓存。

Ext2整个硬盘的逻辑结构如图6-19所示。

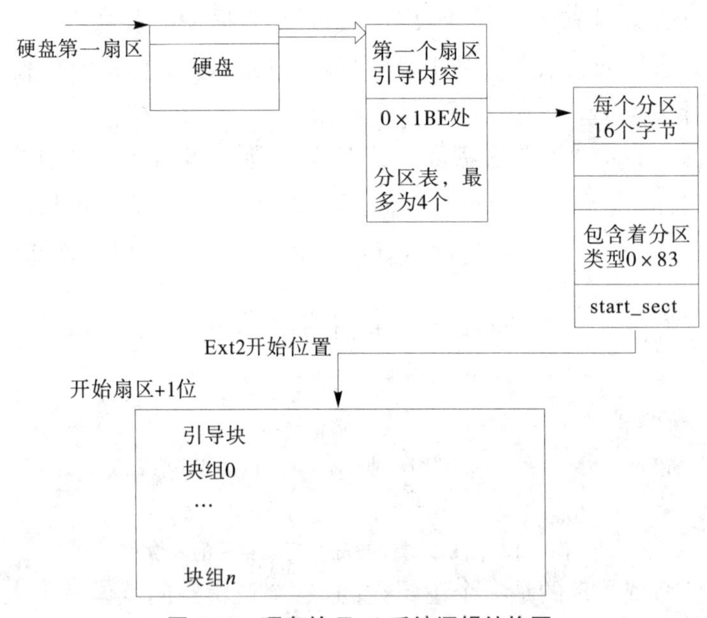

图6-19　硬盘的Ext2系统逻辑结构图

习题6

一、单项选择

1. 文件系统最基本的目标是(　　)，它主要是通过目录管理功能实现的。文件系统所追求的最重要的目标是(　　)。

A. 按名存取　　B. 文件共享

C. 文件保护　　D. 提高对文件的存取速度

E. 提高 I/O 速度　　F. 提高存储空间利用率

2.(　　)可以解决用户文件重名的问题。

A. 一级目录结构　　B. 二级目录结构

C. 多级目录结构　　D. 树形目录结构

3. 存储介质的物理单位为(　　)。

A. 块　　B. 卷　　C. 磁道　　D. 扇区

4. 在文件系统中,用户以(　　)方式直接使用外存。

A. 逻辑地址　　B. 辅存空间　　C. 虚拟地址　　D. 名字空间

5. 文件的逻辑结构由(　　)决定。

A. 操作系统　　B. 文件系统　　C. 装入程序　　D. 用户

6. 记录式文件内可以独立存取的最小单位是(　　)。

A. 基本数据项　　B. 组织数据项　　C. 记录　　D. 文件

7. 磁盘上的文件是以(　　)为单位进行读写的。

A. 字节　　B. 位　　C. 块　　D. 数据项

8. 在文件管理中,采用位示图主要是实现(　　)。

A. 磁盘的驱动调度　　B. 磁盘空间的分配和回收

C. 文件目录的查找　　D. 页面置换

9. 在 UNIX 系统中,对空闲块的管理采用(　　)方式。

A. 单块链接　　B. 成组链接　　C. 位示图法　　D. 多块链接

10. 按用途分,文件可分为(　　)。

A. 系统文件　　B. 执行文件　　C. 库文件　　D. 用户文件

11.(　　)属于存储介质。

A. 磁带　　B. 软盘　　C. 硬盘驱动器　　D. 磁带机　　E. 磁盘机

12. 文件的成组和分解操作可(　　)。

A. 缩短检索文件的时间　　B. 提高文件存储空间的利用率

C. 减少启动存储设备的次数　　D. 降低文件存储空间的利用率

二、判断正误

1. 文件系统就是操作系统中管理文件的软件的集合。(　　)

2. 存储介质的物理单位定义为区。(　　)

3. 从用户的角度考虑的是文件的逻辑结构,从系统的角度考虑的是文件的物理结构。(　　)

4. 对索引文件只能使用随机存取方式。(　　)

5. 采用链接结构的文件,存放文件的物理块必须是连续的。(　　)

6. 文件目录是文件系统中按名存取的重要手段。(　　)

7. 只有采用多级目录结构才能解决文件重名的问题。 （ ）

8. 为了防止用户共享文件时造成的破坏，可以使用设置文件口令的方法。

（ ）

三、应用题

1. 假定一个盘组共有 100 个柱面，每个柱面上有 16 个磁道，每个盘面分成 4 个扇区，问：

(1)整个磁盘空间共有多少个存储块？

(2)如果用字长为 32 位的单元来构造位示图，共需要多少个字？

(3)位示图中第 18 个字的第 16 位对应的块号是多少？

2. 假定在某移动臂磁盘上，刚刚处理了访问 60 号柱面的请求，目前正在 73 号柱面上读信息，并有下列请求序列等待访问磁盘：

请求序列：1、2、3、4、5、6、7、8、9

欲访问的柱面号：150、50、178、167、87、43、23、160、85

试用最短寻找时间优先算法和电梯调度算法，分别排出实际上处理上述请求的次序。

3. 假定有一个磁盘组共有 100 个柱面，每个柱面有 8 个磁道，每个盘面划分成 8 个扇区。现有一个 5000 个逻辑记录的文件，逻辑记录的大小与扇区大小相等，该文件以顺序结构被存放在磁盘组上，柱面、磁道、扇区均从 0 开始编址，逻辑记录的编号从 0 开始，文件信息从 0 柱面、0 磁道、0 扇区开始存放。请问：

(1)该文件的 3468 个逻辑记录应存放在哪个柱面的第几个磁道的第几个扇区上？

(2)第 56 柱面上的第 8 磁道的第 5 扇区中存放的是该文件的第几个逻辑记录？

四、简答题

1. 一个文件系统能否管理两个以上物理硬盘？

2. 文件的主要操作内容是什么？它的系统调用内容是什么？

3. 什么是文件和文件系统？文件系统有哪些功能？

4. 什么是文件目录？文件目录中一般包含哪些内容？

5. 按文件的物理结构，可将文件分为哪几类？

6. 什么是逻辑文件？什么是物理文件？

7. 目录管理的主要要求是什么？

8. 在 Linux 操作系统中，如何对空闲盘块进行分配和回收？

9. 文件存取控制方式有哪几种？试比较它们各自的优缺点。

10. 什么是虚拟盘？它有什么优缺点？

第7章 设备管理

设备管理的对象主要是I/O设备，有的还要涉及设备控制器和I/O通道。这些设备的基本任务是完成用户提出的I/O请求，提高I/O速率以及提高I/O设备的利用率。

由于I/O设备种类繁多，它们的特性和操作方式往往也因类别不同而不同，这就使得设备管理成为操作系统中最繁杂且与硬件最紧密相关的部分。为此，先对I/O设备和设备控制器等硬件进行阐述。

7.1 概述

计算机系统配置了大量不同类型的外围设备，包括用于实现信息输入、输出和存储功能的设备以及相应的设备控制器，有的大中型机还设有I/O通道。在计算机系统中，通常把外围设备称为"I/O设备"，这些设备的物理特性和操作方式有很大区别，在运行速度、控制方式、数据表示以及传送单位上存在着很大的差异。为了管理上的方便，通常将设备按不同特点进行分类，设备要完成I/O操作，必须具备相应的功能。

7.1.1 设备的分类

1. 按外围设备的从属关系分类

(1)系统设备

系统设备指在操作系统安装、配置时，已登记在系统中的标准设备。如各种终端机、磁盘、磁带、显示器等。

(2)用户设备

用户设备指在操作系统生成时，未登入系统的非标准设备。通常这类设备由用户提供，并通过适当的方式连接到系统，由系统对它们进行管理，如声卡、扫描仪等。

2. 按设备的使用特性分类

(1)存储设备

存储设备又称"外存"或"后备存储器""辅助存储器"，是计算机系统用以存储信息的主要设备。该类设备存取速度较内存慢，但容量比内存大，价格也相对便宜。

(2)输入/输出设备

此类设备包括输入设备、输出设备和交互式设备。输入设备用来接收外部信息，如键盘、鼠标、扫描仪、各类传感器等。输出设备是用于将计算机加工处理后的信息送向外部的设备，如打印机、绘图仪、显示器、音响输出设备等。交互式设备则是集成上述两类设备，利用输入设备接收用户命令信息，并通过输出设备同步显示用户命令以及命令执行的结果。

3. 按传输速率分类

(1)低速设备

低速设备指其传输速率仅为每秒钟几个字节至数百个字节的一类设备。典型的低速设备有键盘、鼠标、语音的输入和输出等设备。

(2)中速设备

中速设备指其传输速率每秒钟在数千个字节至数十万个字节的一类设备。典型的中速设备有行式打印机、激光打印机等。

(3)高速设备

高速设备指其传输速率每秒钟在数十万个字节至千兆字节的一类设备。典型的高速设备有磁带机、磁盘机、光盘机等。

4. 按信息交换的单位分类

(1)块设备

这类设备以数据块为单位存储信息。典型的块设备是磁盘，每个盘块的大小为 512 B～4 KB。磁盘设备的基本特征是其传输速率较高，通常为每秒钟几兆位。

(2)字符设备

这类设备以字符为单位进行数据的输入和输出。字符设备的种类繁多，如交互式终端、打印机等。字符设备在输入/输出时，常采用中断驱动方式，所以其传输速率较低，通常为几个字节至数千个字节。

5. 按设备的共享属性分类

(1)独占设备

独占设备指在一段时间内只允许一个用户(进程)访问的设备，即临界资源。对多个并发进程而言，应互斥地访问这类设备。系统一旦把这类设备分配给了某进程后，便由该进程独占，直至用完释放。应当注意，独占设备的分配有可能引起进程死锁。

(2)共享设备

共享设备指在一段时间内允许多个进程同时访问的设备。共享设备可获得良好的设备利用率。当然，对于每一时刻而言，该类设备仍然只允许一个进程访问。显然,共享设备必须是可寻址的和可随机访问的设备。典型的共享设备是磁盘。

(3)虚拟设备

这是指通过虚拟技术将一台独占设备变换为若干台逻辑设备,供若干个用户(进程)同时使用。

7.1.2 设备管理的目标和任务

1. 设备管理的目标

操作系统的主要目标是提高系统的利用率,方便用户使用计算机。为此,设备管理应实现如下目标:

(1)方便性

方便性指用户能够灵活方便地使用各种设备,使用户摆脱具体的、复杂的物理设备特性的束缚。

(2)并行性

为了使CPU与I/O设备的工作在时间上可高度重叠,有的系统使CPU、I/O设备及I/O通道并行工作。

(3)均衡性

均衡性指监视设备的状态,利用缓冲技术,让设备均衡使用,避免设备忙闲不均。

(4)独立性

独立性指程序独立于设备,用户编程时,使用的是逻辑设备名。而逻辑名是用户自己指定的设备名,是可以更改的,与实际使用的设备无关。

2. 设备管理的任务

设备管理的任务是按照设备的类型和系统采用的分配策略,为请求I/O进程分配一条传输信息的完整通路,包括通道、控制器设备。合理控制I/O传输的过程,可使CPU与设备、设备与设备之间高度并行工作。具体如下:

(1)监视设备状态

为了能对设备实施有效分配和控制,系统需在任何时间都能快速地跟踪设备状态。这些设备状态信息保留在设备控制表中,动态地记录状态的变化。

(2)制定设备分配策略

在多用户环境中,系统根据用户要求和设备的有关状态,给出设备分配策略。

(3)设备的分配

把设备分配给进程,且必须分配相应的控制器和通道。

(4)设备的回收

当进程运行完毕后，要释放设备，而且系统必须回收设备，以便其他进程使用。

7.2 I/O系统

通常把I/O设备及其接口线路、控制部件、通道以及管理软件统称为“I/O系统”。主存与外围设备之间的信息传输操作称为“I/O操作”。多道程序设计技术引入后，I/O操作能力成为计算机系统综合处理能力及性能价格比的重要因素。本节将介绍操作系统如何控制I/O设备的操作；为提高多种设备的并行操作能力，引入了通道；为了缓解各种不同设备传输速度不匹配的矛盾，引入了缓冲技术等。

7.2.1 I/O系统结构

典型的I/O系统具有四级结构：主机、通道、设备控制器和I/O设备，如图7-1所示。各级硬件之间要进行数据传输，但由于每级结构的硬件读取数据速度不同，会使它们工作时相互影响，为了减少影响，各级硬件间增设了缓冲机构。

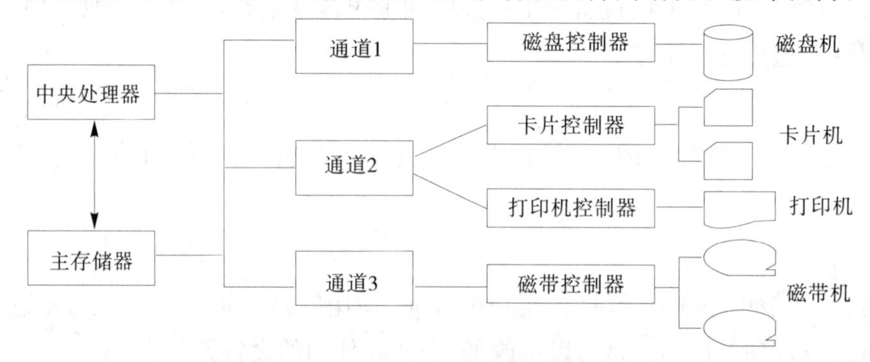

图7-1 I/O系统四级结构图

7.2.2 设备接口

通常，设备并不是直接与CPU进行通信，而是与设备控制器通信，因此，在I/O设备中应含有与设备控制器间的接口。在该接口中有3种类型的信号，如图7-2所示。它们各对应一条信号线。

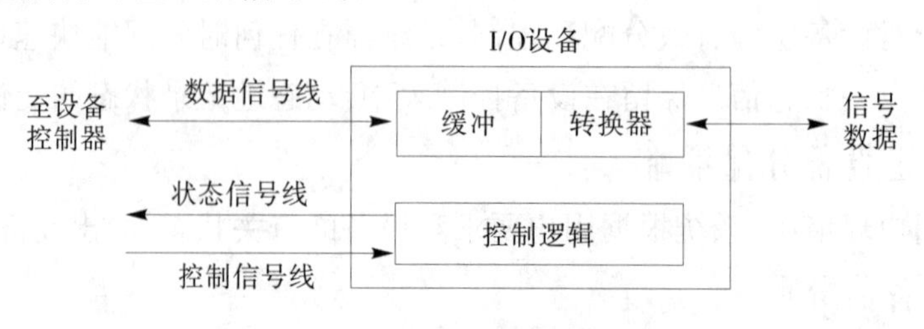

图7-2 设备与设备控制器的接口

(1)数据信号线

此类信号完成设备与设备控制器之间数据传输的任务，其中包括输入与输出数据。对输入而言，通过输入设备接受输入信号，经相关的转换器转换成相应的数据，送入缓冲器，当数据达到一定的数量后，再从缓冲器通过一组信号线传输给设备控制器；对输出而言，将从设备控制器经数据信号线传输来的数据暂存在缓冲器中，经转换器适当转换，再逐个字符输出。

(2)控制信号线

这类信号线是用来实现设备控制器对I/O设备的控制。该信号规定设备将如何操作，如读操作、写操作、磁头移动操作等。

(3)状态信号线

这类信号线用于传送指示设备当前状态的信号。设备的当前状态有正在读(或写)；设备已读(写)完成，并准备好新的数据传送。

7.2.3 设备控制器

设备控制器控制一个或多个I/O设备，以实现I/O设备和计算机之间的数据交换。它是CPU与I/O设备之间的接口，它接收从CPU发来的命令，并去控制I/O设备工作，以使处理机从繁杂的设备控制事务中解脱出来。

设备控制器的复杂性因不同设备而异，相差甚大，于是可把设备控制器分成两类：一类是用于控制字符设备的控制器；另一类是用于控制块设备的控制器。设备控制器是一个可编址的设备，若控制器连接多个设备，则应含有多个设备地址，并使每一个设备地址对应一个设备。微型机和小型机的控制器常做成印刷电路卡形式，因而也常称为“接口卡”，可将它插入计算机。有些控制器还可以处理2个、4个或8个同类设备。

1. 设备控制器的基本功能

(1)接收和识别命令

CPU可以向控制器发送多种不同的命令，设备控制器应能接收并识别这些命令。为此，在控制器中应具有相应的控制寄存器，用来存放接收的命令和参数，并对所接收的命令进行译码。

(2)数据交换

这是指实现CPU与控制器之间、控制器与设备之间的数据交换。对于前者，是通过数据总线，由CPU并行地把数据写入控制器，或从控制器中并行地读出数据；对于后者，是设备将数据输入到控制器，或从控制器传送给设备。为此，在控制器中须设置数据寄存器。

(3)表示和报告设备的状态

设备控制器应记录外围设备的工作状态。例如,仅当设备处于发送就绪状态时,CPU 才能启动设备控制器,进而从设备中读出数据。为此,在设备控制器中应设置一个状态寄存器,其中的每一位表示设备的某一种状态,CPU 通过读入状态寄存器的值,即可掌握该设备的当前状态,做出正确判断,发出操作指令。

(4)地址识别

为了识别不同的设备,系统中的每个设备都有一个唯一的地址,而设备控制器必须能够识别它所控制的每个设备的地址。为此,在设备控制器中应配置地址译码器。

(5)数据缓冲

为了解决高速的 CPU 与慢速的 I/O 设备之间速度不匹配的问题,在设备控制器中必须设置缓冲器。

(6)差错控制

设备控制器还负责对由 I/O 设备传送来的数据进行差错检测。如果发现在传送中出现错误,则通常将差错检测码置位,并向 CPU 报告。为保证数据的正确性,CPU 重新进行一次传送。

2. 设备控制器的组成

设备控制器位于 CPU 与设备之间,它既要与 CPU 通信,又要与设备通信,还应具有按照 CPU 所发来的命令去控制设备工作的功能,因此,现有的大多数控制器都是由以下三部分组成的,其结构如图 7-3 所示。

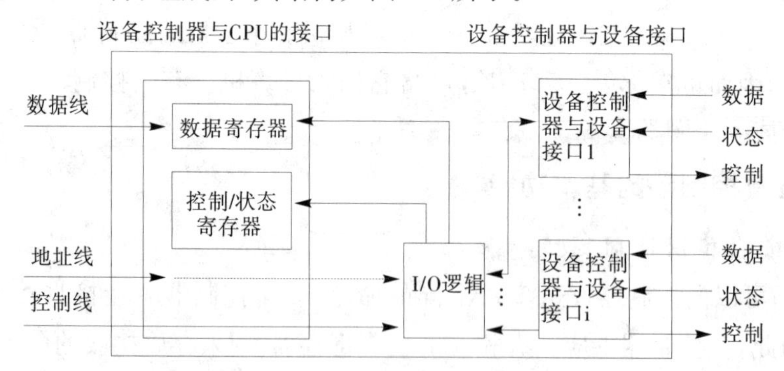

图 7-3 设备控制器的组成

(1)设备控制器与 CPU 的接口

该接口通过数据线、地址线和控制线实现 CPU 与设备控制器之间的通信。数据线通常与数据寄存器、控制/状态寄存器相连接。

(2)设备控制器与设备的接口

一个设备控制器可以有一个或多个设备接口,一个接口连接一台设备,在每个接口中都存在数据、控制和状态 3 种类型的信号。设备控制器中的 I/O 逻辑根据 CPU 发来的地址信号选择一个设备接口。

(3)I/O 逻辑

设备控制器中的 I/O 逻辑用于实现对设备的控制。通过一组控制线与 CPU 交互,CPU 利用该逻辑向控制器发出 I/O 命令;I/O 逻辑对收到的命令进行译码。当 CPU 要启动一个设备时,一方面将启动命令发送给控制器;另一方面通过地址线把地址发送给控制器,由控制器的 I/O 逻辑对收到的地址进行译码,再根据所译出的命令对所选设备进行控制。

7.2.4 通道

1. 通道的引入

在 CPU 与 I/O 设备之间增加了设备控制器后,大大减少了 CPU 对 I/O 的干预,但是当主机所配置的外围设备很多时,CPU 的负担仍然很重。为了获得 CPU 与外围设备之间更高的并行工作能力,也为了让种类繁多、物理特性各异的外围设备都能以标准的接口连接到系统中,计算机系统在 CPU 与设备控制器之间增设了自成独立体系的通道结构,这不仅使数据的传送独立于 CPU,而且对 I/O 操作的组织、管理及其处理也尽量独立,使 CPU 有更多的时间进行数据处理。

通道,又称“I/O 处理器”,是一种特殊的处理机。它具有执行 I/O 指令的能力,并通过执行通道(I/O)程序来控制 I/O 操作。但 I/O 通道与一般的处理机不同,主要表现在以下两个方面:

①指令类型单一。I/O通道所能执行的命令主要局限于与 I/O操作有关的指令。

②通道没有自己的内存。通道所执行的通道程序是放在主机的内存中的,即通道与 CPU 共享内存。

通道技术解决了 I/O 操作的独立性和各部件工作的并行性,实现了外围设备与CPU、通道与通道、各个通道上的外围设备之间的并行操作,提高了整个系统的效率。

2. 通道的类型

根据信息交换方式的不同,通道可分为 3 种类型:字节多路通道、数组选择通道和数组多路通道。

(1)字节多路通道

字节多路通道是一种以字节为单位采用交叉方式工作的通道。它通常含有许多非分配型子通道,其数量可达数百个,每一个子通道连接一台 I/O 设备,并控制该设备的 I/O 操作,这些子通道按时间片轮转方式共享主通道,如图 7-4 所示。字节多路通道主要用于连接大量的低速外围设备,如软盘输入/输出机、纸带输入/输出机、卡片输入/输出机、控制台打印机等设备。

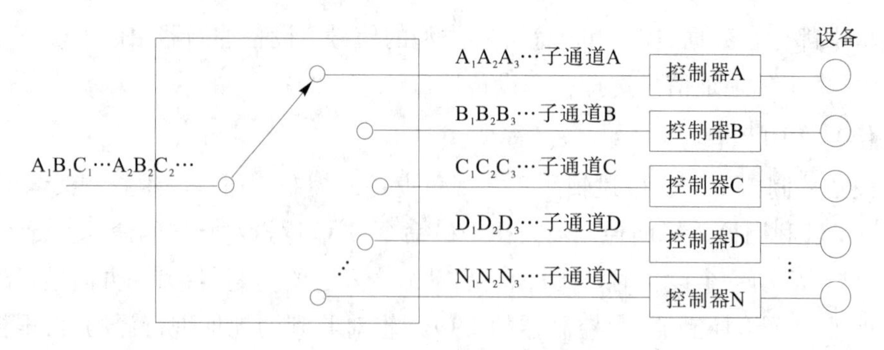

图 7-4　字节多路通道工作原理图

(2)数组选择通道

数组选择通道以块为单位成批传送数据。它只含有一个分配型子通道，在一段时间内只能执行一道通道程序，控制一台设备进行数据传送。这致使当某台设备占用该通道后，便一直独占使用，即使无数据传送，通道被闲置，也不允许其他设备使用该通道，直至设备释放该通道为止。可见，数组选择通道可以连接多台高速设备，每次传送一批数据。此通道类型的优点是数据传输速度快；缺点是通道的利用率很低，且连接的多台设备不可并行操作。

(3)数组多路通道

数组多路通道是将数组选择通道传输速率高和字节多路通道能使各子通道(设备)分时并行操作的优点相结合而形成的一种新通道。它含有多个非分配型子通道，因而这种通道既具有很高的数据传输速率，又能获得令人满意的通道利用率。该通道能被广泛地用于连接多台高、中速的外围设备，其数据传送是按数组方式进行的。

由于通道的成本高，在系统中通道数量有限，这往往成为I/O的“瓶颈”，造成整个系统的吞吐量降低。如图7-5所示的单通路I/O系统，为了驱动设备1，必须连通控制器1和通道1。

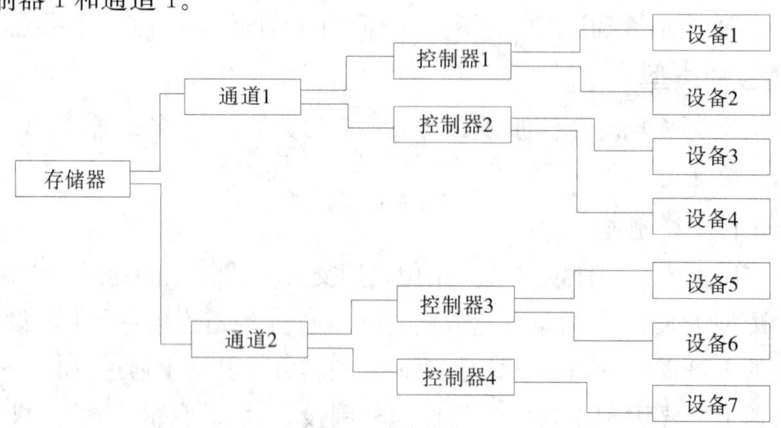

图 7-5　单通路I/O系统

若通道1已被其他设备(如设备2、设备3或设备4)所占用或存在故障,则设备1无法启动。这就是由于通道不足而造成I/O操作中的“瓶颈”现象。解决“瓶颈”问题的最有效办法便是增加设备到主机之间的通路而不增加通道,如图7-6所示。即把一个设备连接到多个控制器上,而一个控制器又连接到多个通道上,实现多路交叉连接,即使个别通道或控制器出现故障,也不会使设备和存储器之间没有通路。多通路方式不仅解决了“瓶颈”问题,而且提高了系统的可靠性。

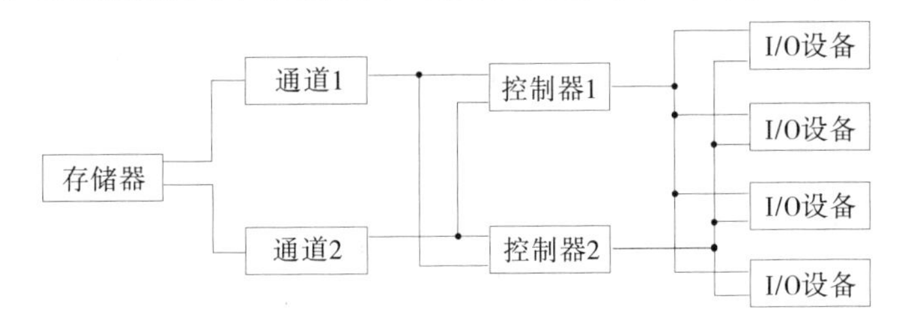

图7-6 多通路I/O系统

7.2.5 I/O控制方式

随着计算机技术的发展,I/O控制方式也在不断地发展。按照I/O控制器功能的强弱以及和CPU之间联系方式的不同,可以把I/O设备的控制方式分为4类:直接程序I/O方式、中断驱动I/O方式、直接存储器访问DMA方式和I/O通道方式。I/O控制方式发展的目标是尽量减少主机对I/O控制的干预,把主机从繁杂的I/O控制事务中解脱出来,更多地进行数据处理,提高计算机效率和资源的利用率。各种I/O控制方式之间的主要差别在于CPU与外围设备并行工作的程度不同。

1. 直接程序I/O方式

早期的计算机,由于无中断机构,CPU对I/O设备的控制通过直接程序I/O方式进行数据传输。这种通过I/O指令或询问指令测试I/O设备的忙/闲标志位,决定主存与外围设备之间是否交换一个字符或一个字的方式又被称为“忙/闲等待方式”。其工作原理很简单,当要传输数据时,首先将状态寄存器中的busy置为1,在传输过程中不断检测busy的状态,若busy=0,则可启动传输下一个字符的任务,否则只能忙等,具体如图7-7所示。

直接程序控制方式的优点是简单且无需多少硬件的支持;缺点是CPU与I/O设备只能串行工作,造成CPU的极大浪费,外围设备也不能得到合理的使用,整个系统的效率很低。直接程序控制方式只适合于CPU执行速度较慢且外围设备较少的系统。

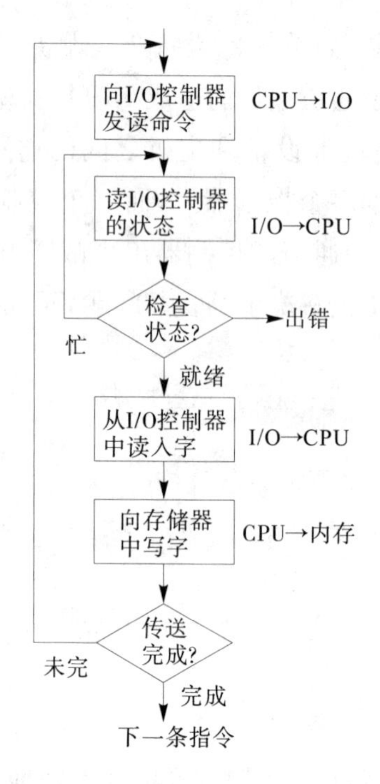

图 7-7　直接程序 I/O 方式工作原理流程图

2. 中断驱动 I/O 方式

为了减少程序直接控制方式下 CPU 的等待时间以及提高系统的并行程度，系统引入了中断机制。中断机制引入后，外围设备仅当操作正常结束或异常结束时才向 CPU 发出中断请求。在 I/O设备输入每个数据的过程中，因为无需 CPU 干预，所以在一定程度上实现了 CPU 与 I/O 设备的并行工作。中断驱动 I/O 方式与直接程序 I/O 方式的共同点是都以字节为单位传送数据，不同点是，数据的传输过程、中断驱动方式在数据传输时无需 CPU 干预，也无需 CPU 等待，使得 CPU 与 I/O 设备能并行工作，其工作原理见图 7-8。

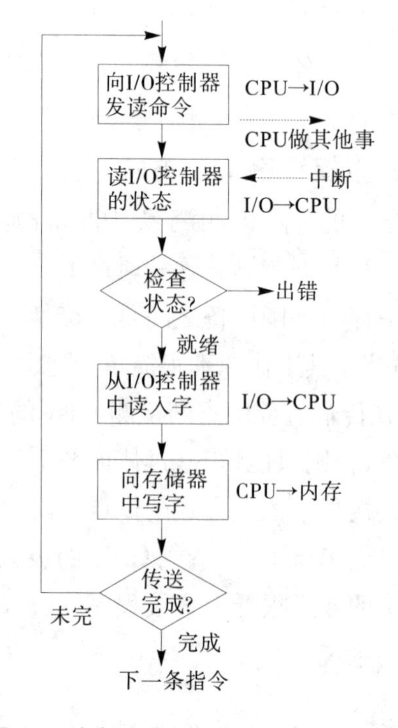

图 7-8　中断驱动 I/O 方式工作原理流程图

3. 直接存储器访问(DMA)I/O控制方式

上述两种方式,均是以字节为单位传输数据,每传送完一个字节的数据都需中断CPU一次。为了进一步减少CPU对I/O操作的干预,防止因并行操作设备过多使CPU来不及处理,或因速度不匹配而造成的数据丢失现象发生,引入DMA控制方式。为了解DMA的工作原理,先介绍DMA的组成。

DMA控制器由四部分组成,具体组成如图7-9所示。

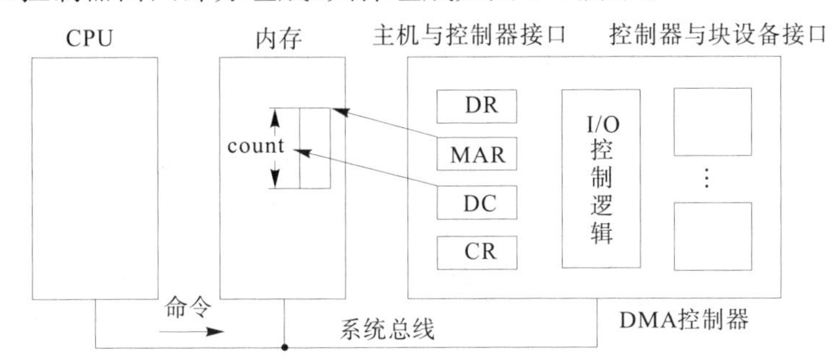

图7-9　DMA控制器的组成

为了实现在主机与控制器之间成块数据的直接交换,必须在DMA控制器中设置如下4类寄存器:

①CR,表示命令/状态寄存器。用于接收从CPU发来的I/O命令、有关控制信息或设备的状态。

②MAR,内存地址寄存器。在输入时,它存放把数据从设备传送到内存的起始目标地址;在输出时,它存放由内存到设备的内存源地址。

③DR,数据寄存器。用于暂存从设备到内存,或从内存到设备的数据。

④DC,数据计数器。存放本次CPU要读或写的字节数。

当CPU要从磁盘读入一数据块时,便向磁盘控制器发送一条读命令。该命令被存储到相应的CR中。同时,还须发送本次要读入数据的内存起始目标的地址,该地址被送入MAR中,并将本次要读数据的字节数送入DC中,还须将磁盘中的源地址直接送至DMA控制器的I/O控制逻辑上。然后启动DMA控制器进行数据传送,以后,CPU便可去处理其他任务。此后,整个数据传送过程便由DMA控制器进行控制。当DMA控制器已从磁盘中读入一个字节的数据并送入DR后,再挪用一个存储器周期,将该字节传送到MAR所指示的内存单元中。接着便对MAR内容加1,将DC内容减1。若减1后DC内容不为0,则表示传送未完,便继续传送下一个字节;否则,由DMA控制器发出中断请求。

综上可得,DMA工作方式的特点有:

①数据传输以数据块为基本单位。

②所传送的数据从设备直接送入主存,或者从主存直接输出到设备上。

③仅在传送一个或多个数据块的开始和结束时才需 CPU 的干预，而整块数据的传送则是在控制器的控制下完成的。

可见，DMA 方式与中断驱动控制方式相比，减少了 CPU 对 I/O 操作的干预，进一步提高了 CPU 与 I/O 设备的并行操作程度。

4. 通道 I/O 方式

DMA 方式虽然可以加快数据的传输速度，但每传输一个数据块后，还需 CPU 的干预，影响数据的传输，若一次要传输一组数据块，则要中断很多次。为改变这一现状，现引入通道方式。通道 I/O 方式可将对一个数据块的读（或写）为单位的干预，减少为对一组数据块的读（或写）及有关的控制和管理为单位的干预，从而进一步减少 CPU 的干预程度。同时可实现 CPU、通道和 I/O 设备的并行操作，从而更加有效地提高整个系统的资源利用率。例如，当 CPU 要完成一组相关的读（或写）操作及有关控制时，只需向 I/O 通道发送一条 I/O 指令，指出其所要执行的通道程序的首址和要访问的 I/O 设备，通道接收该指令后，通过执行通道程序便可完成 CPU 指定的 I/O 任务。

通道是通过执行通道程序，并与设备控制器联合实现对 I/O 设备的控制的。通道程序是由一系列通道指令（或称为通道命令）所构成的。通道指令与一般的机器指令不同，在它的每条指令中都包含下列信息：

①操作码。操作码规定了指令所执行的操作，如读、写、控制等操作。

②内存地址。内存地址标明字符送入内存（读操作）和从内存取出（写操作）时的内存首址。

③计数。该信息表示本条指令所要读（或写）数据的字节数。

④通道程序结束位 P。该位用于表示通道程序是否结束。P＝1 表示本条指令是通道程序的最后一条指令。

⑤记录结束标志 R。R＝0 表示本通道指令与下一条指令所处理的数据同属于一个记录；R＝1 表示这是处理某记录的最后一条指令。

表 7-1　通道程序示例

操作码	内存地址	R	P	计数
read	1000	1	1	200
write	1300	0	0	100
write	1500	1	1	350

表 7-1 表示有两个通道程序，通道程序 1 为从内存地址为 1000 处读一个 200 字节的数据块，通道程序 2 为从内存地址为 1300 处写一个记录的前部分，字节数为 100，接着再从内存地址为 1500 处写记录的后部分，字节数为 350。

7.2.6　缓冲技术

计算机系统中各部件的速度存在着很大的差异，相邻部件在传输数据时，由于速度不同，慢速部件可能影响快速部件的工作。I/O设备是外围设备，属于慢速部件，CPU属于快速部件，CPU要从输入设备中获取数据，并通过处理将数据返回给输出设备。

为了缓解CPU与外围设备之间速度不匹配和负载不均衡的问题，提高CPU和外围设备的工作效率，增加系统中各部件的并行工作程度，在现代操作系统中普遍采用了缓冲技术。缓冲管理的主要职责是组织好缓冲区并提供获得和释放缓冲区的手段。

1. 缓冲区的引入

操作系统引入缓冲区，主要有以下几个原因：

①缓和CPU与I/O设备间速度不匹配的矛盾。CPU以微秒甚至微毫秒时间量级高速工作，而I/O设备则一般以毫秒甚至秒时间量级的速率工作，若没有缓冲区，低速设备会影响高速设备的工作。例如，当作业需要打印大批量数据时，由于CPU输出数据的速度远远快于打印机的速度，因此CPU只能停下来等待。在CPU计算时，打印机又因为无数据输出而处于空闲状态。若设置缓冲区后，CPU可以把数据首先输出到缓冲区中，然后继续它的其他工作，同时打印机从缓冲区中取出数据打印，这样提高了CPU的工作效率，使设备尽可能均衡地工作。

②减少对CPU的中断频率，放宽对CPU中断响应时间的限制。在数据通信中，如果仅有一个数据缓冲区接收数据，就必须在每收到一位数据时便中断一次CPU，进行数据的处理，否则缓冲区内的数据将被新传送来的数据冲掉。若设置一个具有8位的缓冲器，则可使CPU被中断的频率降低为原来的1/8，即传送8位数据中断一次，这样减少了CPU的中断次数和中断处理时间。

③提高CPU和I/O设备之间的并行性。缓冲的引入可显著地提高CPU和I/O设备间的并行操作程度，提高系统的吞吐量和设备的利用率。例如，在CPU和打印机之间设置了缓冲区后，便可使CPU与打印机并行工作。

2. 缓冲区的类型

按照缓冲区的个数以及缓冲区的组织形式，将缓冲区分为单缓冲、双缓冲、循环缓冲和缓冲池等。

(1)单缓冲

在设备和CPU之间设置一个缓冲区，供输入和输出设备共用。设备和CPU交换数据时，先把被交换数据写入缓冲区，然后需要数据的设备或CPU从缓冲区中取走数据，原理如图7-10所示。由于缓冲区属于临界资源，所以输入设备和输出设备以串行方式工作，这样尽管单缓冲能匹配设备和 CPU 的处理速度，但是设备和设备之间并不能通过单缓冲达到并行操作。

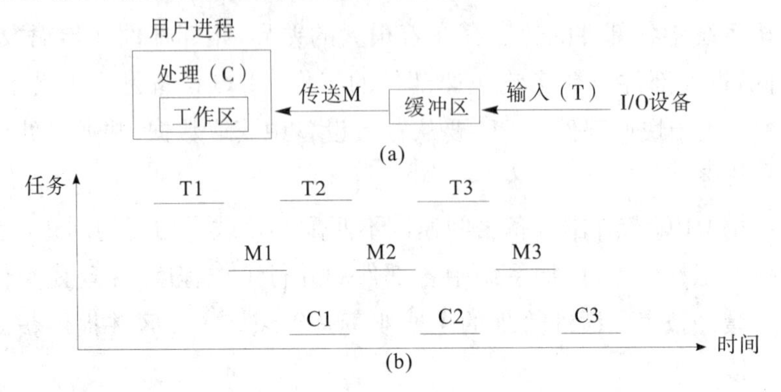

图 7-10 单缓冲工作示意图

在块设备输入时，假定从磁盘把一块数据输入到缓冲区的时间为 T，操作系统将该缓冲区中的数据传送到用户区的时间为 M，而 CPU 对这一块数据处理的时间为 C。由于 T 和 C 是可以并行的，见图 7-10，当 T>C 时，系统对每一块数据的处理时间为 M+T，反之，则为 M+C，故可把系统对每一块数据的处理时间表示为 Max(C，T)+M。

(2)双缓冲

在设备输入数据时，可以把数据放入其中一个缓冲区中，在进程从缓冲区中取数据使用的同时，将输入数据继续放入另一个缓冲区中。当第一个缓冲区的数据处理完时，进程可以接着从另一个缓冲区中获得数据，同时，输入数据可以继续存入第一个缓冲区，仅当输入设备的速度高于进程处理这些数据的速度，两个缓冲区都存满时，才会造成输入进程等待。这样，两个缓冲区交替使用，使 CPU 和 I/O 设备的并行性进一步提高，但在 I/O 设备和处理进程速度不匹配时仍不能适应，工作原理如图 7-11 所示。显然，双缓冲只是一种说明设备和设备、CPU 和设

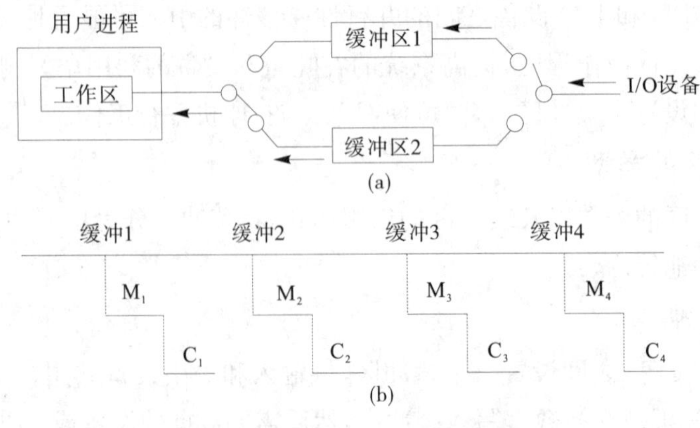

图 7-11 双缓冲区工作示意图

备之间并行操作的简单模型。由于计算机系统中的外围设备较多，而双缓冲也难以匹配设备和 CPU 的处理速度，所以，双缓冲并不能用于实际系统中的并行操作。在现代计算机系统中一般使用多缓冲或缓冲池结构。

(3)循环缓冲

当相邻硬件的速度相差甚远，双缓冲的效果不理想时，可以增加缓冲区的数量，改善缓冲效果，增强设备的并行工作效率。因此，又引入了多缓冲机制，将多个缓冲组织成循环缓冲形式。对于用作输入的循环缓冲，通常是提供给输入进程或计算进程使用，输入进程不断向空缓冲区输入数据，而计算进程则从中提取数据进行计算。

为了方便对多缓冲区的管理，将多个缓冲区分成 3 类：用于装输入数据的空缓冲区 R、已装满数据的缓冲区 G 以及计算进程正在使用的现行工作缓冲区 C。为使用这些缓冲区，设置多个指针：用于指示计算进程下一个可用缓冲区 G 的指针 Nextg、指示输入进程下次可用的空缓冲区 R 的指针 Nexti，以及用于指示计算进程正在使用的缓冲区 C 的指针 Current，如图 7-12 所示。

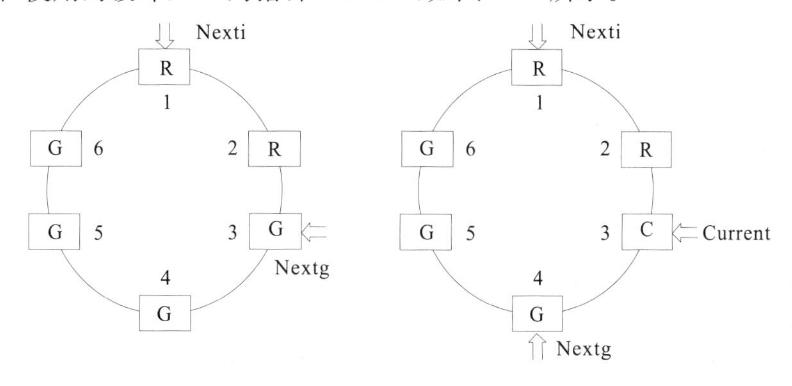

图 7-12 循环缓冲

(4)缓冲池

单缓冲、双缓冲及循环缓冲方式，仅适用于某个特定的 I/O 进程和计算进程，属于专用的缓冲。当系统较大时，需要设置若干组循环缓冲，这不仅消耗大量的存储空间，而且其利用率不高。为提高缓冲区的利用率，目前广泛采取公用缓冲池的方法，缓冲池由多个可共享的缓冲区组成。

公用缓冲池，既可用于输入又可用于输出。按其使用状况可以分成 3 种类型的缓冲区：空(闲)缓冲区；装满输入数据的缓冲区；装满输出数据的缓冲区。为了便于管理，可将相同类型的缓冲区链接成一个队列，于是可形成以下 3 个队列。

①由空缓冲区所链接成的空缓冲队列 emq。

②由装满输入数据的缓冲区所链接成的输入队列 inq。

③由装满输出数据的缓冲区所链接成的输出队列 outq。

进缓冲池的动作称“收容”，出缓冲池的动作称“提取”，按数据的流向可分输入和输出两个方向，为便于缓冲池工作，除了上述 3 个队列外，还应具有 4 种工作缓冲区：

①用于收容输入数据的工作缓冲区(hin)。

②用于提取输入数据的工作缓冲区(sin)。

③用于收容输出数据的工作缓冲区(hout)。

④用于提取输出数据的工作缓冲区(sout)。

缓冲池的工作方式如图 7-13 所示。

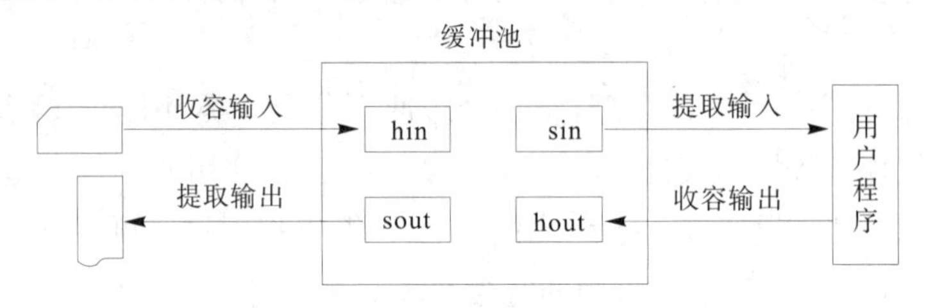

图 7-13 缓冲池的工作方式

由图 7-13 可知，缓冲池的工作流程为：收容输入→提取输入→收容输出→提取输出，具体过程如下。

①当输入进程需要输入数据时，便由相应过程从缓冲队列 emq 中摘下一空缓冲区，作为收容输入工作缓冲区 hin，将数据填入其中。数据装满后插入到 inq 队列中，完成“收容输入”工作。

②当计算进程需要输入数据时，从输入队列 inq 的队首取得一个缓冲区，作为提取输入工作缓冲区(sin)，计算进程从中提取数据。计算进程用完该数据后，将该缓冲区挂到空缓冲队列 emq 上，完成“提取输入”工作。

③当计算进程需要输出时，从空缓冲队列 emq 的队首取得一个空缓冲区，作为收容输出工作缓冲区 hout。当其中装满输出数据后，将该缓冲区挂在 outq 末尾，完成“收容输出”工作。

④从输出队列的队首取得一装满输出数据的缓冲区，作为提取输出工作缓冲区 sout。在数据提取完后，将该缓冲区挂在空缓冲队列末尾，完成“提取输出”工作。

7.3 设备分配

在多道程序环境下，系统中的设备供所有进程使用，若管理不好，系统可能会因竞争资源而导致死锁。为了使诸进程对系统资源进行有条不紊的访问，规定系统设备由系统统一分配。每当进程向系统提出 I/O 请求时，只要是可能的和安全的，设备分配程序就按照一定的策略，把设备分配给请求进程。在有的系统中，为了确保在 CPU 与设备之间能进行通信，还应分配相应的控制器和通道。为了实现设备分配，必须在系统中设置相应的数据结构。

7.3.1 设备分配中的数据结构

为了实现设备分配，系统设置了设备控制表、控制器控制表、通道控制表和系统设备表等数据结构，记录相应设备或控制器的状态以及对设备或控制器进行控制所需要的信息。

1. 设备控制表

设备控制表(Device Control Table，DCT)，系统为每个设备配置了一张 DCT。DCT 里记录了设备的特性及设备与控制器的连接情况，具体包括设备类型、设备标识符、设备状态、指向控制器表的指针等，如图 7-14 所示。

图 7-14 DCT 结构图

2. 控制器控制表

控制器控制表(Controler Control Table，COCT)，系统为每个控制器配置一张 COCT。用于记录本控制器的使用状态以及与通道的连接情况等，如图 7-15 所示。该表在 DMA 方式的系统中是不存在的。

控制器标识符: controllerid
控制器状态: 忙/闲
与控制器连接的通道表指针
控制器队列的队首指针
控制器队列的队尾指针

图 7-15 COCT 结构图

通道标识符: controllerid
通道状态: 忙/闲
与通道连接的通道表指针
通道队列的队首指针
通道队列的队尾指针

图 7-16 CHCT 结构图

3. 通道控制表

通道控制表(Channel Control Table，CHCT)用来记录通道的信息。每个通道设置一个通道控制表，如图 7-16 所示。

4. 系统设备表

系统设备表(System Device Table，SDT)。整个系统设置一张 SDT，它记录了当前系统中所有设备的情况。在SDT中，每个设备占一个表目，其中包括设备类型、设备标识符、设备控制表、驱动程序入口等信息，如图7-17所示。

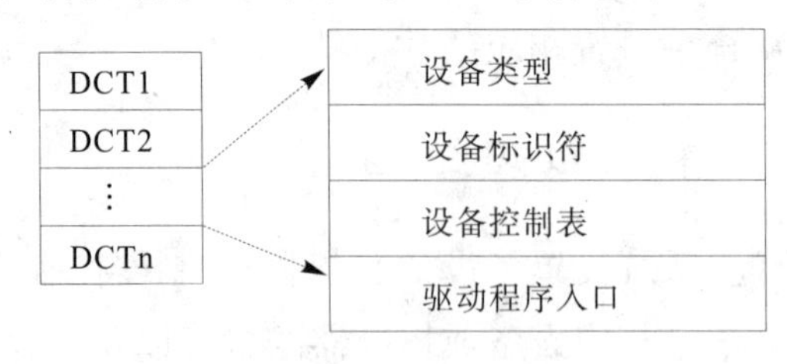

图7-17 SDT结构图

7.3.2 设备独立性

为提高操作系统的可适应性和可扩展性，现代操作系统中都毫无例外地实现了设备独立性，使应用程序独立于具体的物理设备。为实现设备的独立性，在操作系统中引入了“逻辑设备名”和“物理设备名”两个概念。在编写程序时，若要访问设备，则用逻辑设备名。系统还提供一张逻辑设备名与物理设备名的映射表，在实际使用设备时，系统根据当时的设备使用情况，为之动态地分配该类设备中的任一物理设备。

所有的逻辑设备名与物理设备名的对应关系组成的表称“逻辑设备表”(Logical Unit Table, LUT)。该表的每个表目包括逻辑设备名和物理设备名，如表7-2所示。在多用户系统中，系统为每个用户设置一张LUT，并将该表放入进程的PCB中。当进程用逻辑设备名请求分配I/O设备时，系统为之分配相应的物理设备，并在LUT中建立一个表目，填上应用程序中使用的逻辑设备名和系统分配的物理设备名。

表7-2 逻辑设备表

逻辑设备名	物理设备名	驱动程序入口地址
/device/scanner	3	2048
/device/printer	7	3012
…	…	…

(a)

逻辑设备名	系统设备表指针
/device/scanner	3
/device/printer	7
…	…

(b)

当进程提出I/O请求后，首先根据I/O请求中的设备名查找SDT，查找该类设备的DCT；再根据DCT中的设备状态字段，按照一定的算法，选择一台“好的且尚未分配的”设备进行分配，分配后修改设备类表中现存台数。把分配给作业的设备标志改成“已分配”且填上占用该设备的作业名和作业程序中定义的相对号，否则，将该进程的PCB插入设备等待队列。

当系统将设备分配给请求进程后，再到DCT中找到与该设备连接的COCT，从COCT的状态字段中判断出是否可以将该控制器分配。若不可以，则将该进程的 PCB 挂在该控制器的等待队列上。

通过 COCT 可找出与该控制器连接的 CHCT。根据 CHCT 内的状态字段，判断出该通道是否可以进行分配。若忙，则将该进程的 PCB 挂在该通道的等待队列上。

显然，进程只有在获得设备、控制器和通道三者之后，才能启动设备进行 I/O 操作。

7.3.3 设备分配

1. 设备分配中应考虑的因素

为使各设备有条不紊地工作，在系统分配设备时，应考虑如下因素：

(1)设备的固有属性

设备的固有属性可分成 3 种：第一种是独占性，是指在一段时间内只允许一个进程独占；第二种是共享性，指这种设备允许多个进程同时共享；第三种是可虚拟设备，指设备本身虽是独占设备，但经过某种技术处理，可以把它改造成虚拟设备。由于不同特性的设备，访问方式不同，所以应采用不同的分配策略。

①独占设备。对于独占设备，应采用独享分配策略，即将一个设备分配给某进程后，便由该进程独占，直至该进程完成或释放该设备，然后，系统才能再将该设备分配给其他进程使用。这种分配策略的缺点是，设备得不到充分利用，且可能引起死锁。

②共享设备。对于共享设备，可同时分配给多个进程使用，此时须注意对这些进程访问该设备的先后次序进行合理的调度。

③可虚拟设备。由于可虚拟设备是指一台物理设备在采用虚拟技术后，可变成多台逻辑上的所谓虚拟设备，因此，一台可虚拟设备是可共享的设备，可以将它同时分配给多个进程使用，并对这些访问该(物理)设备的先后次序进行控制。

(2)设备分配算法

对设备进行分配的算法，与进程调度的算法有些相似之处，但前者相对简单，通常只采用以下两种分配算法：

①先来先服务。与进程调度类似，当有多个进程对同一设备提出 I/O 请求时，该算法是根据诸进程对某设备提出请求的先后次序，将这些进程排成一个设备请求队列，设备分配程序总是把设备首先分配给队首进程。

②优先级高者优先。在进程调度中的这种策略，是优先权高的进程优先获得处理机。如果对这种高优先权进程所提出的 I/O 请求也赋予高优先权，显然有助于这种进程尽快完成。在利用该算法形成设备队列时，将优先权高的进程排在设备队列前面，而对于优先级相同的 I/O 请求，则按先来先服务原则排队。

(3)设备分配中的安全性

从进程运行的安全性考虑，设备分配有以下两种方式：

①安全分配方式。在这种分配方式中，每当进程发出 I/O 请求后，便进入阻塞状态，直到其 I/O 操作完成时才被唤醒。在采用这种分配策略时，一旦进程已经获得某种设备(资源)后便阻塞，使该进程不可能再请求任何资源，而在它运行时又不保持任何资源。因此，这种分配方式已经摒弃了造成死锁的 4 个必要条件之一的"请求和保持"条件，从而使设备分配是安全的。其缺点是进程进展缓慢，即 CPU 与 I/O 设备是串行工作的。

②不安全分配方式。在这种分配方式中，进程在发出 I/O 请求后仍继续运行，需要时又发出第二、第三个 I/O 请求等。仅当进程所请求的设备已被另一进程占用时，请求进程才进入阻塞状态。这种分配方式的优点是，一个进程可同时操作多个设备，使进程推进迅速。其缺点是分配不安全，因为它可能具备"请求和保持"条件，从而可能造成死锁。因此，在设备分配程序中，还应再增加一个功能，以用于对本次的设备分配是否会发生死锁进行安全性计算，仅当计算结果说明分配是安全的情况下才进行设备分配。

2. 独占设备的分配程序

(1)基本的设备分配程序

下面通过一个具有 I/O 通道的系统案例，来介绍设备分配过程。在某进程提出 I/O 请求后，系统的设备分配程序可按下述步骤进行设备分配。

①分配设备。首先根据 I/O 请求中的物理设备名，查找系统设备表 SDT，从中找出该设备的 DCT，再根据 DCT 中的设备状态字段，可知该设备是否正忙。若忙，便将请求I/O进程的 PCB 挂在设备队列上；否则，便按照一定的算法来计算本次设备分配的安全性。如果不会导致系统进入不安全状态，便将设备分配给请求进程；否则，仍将其 PCB 插入设备等待队列。

②分配控制器。在系统把设备分配给请求 I/O 的进程后，再到其 DCT 中找出与该设备连接的控制器的 COCT，从 COCT 的状态字段中可知该控制器是否忙碌。若忙，便将请求I/O进程的 PCB 挂在该控制器的等待队列上；否则，便将该控制器分配给进程。

③分配通道。在该 COCT 中又可找到与该控制器连接的通道的 CHCT，再根据 CHCT 内的状态信息，可知该通道是否忙碌。若忙，便将请求 I/O 的进程挂在该通道的等待队列上；否则，将该通道分配给进程。

显然，只有在设备、控制器和通道三者都分配成功时，这次的设备分配才算成功，才能启动该 I/O 设备进行数据传送。

(2)设备分配程序的改进

仔细研究上述基本的设备分配程序后可以发现以下两点:进程是以物理设备名来提出I/O请求的;采用的是单通路的I/O系统结构,容易产生"瓶颈"现象。为此,应从以下两方面对基本的设备分配程序加以改进,以使独占设备的分配程序具有更强的灵活性,并提高分配的成功率。

①增加设备的独立性。为了获得设备的独立性,进程应使用逻辑设备名请求I/O。这样,系统首先从SDT中找出第一个该类设备的DCT。若该设备忙,再查找第二个该类设备的DCT,仅当所有该类设备都忙时,才把进程挂在该类设备的等待队列上;而只要有一个该类设备可用,系统便进一步计算分配该设备的安全性。

②考虑多通路情况。为了防止在I/O系统中出现"瓶颈"现象,通常都采用多通路的I/O系统结构。此时对控制器和通道的分配同样要经过几次反复,即若设备(控制器)所连接的第一个控制器(通道)忙时,应查看其所连接的第二个控制器(通道),仅当所有的控制器(通道)都忙时,此次的控制器(通道)分配才算失败,才把进程挂在控制器(通道)的等待队列上;而只要有一个控制器(通道)可用,系统便可将它分配给进程。

7.4 虚拟设备

虚拟设备是通过某种技术将一台独占设备改造为可以供多个用户共享的共享设备,使每个用户感觉自己在独占此设备。把独占设备改造为虚拟设备,可以提高设备的利用率和均衡性,方便用户使用。

7.4.1 SPOOLing技术

在联机情况下实现的同时外围设备操作称为SPOOLing(Simulatneaus Peripheral Operation On-Line),或称为"假脱机操作"。该技术利用专门的外围控制机,将低速I/O设备上的数据传送到高速磁盘上;或者相反。当系统中引入了多道程序技术后,完全可以利用其中的一道程序,来模拟脱机输入时的外围控制机功能,把低速I/O设备上的数据传送到高速磁盘上;再用另一道程序来模拟脱机输出时外围控制机的功能,把数据从磁盘传送到低速输出设备上。这样,便可在主机的直接控制下,实现脱机输入、输出功能。通过SPOOLing技术可以缓和CPU的高速性与I/O设备低速性间的矛盾。

SPOOLing技术实际是对脱机输入、输出系统的模拟,为实现这一技术,SPOOLing系统必须建立在具有多道程序功能的操作系统上,而且应有高速随机外存的支持，这通常是采用磁盘存储技术。SPOOLing 系统主要有以下三部分组成：

①输入井和输出井。这是在磁盘上开辟的两个大存储空间。输入井是模拟脱机输入时的磁盘设备，用于暂存 I/O 设备输入的数据；输出井是模拟脱机输出时的磁盘设备，用于暂存用户程序的输出数据。

②输入缓冲区和输出缓冲区。为了缓和 CPU 和磁盘之间速度不匹配的矛盾，在内存中要开辟两个缓冲区：输入缓冲区和输出缓冲区。输入缓冲区用于暂存由输入设备送来的数据，以后再传送到输入井。输出缓冲区用于暂存从输出井送来的数据，以后再传送给输出设备。

③输入进程 SP_i 和输出进程 SP_o。这里利用两个进程来模拟脱机 I/O 时的外围控制机。其中，进程 SP_i 模拟脱机输入时的外围控制机，将用户要求的数据从输入机通过输入缓冲区再送到输入井，当 CPU 需要输入数据时，直接从输入井读入内存；进程 SP_o 模拟脱机输出时的外围控制机，把用户要求输出的数据先从内存送到输出井，待输出设备空闲时，再将输出井中的数据经过输出缓冲区送到输出设备上。图 7-18 展示了 SPOOLing 系统的组成。

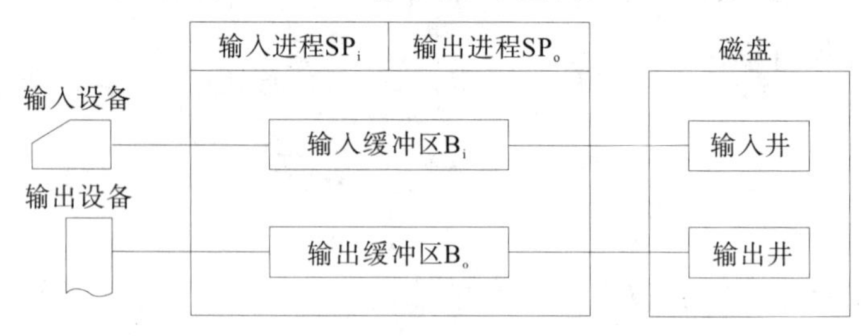

图 7-18 SPOOLing 系统的组成

7.4.2 共享打印机

打印机是经常要用到的输出设备，属于独占设备。利用 SPOOLing 技术，可将其改造为一台可供多个用户共享的设备。共享打印机技术已被广泛地用于多用户系统和局域网络中。SPOOLing 技术实现共享打印机的工作流程如下：

当用户进程请求打印输出时，SPOOLing 系统同意为它打印输出，但并不真正立即把打印机分配给该用户进程，而只为它做两件事：

①由输出进程在输出井中为之申请一个空闲磁盘块区，并将要打印的数据送入其中。

②输出进程再为用户进程申请一张空白的用户请求打印表，并将用户的打印要求填入其中，再将该表挂到请求打印队列上。如果还有进程要求打印输出，系统仍可接受该请求，也同样为该进程做上述两件事。

如果打印机空闲，输出进程将从请求打印队列的队首取出一张请求打印表，根据表中的要求，将要打印的数据从输出井传送到内存缓冲区，再由打印机进行打印。打印完后，输出进程再查看请求打印队列中是否还有等待打印的请求表。若有，又取出队列中的第一张表，并根据其中的要求进行打印，如此下去，直至请求打印队列为空，输出进程才将自己阻塞起来。仅当下次再有打印请求时，输出进程才被唤醒。

7.4.3 SPOOLing 系统的特点

SPOOLing 系统具有如下的优点：

①提高了 I/O 的速度。这里，对数据所进行的 I/O 操作，已从对低速 I/O 设备进行的I/O操作，演变为对输入井或输出井中数据的存取，如同脱机输入输出一样，提高了 I/O 速度，缓和了 CPU 与低速 I/O 设备之间速度不匹配的矛盾。

②将独占设备改造为共享设备。因为在 SPOOLing 系统中，实际上并没为任何进程分配设备，而只是在输入井或输出井中为进程分配一个存储区和建立一张 I/O 请求表。这样，便把独占设备改造为共享设备。

③实现了虚拟设备功能。宏观上，虽然是多个进程在同时使用一台独占设备，而对于每一个进程而言，都会认为自己是独占了一个设备。当然，该设备只是逻辑上的设备。SPOOLing 系统实现了将独占设备变换为若干台对应的逻辑设备的功能。

SPOOLing 系统也有缺点，具体体现在以下 3 个方面：

①输入缓冲区和输出缓冲区占用大量的内存空间。

②输出井和输入井占用大量的磁盘空间。

③增加了系统的复杂性。

习题 7

一、单项选择

1. 在下面的 I/O 控制方式中，需要 CPU 干预最少的方式是(　　)。

A. 程序 I/O 方式

B. 中断驱动 I/O 控制方式

C. 直接存储器访问 DMA 控制方式

D. I/O 通道控制方式

2. 某操作系统中，采用中断驱动 I/O 控制方式，设中断时，CPU 用 1 ms 来处理中断请求，其他时间 CPU 完全用来计算，若系统时钟中断频率为 100 Hz，则 CPU 的利用率为(　　)。

A. 60%　　B. 70%　　C. 80%　　D. 90%

3. 下列哪一条不是磁盘设备的特点（　　）。

A. 传输速率较高，以数据块为传输单位

B. 一段时间内只允许一个用户（进程）访问

C. I/O 控制方式常采用 DMA 方式

D. 可以寻址，随机地读/写任意数据块

4. 利用通道实现了（　　）之间数据的快速传输。

A. CPU 和外设　　B. 内存和 CPU

C. 内存和外设　　D. 外设和外设

5. SPOOLing 技术中，对打印机的操作实际上是用磁盘存储实现的，用以替代打印机的部分是指（　　）。

A. 共享设备　　B. 独占设备

C. 虚拟设备　　D. 物理设备

6. 设从磁盘将一块数据传送到缓冲区所用时间为 80μs，将缓冲区中数据传送到用户区所用时间为 40μs，CPU 处理数据所用时间为 30μs，则处理该数据，采用单缓冲传送某磁盘数据，系统所用总时间为（　　）。

A. 120μs　　B. 110μs　　C. 150μs　　D. 70μs

7. 对于速率为 9.6 KB/s 的数据通信来说，如果说设置一个具有 8 位的缓冲寄存器，则 CPU 中断时间和响应时间大约分别为（　　）。

A. 0.8 ms，0.8 ms　　B. 8 ms，1 ms

C. 0.8 ms，0.1 ms　　D. 0.1 ms，0.1 ms

8. 在调试程序时，可以先把所有输出送屏幕显示而不必正式输出到打印设备，其运用了（　　）。

A. SPOOLing 技术　　B. I/O 重定向

C. 共享技术　　D. 缓冲技术

9. 设备驱动程序是系统提供的一种通道程序，它专门用于在请求 I/O 的进程与设备控制器之间传输信息。下面的选项中不是设备驱动程序功能的是（　　）。

A. 检查用户 I/O 请求的合法性

B. 及时响应由控制器或通道发来的中断请求

C. 控制 I/O 设备的 I/O 操作

D. 了解 I/O 设备的状态，传送有关参数，设置设备的工作方式

10. 下列关于通道、设备、设备控制器三者之间的关系叙述中正确的是（　　）。

A. 设备控制器和通道可以分别控制设备

B. 设备控制器控制通道和设备一起工作

C. 通道控制设备控制器,设备控制器控制设备

D. 设备控制器控制通道,通道控制设备

二、选择所有正确的答案

1. 下列哪一个选项是引入缓冲的原因(　　)。

A. 缓和 CPU 和 I/O 设备间速度不匹配的矛盾

B. 减少对 CPU 的中断频率,放宽对中断响应时间的限制

C. 减少 CPU 对 I/O 控制的干预

D. 提高 CPU 和 I/O 设备之间的并行性

2. 从设备分配的角度来看,设备分成(　　)。

A. 独享设备　　B. 系统设备　　C. 用户设备

D. 共享设备　　E. 虚拟设备

3. 在操作系统中,下列选项属于软件机制的是(　　)。

A. 缓冲池　　B. 通道技术

C. 覆盖技术　　D. SPOOLing 技术

4. 下列哪种设备是从设备分配策略角度来说的(　　)。

A. 系统设备　　B. 独享设备

C. 共享设备　　D. 虚拟设备

5. 下列关于通道、设备、设备控制器三者之间的关系叙述中正确的是(　　)。

A. 控制器和通道可以分别控制设备

B. 控制器、通道和设备一起工作

C. 通道控制设备控制器,设备控制器控制设备

D. 设备控制器控制通道,通道控制设备

6. 在假脱机 I/O 技术中,对打印机的操作实际上是用对磁盘存储的访问。那么,用以替代打印机的部分通常称作(　　)。

A. 共享设备　　B. 独占设备

C. 虚拟设备　　D. 物理设备

7. 下列存储设备中,适合作为共享设备的是(　　)。

A. 语音输入输出设备　　B. 打印机

C. 鼠标　　D. 磁盘

8. 低速设备一般被设置成独占设备,可用作独占设备的有(　　)。

A. 软磁盘　　B. 磁带机　　C. 可擦写光驱　　D. 磁鼓

9. 系统中的通道数量较少,可能会产生“瓶颈”问题。(　　)不是解决此问题的有效方法。

A. 在结构上增加一些连线,以增加数据传送通路

B. 在数据传输线路上多增设一些缓冲区

C. 提高 CPU 的速度

D. 采用虚拟设备技术

10. I/O 系统硬件结构分为 4 级:①设备控制器 ②I/O 设备 ③计算机 ④I/O 通道,按级别由高到低的顺序是(　　)。

A. ②-④-①-③　　B. ③-①-④-②

C. ②-①-④-③　　D. ③-④-①-②

三、判断正误

1. 操作系统采用缓冲技术的缓冲池主要是通过硬件来实现的。(　　)

2. 低速设备一般被设置成共享设备。(　　)

3. 通道指令和一般机器的指令没有什么不同。(　　)

4. 数组选择通道和数组多路通道可以支持多个通道程序并发执行,而字节多路通道不支持多个通道程序并发执行。(　　)

5. 共享设备允许多个作业同时使用设备,即每一时刻可有多个作业在使用该共享设备,因而提高了系统设备资源的利用率。(　　)

6. 由于设备分配中设置了若干数据结构,所以在设备分配中不会发生死锁。(　　)

7. I/O 通道控制方式中不需要任何 CPU 干预。(　　)

8. 先来先服务算法、优先级高者优先算法、时间片轮转算法等是经常在设备分配中采用的算法。(　　)

9. 由于独占设备在一段时间内只允许一个进程使用,因此,多个并发进程无法访问这类设备。(　　)

10. 操作系统中应用的缓冲技术,多数是通过使用外存来实现的。(　　)

四、简答题

1. 计算机中设备控制器是由哪些部分构成的?

2. 什么是字节多路通道? 什么是数组选择通道和数组多路通道?

3. I/O 控制方式有哪几种? 分别适用何种场合?

4. 试说明 DMA 的工作流程。

5. 在双缓冲情况下,为什么系统对一块数据的处理时间为 Max(C,T)?

6. 试绘图说明多缓冲用于输出时的情况。

7. 试说明收容输入工作缓冲区和提取输出工作缓冲区的工作情况。

8. 何谓安全分配方式和不安全分配方式?

9. 为什么要引入设备独立性? 如何实现设备独立性?

10. 试说明 SPOOLing 系统的组成。

11. 在实现后台打印时，SPOOLing 系统应为请求 I/O 的进程提供哪些服务？

12. 试说明设备驱动程序具有哪些特点？

13. 试说明设备驱动程序应具有哪些功能？

14. 设备驱动程序通常要完成哪些工作？

15. 设备中断处理程序通常需完成哪些工作？

参考文献

[1] William Stallings 著. 陈向群，陈渝等译. 操作系统：精髓与设计原理（第 8 版）[M]. 北京：电子工业出版社，2017.

[2] 陈莉君. Linux 操作系统内核分析[M]. 北京：人民邮电出版社，2000.

[3] Andrew S. Tanenbaum，Herbert Bos 著. 陈向群译. 现代操作系统（第 4 版）[M]. 北京：机械工业出版社，2017.

[4] Larry L. Peterson. 计算机网络系统方法（第 4 版）[M]. 北京：机械工业出版社，2009.

[5] 费翔林，骆斌. 操作系统教程（第 5 版）[M]. 北京：高等教育出版社，2014.

[6] 汤小丹，梁红兵，哲凤屏，汤子瀛. 计算机操作系统（第 4 版）[M]. 西安：西安电子科技大学出版社，2014.

[7] 何炎祥，李飞，李宁. 计算机操作系统（第 2 版）[M]. 北京：清华大学出版社，2011.

[8] 陈向群，向勇等. Windows 操作系统原理（第 2 版）[M]. 北京：机械工业出版社，2004.

[9] 左万历，周长林，彭涛. 计算机操作系统教程（第 3 版）[M]. 北京：高等教育出版社，2010.

[10] 孟庆昌. 操作系统（第 3 版）[M]. 北京：电子工业出版社，2017.

[11] 蒋静，徐志伟. 操作系统原理・技术与编程[M]. 北京：机械工业出版社，2004.

[12] 张尧学，宋虹，张高. 计算机操作系统教程（第 4 版）[M]. 北京：清华大学出版社，2013.

[13] 孟静. 操作系统原理教程[M]. 北京：清华大学出版社，2001.

[14] 李学干. 计算机系统结构（第 5 版）[M]. 陕西：西安电子科技大学出版社，2011.

[15] 曾平，曾慧. 操作系统考点精要与解题指导[M]. 北京：人民邮电出版社，2002.

[16] 徐甲同. 网络操作系统[M]. 吉林：吉林大学出版社，2000.

[17] David A. Rusling. The Linux Kernel[M]. 北京：机械工业出版社，2000.